国外地质模型与油藏管理丛书

地球科学中的不确定性建模

[美]杰夫·卡尔斯(Jef Caers) 著

程国建 李小和 陈军斌 译

石油工业出版社

内 容 提 要

本书介绍了复杂的地球科学不确定性建模中遇到的各种问题、可采用的技术手段和实用的建模工具,以及不确定性建模对实际地质工程决策的影响。通过基于决策驱动的方式来阐述地球科学不确定性建模的基本概念、方法及原理,也试图通过一种非数学的方式直接突出这一建模技术的核心要素和方法。所介绍的地学建模原理、技术及工作流在现实世界里经受住了考验,且在高质量的商业或开源软件中得到了具体实现。

本书可供从事石油地质、地球勘探专业的科研人员、技术人员及石油院校相关专业师生参考阅读。

图书在版编目(CIP)数据

地球科学中的不确定性建模/[美]卡尔斯(Caers, J.)著;程国建,李小和,陈军斌译. —北京:石油工业出版社,2016.3

(国外地质模型与油藏管理丛书)

书名原文:Modeling Uncertainty in the Earth Sciences

ISBN 978 – 7 – 5183 – 0998 – 6

Ⅰ. 地…

Ⅱ. ①卡… ②程… ③李… ④陈…

Ⅲ. 地球科学 – 不确定系统 – 系统建模

Ⅳ. P

中国版本图书馆 CIP 数据核字(2015)第 300975 号

Modeling Uncertainty in the Earth Sciences
by Jef Caers
ISBN 978 – 1 – 119 – 99263 – 9
Copyright © 2011 by John Wiley & Sons Ltd

All Rights Reserved. Authorised translation from the English language edition published by John Wiley & Sons Limited. Responsibility for the accuracy of the translation rests solely with Petroleum Industry Press and is not the responsibility of John Wiley & Sons Limited. No part of this book may be reproduced in any form without the written permission of John Wiley & Sons Limited.

本书经 John Wiley & Sons Limited 授权翻译出版,简体中文版权归石油工业出版社有限公司所有,侵权必究。

北京市版权局著作权合同登记号:01 – 2014 – 1195

Copies of this book sold without a Wiley sticker on the cover are unauthorized and illegal.

出版发行:石油工业出版社
(北京安定门外安华里2区1号 100011)
网　址:www.petropub.com
编辑部:(010)64523541　图书营销中心:(010)64523633
经　销:全国新华书店
印　刷:北京中石油彩色印刷有限责任公司

2016 年 3 月第 1 版　2016 年 3 月第 1 次印刷
787×1092 毫米　开本:1/16　印张:11.25
字数:245 千字
定价:68.00 元
(如出现印装质量问题,我社图书营销中心负责调换)
版权所有,翻印必究

《国外地质模型与油藏管理丛书》
编委会

主　任：屈　展

副主任：方　明　　肖忠祥　　陈军斌　　程国建

主　审：屈　展　　方　明

编　委：陈军斌　　程国建　　肖忠祥　　章卫兵

　　　　王俊奇　　韩继勇　　张　益　　林加恩

　　　　魏新善　　曹　青　　闫　健　　张国强

　　　　双立娜　　李小和　　刘　烨　　李　中

译 者 前 言

随着高新技术的发展及管理理念的更新,进入21世纪的油气工业面临着多挑战,如从定性地质构造观察到定量建模描述、从微观结构分析到油藏三维可视化展布、从历史拟合到油藏自动监测、从分散管理到集成式优化管理、从单一数据源到多异构数据体的大规模集成应用等。这些转型的根本目标还是油气生产率的提升以及对安全环保等因素的考量,为了应对这些挑战,西安石油大学组织专家、学者翻译了8本相关外文原版专著,形成《国外地质模型与油藏管理丛书》,本套丛书各分册为《集成油藏资产管理——原理与最佳实践》《油藏流线模拟——理论与实践》《实用地质统计学——SGeMS用户手册》《地球科学中的不确定性建模》《石油地质统计学》《岩石物理特性手册》《油藏模拟——历史拟合及预测》《油藏监测》。本丛书得到西安石油大学出版基金,陕西省工业攻关计划项目"致密油藏压裂水平井关键技术研究"(课题编号:2013K11-22),陕西省工业科技攻关项目"鄂尔多斯盆地致密砂岩储层微观尺度智能化表征"(2015GY104),西部低渗—特低渗油藏开发与治理教育部工程研究中心和陕西省油气田特种增产技术重点实验室联合资助。

此分册第1章至第9章由李小和博士翻译,其余由陈军斌博士翻译,程国建教授对全书进行了统稿及校对。由于译者专业知识及外文水平所限,难免在原文理解、语义阐释、文字表达方面不够准确,甚至出错,诚恳希望读者朋友多提宝贵意见和建议。联系方式:西安石油大学数字油田研究所,dofi@xsyu.edu.cn。

译 者

原 书 前 言

2010年6月26日CNN头条新闻：

热带风暴加海上浮油等于不确定性

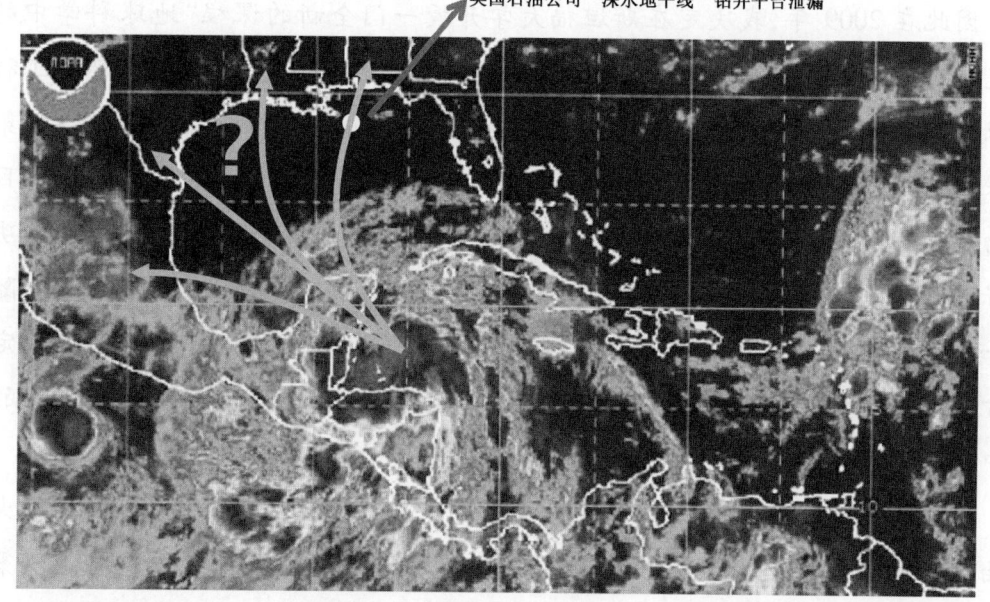

英国石油公司"深水地平线"钻井平台泄漏

  决策问题：英国石油公司(BP)可在三天内撤离清理浮油的工人，这使得格尔夫(Gulf)海湾深水井将继续产生大量的石油泄漏，但若不撤离继续保留工人清理海上浮油可能会使他们暴露在热带风暴亚历克斯(Alex)下，而其可能会发展成为飓风。一个简单的问题就是：在这种情况下最好的决策是什么？

  出于科学性或工程目的考虑，无论是在局部区域还是在全局进行地球科学建模，由于缺乏数据和不了解基本现象及过程的发生，不确定性都是客观存在的。本书汇集了可用于复杂的地球科学中的不确定性建模中遇到的各种问题、可采用的技术手段和实用的建模工具，以及不确定性建模对实际地质工程决策的影响。

  建模已成为地球科学中的一个标准工具。大气科学家建立气候模型，地震学家建立地球深部的结构模型，水文地质工作者建立地下蓄水层模型。许多书籍和论文中已经探讨了建模问题，它覆盖了数学和地球科学的许多分支学科。通常，建立一个或几个模型测试假设，验证或测试某种现实世界发生的特定工程行为，或试图尽可能真实地描述物理过程。不确定性问题(过去、现在或将来)经常被提及,但往往是作为一个方面说明;它很少作为一个定量或预测目的使用。到目前为止很少有将地球科学建模的不确定性作为主题的书籍,在我探讨的知识范围内,没有一本有关地球科学中的不确定性建模的书能让地球科学专业本科水平的学生真正理解和掌握这些知识。在高级技术期刊或书籍中,专业人士通常迷失在无数的不确定性模型的技术细节、局限性和假设上。

因此在2009年,我决定在斯坦福大学开授一门全新的课程"地球科学中的不确定性建模",这门课将成为地球科学专业以及相关的领域(如土木与环境工程和地球系统研究)高年级本科生和研究生(地质、地球物理和油藏工程专业)的第一年课程的一部分。这门课的重点不是建立一个单一的地质模型或其他任何目的的物理过程的模型,随后"添加"相关的不确定性,而是直接建立一种实用的决策目标的不确定性模型。我们的想法不是从某一现象的一个单一的估计开始,随后"微动"数字让人对估计有一点把握。这个想法是为了让学生直接思考不确定性的方面,而不局限于在一个单一的气候条件、地震或水文模型,以及任何单一的猜测中。这是一个新的教学大纲所涉及的内容。

在我曾与地球科学专业各学科同事的讨论过程中,以及从我作为斯坦福大学石油储层预测中心主任十余年的经验来看,我得到的结论是如果依赖特定决策问题或实际应用,那么这种不确定性建模是相关的。我坚信,如果不考虑不确定性对决策问题有什么影响,那么在不确定性建模中花费的时间或资源将毫无"价值"可言(当然不是以美元计算)。例如:我们能改变气候相关的政策吗?我们要为二氧化碳纳税吗?我们能清理一个污染场地吗?我们从哪儿下钻为好等等。

让我们更进一步考虑这个问题:如果对一些现象的不确定性是"无限"的,也就是说,任何可以想象出的都是可能的,但这个不确定性对某个决策问题没有影响,那么为什么还要将建立不确定性模型摆在首位,如果它会浪费时间和资源的话!虽然这是一个极端的例子,任何建模方法首先要构建一个关于地球现象的不确定性模型,然而只考虑了决策问题可能是非常低效的,也可能是无效的。应该强调的是,建立一个地质模型和建立一个地球的不确定性模型之间有明显的差异。例如,从地震数据建立一个单一的地质模型,可以增加我们对所生活的星球的认识,更好地认识我们的星球随地质时间产生的短期或长期的演化。一个不确定性模型将要求地震学家考虑地球结构所有的可能性或情景，其周密的细节将会产生大量的可能性，因为地震数据不能解决米级或千米级的细节。构建所有这些可能性太困难了，因为即使只有一个模型都需要很大的计算量。然而，重点应该是地震学研究可以确定在一个特定区域未来的地表运动，以及对建筑结构的影响，那么很多先验地质情况或地下的可能性可能不需要考虑。应用这些将使得建立不确定性模型计算效率更高且更有效。知道什么是建立不确定性模型的关键要素，正是本书的主要内容。

考虑不确定性建模的正确性或一致性方面是很困难的，这是我的学生和高级研究人员的经验。事实上，重要的是不确定性建模的量化，这是科学问题，也是一个哲学问题。因为不确定性建模与被建模的对象"缺乏知识"有关，这立刻就引入一个哲学问题——"什么是知识？"。即使有大量的数据，我们对于宇宙的认识仍是有限的，因为我们人类的局限性，我们只能够观察到我们能够观测的；我们只能理解我们所能理解的。我们的"知识"是在不断进化的：只考虑牛顿物理学，这被认为是一个确定性科学，直到爱因斯坦发现导致当时传统数学和物理崩溃的相对论。虽然这看起来可能是很深奥的探讨，但对我们如何看待不确定性和处理不确定性也有实践意义，甚至包括日常的实际情况。通常，不确定性建模是通过我们观测到的不能排除所有可能性来建模。我把这称为"包含"的方法来对不确定性建模：一个列表或一组可选择的事件或结果，它汇集了所有可利用的一致的信息。列表或集合是一个完全有效的不确定性模型。然而本书中，我会经常用"排除"法来讨论及思考不确定性问题，即从可以想象的所有的可能性中排除这些可以由任何可用信息排除的可能性。虽然"包含"和"排除"的方法可能会导致相同的不确定性量化，但"排除"的方法将在不确定性建模的实践中提供一个更现实的办法。这是一个更为保守的方法，"排除"后，因为人类倾向于包含少于其余的可能性。在一组同等事物中我们倾向于更快地同意包含了什么，而不是同意排除了什么。在"排除"法中，我最初注重的是所有可以想象的可能，一开始，不需要考虑太多来自于信息、数据方面和专家的偏见。这样，我们往往倾向于最终以"少有惊喜"而结束。然而同时，我们需要认识到这两种方法受限于我们能够想象到的方案，不管我们研究宇宙的哪一部分（例如地球或大气层），都是通过我们自己本身所具有的宇宙知识进行的。

我的不确定性建模方面的实践经验多基于地表以下情况。本书中的图解和实例研究多偏向于这个领域。这是不确定性建模的一个有难度的领域，因为地表以下情况是复杂的，数据稀少且不直接，介质为多孔隙或有断层的。许多地表以下情况不确定性建模的应用实用且与社会生活相关：自然资源的开采和提取，包括地下水、核材料和气体（比如天然气和二氧化碳）的存储。然而，本书并不是地表以下情况不确定性建模的手册；在许多具有类似特征的应用中，我们将地表以下情况建模作为一个研究示例和不确定性建模的说明。这些特征包括：复杂介质、复杂的物理性质和化学性质、高度复杂的计算、涉及学科多，最重要的是它们本身是主观的，但是要求有一致且可重复的方法，这个方法能够被所涉及的所有科学领域理解和表示。本书里提出的许多工具、工作流和方法适用于其他领域的建模，这些领域的建模与地表以下情况建模有共同的要点：表层拓扑学和几何学建模以及空间变化特性建模（特性是离散或者连续的）、响应函数和物理模拟模型的评估，比如通过物理定理来进行评估。本书中的应用聚焦在"地球科学"领域。然而，许多提及的建模工具可用于诸如理解断层几何和沉积系统、碳酸盐岩生长系统、生态系统、环境科学、地震学、土壤科学等领域。

因此本书的主要目的有以下两个方面：为对地球科学、环境科学或矿产和能源感兴趣的本科或一年级研究生提供一个不确定性建模可理解的引导性的概述；为对不确定性建模实践方面感兴趣的专业人士提供初级读本。作为一本初级读本，我将提供一个泛泛的概述。因此本书不打算提供不确定性建模的所有可用工具的详尽清单。本书将是百科全书式的，将会使学生和第一读者主动思考主要信息和关键的问题，理论理解或广博的知识强调概念性的思维。

有关特定方法的内部运作的理论细节留给其他更专业的书，本书不作讨论。在学校，习惯于强调学习事物是怎样精确工作的（比如如何用高斯消元法求解矩阵）；因此，通常情况下，为什么特定的工具适用于解决特定的问题，实际上这些经验是基于无数技术细节和理论基础上形成的。因此，本书的目的是提供一个不确定性建模概述，而不是提供一些不确定性建模有限方面的细节，理解做了什么、为什么用这样的方式做，而不一定要理解是怎么样精确地工作的（例如需要知道高斯消元法以及高斯消元法做了什么，但不需要精确地记得它是如何工作的，除非是想改进其性能）。专业人士很少有时间来精确地了解所有建模技术的内部运作,或者很少参与这些方法的详细开发。这是一本为用户解决工程问题并且为设计师在其设计中创建一种可理解模式的书。

本书不提供:

(1)不确定性建模的详细概要;(2)附有练习的教科书;(3)解释每个技术的内部运作的详细数学方法清单;(4)怎样构建不确定性模型的"有配方的食谱";(5)这个领域中每一个相关论文的详细参考文献列表。

本书试图提供:

(1)作者在通过决策来驱动不确定性建模上的个人观点;(2)一个概念性、说明性的综述,通过一种非数学的方式直接突出这一建模技术的核心要素和方法;(3)在现实世界里经受住了考验的方法、工作流和技术,且在高质量的商业或开源软件中加以实现;(4)不确定性建模虽然聚焦在地表以下情况,但有资格应用在其他领域的各个部分;(5)进一步的建议是阅读与本书水平相当的书;(6)相关教学材料,例如PDF格式的幻灯片、作业、软件和数据以及额外的补充材料,详见 http://uncertaintyES.stanford.edu。

致　　谢

很多人为这本书作出了贡献：通过讨论以提供思路或提供图件和其他材料。首先，我想感谢能源160/260"地球科学中的不确定性建模"班的学生。正如任何作者所希望的一样，斯坦福大学的教室是最好的开放论坛。他们的注解、评论和批判性思维，诸如什么是重要部分、什么需深入了解以及在理解时哪里有潜在的误区等方面，激发了我的思维。

我想要感谢Gregoire Mariethoz和Kiran Pande的评论意见。Reidar Bratvold给我提供了他的关于"作出好的决策"方面的早期版本的书，我们进行讨论并做了深刻的思考，从而完成了第4章的写作。还要感谢第8章我的合著者Guillaume Caumon在结构建模和不确定性建模中作出的贡献；第8章中许多要点是在Nicolas Cherpeau的帮助下并且使用了由Paradigm公司提供的gOcad(Skua)软件完成的，在此一并感谢。Kwangwon Park和Celine Scheidt在第9章和第10章的基于距离的不确定性建模技术方面的帮助是无价的。我还要感谢Schlumberger提供的在一些实例研究中用到的Petrel/Ocean软件；Esben Auken在第1章的案例研究介绍中为本书提供了有用的注解；Mehrdad Honarkhah帮助我在第12章中构建我的课程项目案例。

Mehrdad Honarkhah作为一个教学助理，他从头到尾研究了我的课程并且成功地做出了本书的第一个版本。我还想感谢Alexandre Boucher对S-GEMS软件的使用和开发作出的贡献以及为本书封面供图；Sebastien Strebelle、Tapan Mukerji、Flemming Jorgensen、Tao Sun、Holly Michael、Wikimedia和NOAA为本书中提供了基本的图形资料。

我感谢SCRF财团（斯坦福油藏预测中心）的成员公司对本书的财政支持。我还想要感谢我最好的朋友和同事Margot Gerritsen和Steve Gorelick，感谢他们不仅在写作方面，还在很多其他事情中对我的热情鼓励和支持。最后，我想感谢Wiley-Blackwell和感谢Izzy Canning，给我提供出版这部作品的机会，同时也让我有了更丰富的经验！

目 录

1 绪论 ·· (1)
  1.1 应用实例 ·· (1)
  1.2 不确定性建模 ·· (4)
  参考文献 ·· (6)

2 统计学与概率论知识概述 ··· (7)
  2.1 概述 ·· (7)
  2.2 图示数据 ·· (7)
  2.3 以数值描述数据 ·· (10)
  2.4 概率论 ··· (13)
  2.5 随机变量 ·· (16)
  2.6 二元数据分析 ··· (25)
  参考文献 ·· (29)

3 不确定性建模的概念和原理 ·· (30)
  3.1 什么是不确定性 ·· (30)
  3.2 不确定性的来源 ·· (30)
  3.3 确定性建模 ·· (31)
  3.4 不确定性模型 ··· (33)
  3.5 模型和数据的关系 ··· (34)
  3.6 不确定性的贝叶斯规则 ··· (34)
  3.7 模型的验证和伪证 ··· (36)
  3.8 模型复杂性 ·· (37)
  3.9 不确定性讨论 ··· (38)
  3.10 实例 ··· (38)
  参考文献 ·· (41)

4 地球工程中不确定性条件下的决策 ··· (42)
  4.1 概述 ·· (42)
  4.2 决策 ·· (43)
  4.3 构造决策问题的工具 ·· (53)

  参考文献 ……………………………………………………………………… (57)
5 连续性空间建模 ……………………………………………………………… (58)
  5.1 概述 ………………………………………………………………………… (58)
  5.2 变异函数 …………………………………………………………………… (59)
  5.3 布尔模型或对象模型 ……………………………………………………… (66)
  5.4 三维训练图像模式 ………………………………………………………… (69)
  参考文献 ……………………………………………………………………… (70)
6 不确定性空间建模 …………………………………………………………… (71)
  6.1 概述 ………………………………………………………………………… (71)
  6.2 基于对象的模拟 …………………………………………………………… (71)
  6.3 训练图像方法 ……………………………………………………………… (73)
  6.4 基于变异函数的方法 ……………………………………………………… (77)
  参考文献 ……………………………………………………………………… (80)
7 用数据约束空间模型的不确定性 …………………………………………… (81)
  7.1 数据集成 …………………………………………………………………… (81)
  7.2 基于概率的方法 …………………………………………………………… (82)
  7.3 基于变异函数的方法 ……………………………………………………… (86)
  7.4 逆向建模方法 ……………………………………………………………… (88)
  参考文献 ……………………………………………………………………… (99)
8 结构不确定性建模 …………………………………………………………… (100)
  8.1 概述 ………………………………………………………………………… (100)
  8.2 地下结构建模数据 ………………………………………………………… (101)
  8.3 地质表面建模 ……………………………………………………………… (102)
  8.4 构建结构模型 ……………………………………………………………… (104)
  8.5 结构模型网格化 …………………………………………………………… (106)
  8.6 通过厚度建模表面 ………………………………………………………… (108)
  8.7 结构不确定性建模 ………………………………………………………… (109)
  参考文献 ……………………………………………………………………… (113)
9 可视化不确定性 ……………………………………………………………… (114)
  9.1 概述 ………………………………………………………………………… (114)
  9.2 距离的概念 ………………………………………………………………… (115)
  9.3 可视化不确定性 …………………………………………………………… (117)

参考文献 ·· (126)

10 响应不确定性建模 ··· (127)
10.1 概述 ·· (127)
10.2 代理模型及排序 ·· (128)
10.3 实验设计和响应面分析 ··· (128)
10.4 响应不确定性建模的距离方法 ··· (134)
参考文献 ·· (142)

11 信息的价值 ·· (143)
11.1 概述 ·· (143)
11.2 信息价值问题 ··· (144)
11.3 实例研究 ··· (153)
参考文献 ·· (157)

12 案例研究 ·· (158)
12.1 概述 ·· (158)
12.2 解决方案 ··· (161)
12.3 敏感性分析 ·· (164)

1 绪 论

1.1 应用实例

1.1.1 概述

为了说明本书中涉及的不确定性模型所需要理解的概念以及工具,首先介绍一个虚拟案例的研究。"虚拟"是指本案例中涉及某些领域中研究的实际情况,但在这个例子中的数据和地质研究结论,特别是实际结果并非是"真实的",这一点在阅读完本案例后就可以理解。

世界上的绝大多数饮用水由地下水源提供。在过去的几十年中,由于城市数量的增长和农业活动,许多地下蓄水层已被地表的污染物破坏。污染还将持续造成威胁,直到临界地表补偿水区域被地下水保护区环绕。而只有人们搞清楚地表污染源和地下蓄水层之间复杂的液压关系之后,才能成功实现。

在丹麦发生过这种类型的例子。自1999年以来,丹麦政府一直致力于确定关键补给区(是地上水进入地下水系统以补充系统),在丹麦乡村地区收集的地球物理数据集,由于这一地区水提取率高,被认定为特别有研究价值的区域。对于补充保护区,需收集一些更典型的、有利于作出明智决策的数据。这些决策是相当重要的,它将与农场搬迁、工业和城市发展以及相应的供水系统相关。因此,若错误地确定一个易受污染的地区,会导致需要付出昂贵代价去弥补。事实上,丹麦政府制订了一个十条计划(表1.1),设定目标,制订了具体措施,其中一些措施可能与保持农场业的活力、确保经济健康发展以及此区域的生态健康有所冲突。

表1.1 丹麦政府的十条计划表

序号	丹麦政府的十条计划(1994)
1	杀虫剂对健康不利应远离市场
2	杀虫剂税—消耗的农药杀虫剂将减半
3	硝态氮污染现象在2000年之前将减半
4	应鼓励有机农业
5	特别保护饮用水领域
6	新的土壤污染的行为——废弃的沉积物必须清理
7	增加绿化和恢复自然以保护地下水
8	发展欧盟所取得的成就
9	提高地下水的控制和饮用水的质量
10	与农民及其相关组织谈话

丹麦的地表以下由所谓的掩埋山谷组成,这被认为是更新世(第四纪)冰川通道的"非正式形式",也被认为是更新世冰原消长变化的结果。这些峡谷形成的主要方式是冰下或在前缘的冰川融水的侵蚀。因此,山谷形成与其形态和地层是否受过腐蚀有直接关系。第二个方式是来自冰川冰盖部分的侵蚀。创建和填充掩埋山谷的几个过程对了解丹麦含水层系统和表面污染物对地下水污染的复杂性是非常重要的。现已经在丹麦观察到了叠加三个不同地质年代的冰川。因此,不同地质年代的冰川和山谷交叉削减,并且也可能突然消失(图1.1)。这些冰川和山谷的存在及位置可以被看作是丹麦含水层系统结构的基层。如果主要是被砂土所填充,掩埋谷地有可能成为一个高体积含水层(藏);然而,若观察到的剪切构造和填充结构显露,这些被填埋的山谷可以"再利用"。这些说明了在丹麦的含水层系统中异构性的二级水平的不确定性。

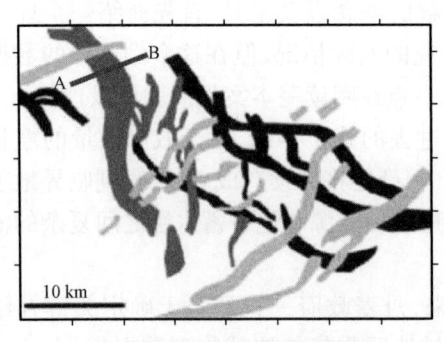 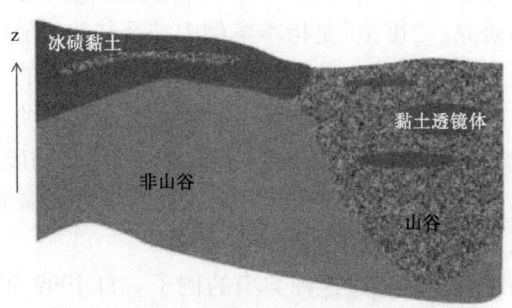

(a)地下冰川通道相互切接的地质解释　　　(b)冰川通道内部结构的概念视图

图1.1　丹麦冰川和山谷交错图

Sandersen 和 Jorgensen 于 2006 年发现:大多数剪切构造及填充结构比整体掩埋谷地窄,但在一些区域非常广泛的分布,也可以观察到其涵盖了整个山谷宽度的结构。复杂的内部结构可在地震勘探和电磁测量中被观察到,偶尔也可在钻孔数据中被发现。

图1.1描述了丹麦上覆层内部异构性和变化程度的可能不同,它将山谷视为掩埋谷地。由于山谷的内部结构一般比较复杂,含水层之上的黏土层的潜在保护性可能是不连续的。从而内部的含水层将得到不同程度的自然保护。即使横向上分布广泛的黏土层,如果周围的沉积物以砂为主,防护效果只在局部有效。因此山谷可能在山谷中和周围地层之间的含水层建立通路。

1.1.2　3D建模

在此情况下,有关地下地层信息的不彻底性的研究,使某些特殊决策(如搬迁农场)过程变得艰难。地质学家可能会很详细地研究这些冰川和山谷的形成原因和地质过程,并且提出一个确定性的基于此理解的系统性描述,可能会使用计算机程序来模拟这一过程,以创建基于物理学理解的系统。然而,仅仅只有这样的描述在关注不确定性问题上显得捉襟见肘,这些不确定性问题对决策有着重要的影响。即使冰川和山谷的形成过程可以被全面洞察(一个相当大的假设),也不一定能因此得到这些冰川和山谷的确切位置,更不用说确定山谷内(诸如页岩、砂、砾石、黏土的岩性)详细空间分布。

这并不意味着地质过程的研究是无用的。相反,在数据收集(钻探、地球物理调查)之外,地质研究能提供关于这些峡谷区域差异性的数据和信息。因此,需要用其他工具来建立地下冰川模型,同时量化谷地/非谷地和谷地内多样的岩性空间分布的不确定性。在理想情况下,这种模式将能反映物理学的理解,同时也能反映数据或地质理解的有限性。无论该模型是简单还是复杂,数据在建立模型和约束任何模型的不确定性等方面将发挥至关重要的作用。在丹麦,有两种类型的数据:通过钻探工作获得的数据和通过地球物理方法获得称为时域电磁调查(TEM 调查)的数据。

图 1.2 显示了一维(垂直)探测的数据关于山谷的厚度的解释。所收集的数据,是典型的关于地学建模的情况:通过采样(此处指钻探工作)收集的一些小规模且详细的信息,而一些较大规模的间接测量可以通过地球物理方法或遥感得到。在丹麦案例的研究中,瞬变电磁法的实验数据提供了一个合理的关于山谷定位的良好约束条件,但不能预测山谷内部结构,而钻探数据正好相反。

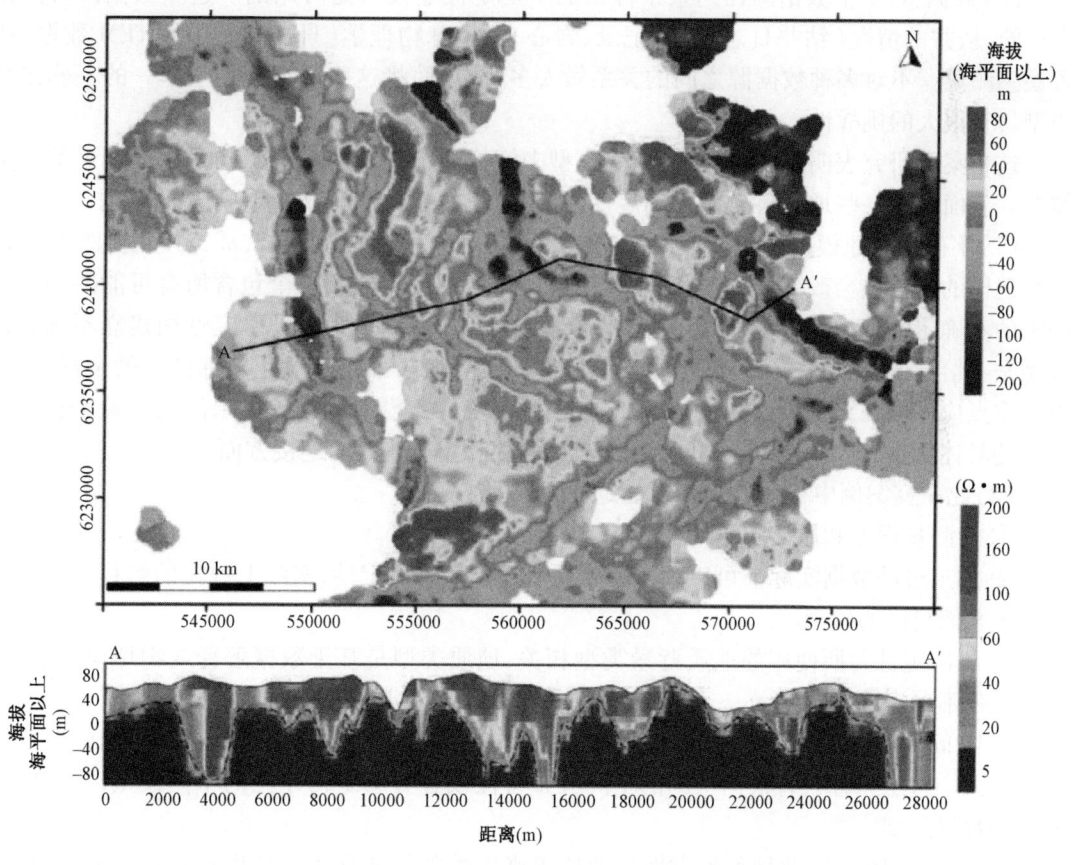

图 1.2 用 TEM 数据处理和解释的复杂山谷厚度图
较厚的地层反映了山谷的存在

1.2 不确定性建模

从这个研究地下建模的例子中可以识别若干类似不确定性建模中的典型元素：

(1)决策:不确定性建模的目的不在于建模本身，通常是需要解决一个特定的决策问题所以需要建模。实际上，这种决策问题通常需要解决更多问题，比如列举十项计划，且需要说明其目标和优势。在上述案例中有两个决策示例:① 将污染源迁往何处;② 在定位易污染区域时，使用更多的地球物理数据来降低不确定性是否可增加做出合理决策的概率，即"信息价值"问题。显然，我们需要通过不完整的信息来做出决策。这类窄决策问题与表 1.1 中叙述的更大目标不应该被认为是独立的。

(2)地质背景的重要性:影响决策的关键参数是地下介质(液体、土壤、岩石)的异构性。通常缺乏对地下地质变异性的确定性建模的完整信息，所以需要建立所有与地下异构性相关的所有不确定性模型。图 1.1 和图 1.2 提供了一个有许多替代和对比的解释系统。

(3)数据:若干个数据源在约束条件下的不确定性建模时是可用的。这些数据源可能是多样的，从井的情况(钻井日志、测井记录、岩心)到地球物理学(丹麦案例中的 TEM 数据)或者遥感测量。不对多种数据源之间的关系做太多假设，而将这些数据应用于单一的不确定性模型具有很大的挑战性。

这个案例研究表明，通过传统的概率模型来模拟随机现象的一些工具无法处理这类复杂情况。下面介绍一些地球科学中不确定性建模的本质面临的挑战及有待处理的问题。

(1)不确定性建模往往是为应用而建立的。如果应用方式改变了，那么模型类型和不确定性建模的方法也会改变，因此不确定性模型也将会不同。建立一个包含所有可能的不确定因素的不确定性模型很困难，而且往往并不符合起初的需求。为了不确定性而建立不确定性模型是不恰当的，就像一个根本不可能完成的任务。例如，如果想量化石油储层的全局产量，那么重点应该放在结构模型和诸如净产量或总额之类的全局参数上;如果问题是关于钻下一口井的具体位置，那么应重点分析局部储层异构性和流量单元的连接方面。

(2)此研究案例中存在的几个不确定性因素的来源:

① 与测量误差和原始测量值处理相关的不确定性因素。

② 加工过的数据实际上可以用多种方式来解释其不确定性，实际上数据的解释和处理需要一个它们自己的模型。

③ 不确定性与所使用的地质背景类型相关，地质类型是基于数据解释或物理模型的，其本身也是不确定的。

④ 空间不确定性:即使数据测量得完全正确，它们在想建立模型以重点解决问题时依然作用不大。这意味着只有根据不同的空间分布特性或者分层结构建立的不同模型，才能够与相同的数据匹配。

⑤ 响应不确定性:此种不确定性与地质不确定性如何转化为与建模过程相关的信息，比如流体、运移、波动、热方程或者基于此类模型做出的决策。这些物理过程或者需要指定的流程中的参数，都会与不确定性相关。例如，求解偏微分方程需要边界条件和初始条件，这些都可能是不确定的。

(3)不确定性的评定是主观的:地球"真的"存在是因为它虽然属性未知,但是是"真实的",没有"真正的不确定性"。"真正的不确定性"的存在需要消除评估不确定性必要性的"真实"情况。不确定性永远无法客观测量。不确定性的评估需要基于一个模型。任何一个模型,无论是统计学还是物理学定义上的,无论是基于概率论还是模糊逻辑,都需要明显或者隐含的模型假设(由于知识或者数据的不足),因此难免是主观的。所以,笔者认为没有真正的不确定性,只有关于不确定性的模型,本书由此而命名。

(4)高维度和空间方面:在处理复杂的地球系统时,需要大量的变量来描述它。一般情况下通常用网格模型来代表自然系统的所有方面。如果模型中的每个网格单元均可约束一些变量,那么即使相对较小的模型往往也拥有数以百万计的变量。由于大多数入门教材中介绍的概率论和统计方法中没有考虑到这些复杂的情况,标准的概念方法将会变得很难表达。通常来讲,执行一些敏感性分析是必要的,可以方便确定哪种因素会影响决策。进行敏感性分析的传统统计学方法,在这种高维度和空间环境下并不适用。

(5)若干不同规模变异性的数据源:建模过程中将需要处理大量的数据和信息来约束模型的不确定性。没有数据,也就没有模型。这些数据可能是来自数据源(例如井)的详细信息,或者来自地球物理或遥感测量的间接信息。每个数据源(例如井)可以判断在一个什么样的"模型"(例如土壤样本尺寸)上建模,以及测量直接或者间接的目标(例如测量含水饱和度的电磁波)。

在本章之后,各章涵盖的问题如下:

第2章 统计学与概率论知识概述:为了便于理解本书后续章节内容,本章介绍了基本统计学和概率论知识。本章的目的并不提供关于这些理论知识详细论述,而是提供与本书中建模有关知识的概述。

第3章 不确定性建模的概念和原理:在许多科学领域,不确定性是易被误解的概念,所以本章将对在评估不确定性时的各种误区进行讨论;还提供了更多关于如何评估不确定性的概念和方法。不确定性并非仅仅是数学概念和方法,就像世界可以被人类感知一样,不确定性与哲学也有一定的联系。

第4章 地球工程中不确定性条件下的决策:本章不会过于仔细地阐述决策分析的基本理念。本章介绍了决策分析的语言和例如决策树之类的基本工具和敏感性分析的概念,讨论了结构决策问题,这将有助于理解之后的内容。

第5章 连续性空间建模:本章介绍了连续性空间建模的各种技术,包括处理地下岩石类型模型、岩石孔隙度、土壤类型、黏土含量、厚度变化等,涵盖了大多数用于训练捕获连续性空间的模型,例如变异函数/协方差模型、布尔或对象模型和三维训练图像模型。

第6章 不确定性空间建模:一旦建立了一种连续性空间模型,即可以在该连续模型中通过二维、三维或四维(包括时间)来"模拟地球"。这种称为随机模拟的模拟演习的目标是创建多个地质模型,以用来反映空间模型的连续性。这组地质模型就是本书中表示"模型不确定性"的最常见形式。本章与上一章一起讨论了基于变异函数、基于对象和三维图像训练三种技术。

第7章 用数据约束空间模型的不确定性:本章是上一章的扩展,讨论了通过数据约束各种地质模型的方法；还讨论了两种类型的数据：硬数据和软数据；硬数据是指对建模对象的直接测量数据，软数据是指其他各种数据。通常，硬数据是从地球各种样本中获得，而典型的软数据是地球物理方法测量所得。本章还介绍了两种获得软数据的方法，即通过概率方法或反演建模方法。

第 8 章 结构不确定性建模：地球还包括离散的平面结构，如地形、断层和图层。这些结构不易通过变异函数、对象或三维图像训练的方法得到，常使用专门适应这种结构的建模方法来进行建模。本章介绍了定义单个断层和图层的基本建模方法，以及把它们结合到一个模型结构中的方法。因为结构建模通常通过地球物理数据解释所得，本章也介绍了结构建模不确定性的各种来源及构建方法。

第 9 章 可视化不确定性：由于地学建模极大的不确定性以及不确定性来源的多样性，可能创建大量替代地质模型，所以需要通过图形以更好地了解集成模型的不确定性；本章还介绍了一些在二维图像上用距离来表示复杂的模型不确定性的最新技术。

第 10 章 响应不确定性建模：地球本身的不确定性建模与它所需要做的实际决策关联很少。相反，这些模型是用来评估某些特定问题或特定的响应函数，比如污染物的总量、采样的最佳位置、可以被注入无风险的二氧化碳总量、存储核废弃物的最佳地点等。这些通常被称为地球评估模型，通常使用 CPU 的传递函数进行评估，比如流体模拟器、最优化编码、气候模型等，传递函数的运行通常需要花费数小时甚至数天。本章还介绍了通过模型选择和 CPU 成本问题评估响应不确定性的技术。

第 11 章 信息的价值：在使用任何数据之前，例如钻井数据、采样调查或地球物理方法和远程遥感数据，先评估采用这些数据的价值是非常必要的。这个价值必然依赖于其给定的不确定性模型。通常，更大的不确定性模型优先选择的数据将会更有价值。本章在一个正式的空间环境决策分析框架中，对评估信息价值的技术进行了讨论。

第 12 章 案例研究：本章介绍了一个关于地下水污染问题的信息价值的研究案例。本案例研究的目的是举例说明本书中提到的各种元素（如决策分析、三维建模、物理建模以及敏感性分析）如何结合在一起。

【参 考 文 献】

[1] BurVal Working Group. 2006. Groundwater Resources in Buried Valleys: A Challenge for Geosciences. Leibniz Institute for Applied Geosciences(GGA – Institut), Hannover, Germany.

[2] Jørgensen F and Sandersen P B E. 2006. Buried and open tunnel valleys in Denmark – erosion beneath multiple ice sheets. Quaternary Science Reviews, 25, 1339 – 1363.

[3] Huuse M Lykke, Andersen H, Piotrowski J A, et al. 2003. Special Issue on Geophysical Investigations of Buried Quaternary Valleys in the Formerly Glaciated NW European Lowland: Significance for Groundwater Exploration. Journal of Applled Geophysics, 53(4), 153 – 300.

2 统计学与概率论知识概述

2.1 概述

本章主要为工程师或科学家复习一下基本统计学和概率论的基础知识,重在介绍地球科学中不确定性建模中涉及的比较重要的内容。

统计通常是一个用于描述"一组数据的采集或总结"的术语。例如劳动力统计或棒球赛统计,是通过市场调查、抽样或问卷调查收集的一系列数据。这些数据通常经过重新组合或排列成为一组新的、易明显做出判断的数据。为使数据有意义,这样的总结可能需要缩减大量数据,从而得出结论或做出决策。统计学领域与此区别不大,统计学提供了一个严格的数学框架,在此框架内对样本数据进行分析并得出结论。可是,传统的统计学应用于地球科学时具有相当大的局限性。地球科学中建模的关键在于数据的空间特性或自然性质。样本或者测量数据通常与空间坐标(x,y,z)相关,以描述该样本是取自什么位置。传统统计学经常忽略这些空间环境,只对数据进行简单的处理。然而,根据经验可知,位置邻近的样本通常更多的与对方"相关",并且这一关系在解释数据时可能是有用的。地质统计学和空间统计学处理的是在空间或时间上分布的数据,其目的在于弄清楚模拟数据之间的空间关系。

任何统计学研究的关键都是获得一个关于数据的良好概观及其关键特征。这种对数据的分析法亦称为探索性数据分析(EDA),分为图形技术和数值技术。

2.2 图示数据

一般情况下,应考虑两种类型的变量:
(1)分类/离散变量:性别、种类、钻石质量类别等。
(2)连续变量:大小、数值、收入、等级等。

一些变量(如种类)属自然范畴,而其他变量的分类变量或连续变量则取决于研究者。例如,钻石的质量可以是一般、好或非常好,也可以用钻石的价值(用美元表示)来建模,这是一个连续变量。

无论分类变量还是连续变量都表示一个分布。这个分布可给变量取一个给定值的频率。对于分类是很直观的。对于每一种分类,可以记录目标有多少次落在给定的分类。对于连续变量则不太直观,也有此类变量频率量化的方法。注意连续变量总是可以分类,但分类变量并不能得到唯一的连续变量。

直方图

表示数据最常用的方法之一是直方图。直方图是视觉频率表,表示观测值落入某一给定范围的频率(图2.1)。在直方图中,连续样本值被划分为等宽度的给定范围("收集箱")。这些"收集箱"(观测值被划分的区间数)的宽度决定了直方图的外观(图2.2)。

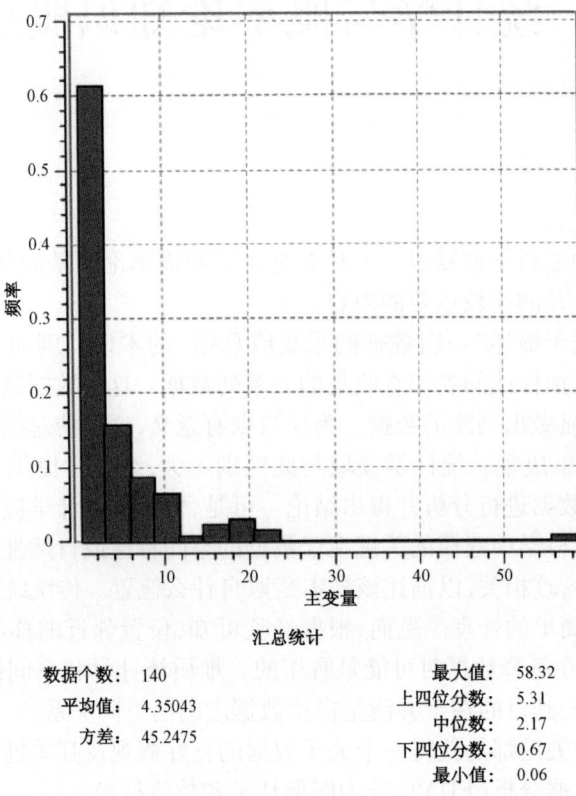

图2.1 直方图示例

(1)小"收集箱":可以观察到细节,但是这些细节可能是由于小样本起伏所造成的假象。由于看起来像噪声,可能会失去直方图的全局概览信息。

(2)大"收集箱":可能会失去数字中所保护的细节和重要特征。

用直方图表示数据的方法非常有用。因为其易于理解,且很容易对非统计学专业人士解释。随后将讨论一些更加专业的技术,以更好地进行数据可视化。

在解释一个直方图时,根据重要性顺序应该知道以下几点:

(1)整体形状:整体形状可能是对称的或偏移的;如果是偏移的,需判断它是向左偏移还是向右偏移。对称的左右几乎是完美的镜像,但是也不一定,例如钟形直方图。偏移的直方图的一边比另一边延伸更远。

(2)中心值、展布、偏度、众数:直方图可以近似地观察到数据中心值在哪里。众数表示峰值的位置,它代表发生次数最多的那一类数据;两种显著的众数表示数据的两个密集区域。偏度表示直方图向左或向右延伸的程度。范围表示绝对偏差偏离均值的程度。

(3)异常值:异常值是指看起来似乎并不属于所研究变量总体分布模式特征的一个观测值。直方图并不是一个用于识别异常值的工具,它不能区别极值和异常值。极值指总体中的一个合理样本,它可能在样本中经常出现,只是其值相当高(或相当低),但并非是异常值。

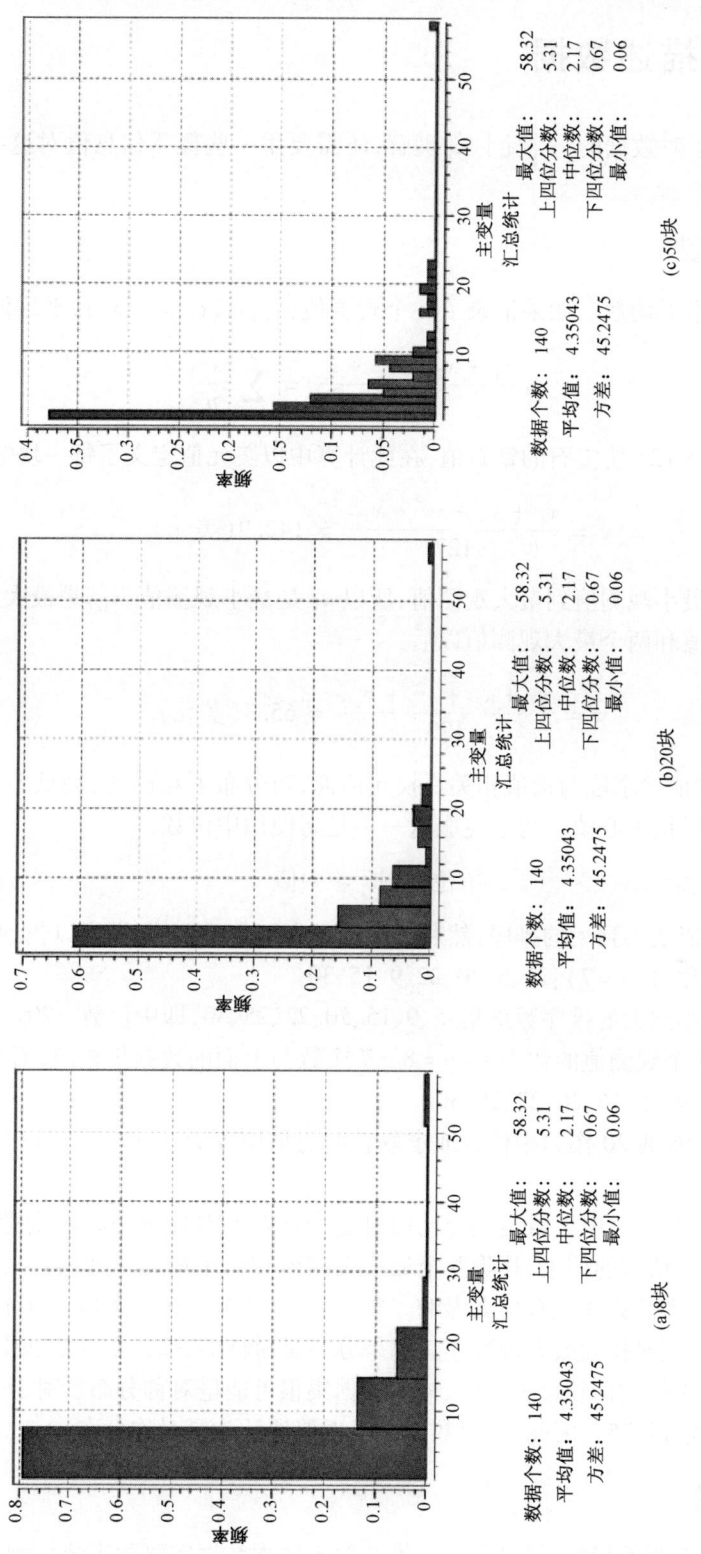

图2.2 "收集箱"大小示例以及对直方图的影响

2.3 以数值描述数据

直方图只提供了对数据的一个定性的理解，还需要用一些概要信息值对这些视觉观察加以补充。

2.3.1 中心值测量

平均值是指算术平均数。如果记录了 n 个观测值 $(x_1, x_2, x_3, \ldots, x_n)$，平均值 $(\bar{x})$ 定义为：

$$\bar{x} = \frac{x_1 + x_2 + \cdots + x_n}{n} = \sum_{i=1}^{n} \frac{x_i}{n}$$

以下数据是来自 127 块宝石的钻石值，在此计算中以美元值定义了每一块宝石的钻石值：

$$\bar{x} = \frac{x_1 + x_2 + \cdots + x_{127}}{127} = 142.9 (美元)$$

假设排列是从最小观测值到最大观测值，所以 x_1 是最小观测值，x_{127} 是最大观测值。考虑去掉两个最小观测值和两个最大观测值以后：

$$\bar{x} = \frac{x_3 + x_4 + \cdots + x_{125}}{123} = 65.3 (美元)$$

由此可见，平均值的求取与极值相关。换句话说，当分布不对称的(高低差异较大)时，平均值并不能很好地概括中心值。为了克服这一不足将使用中位数：

中位数：M = 中值

通过所有观测值从小到大的排序，然后找到位于中间的观测值，即可以找到中位数。观察下面 7 个观测值的数组 $(n=7)$：25、5、20、22、9、15、30。

对数据进行从小到大的排序数据集：5、9、15、20、22、25、30，即中位数 $=20$。

现在，考虑有 8 个观测值的数据集 $(n=8)$，7 个数与上面的数据集相同，第 8 个数为 16。

排序数据集：5、9、15、16、20、22、25、30。

现在可以选择 16 或 20 作为中位数或求取它们的平均数 18。中位数可以是 18，即使此值不出现在样本数据集中。

相对于极值或异常值，中位数是一个比均值更为贴切的对样本中心的度量。中位数与极值相关性不大。观察钻石的例子，移除两个最小观测值和两个最大观测值会对平均值产生巨大的影响，但是对于中位数并没有什么影响。事实上，中位数在很大程度上并不取决于数值记录，它仅仅取决于其相对排列或者说顺序。如果分布是对称的，那么平均值和中位数会比较接近。如果平均值和中位数比较接近，那么样本数据集很可能呈对称分布。对于上述数据集，中位数为 18，平均值为 17.75。因此，这组数据可以近似地认为是对称分布。

2.3.2 展布测量

中心值是一个重要的指标，但是它无法推断关于样本数据完整的走势。例如，若由 n 个监测站检测一个区域范围内的平均污染水平,等同于开展两个或更多区域的调查。然而,不能完全根据中心值来制定补救政策,因为污染程度更为严重的区域可能更需要补救。这就需要对一个数据集或者其总体的变化与差异进行定量。对展布测量的一个简单测量即可知一个样本中最小值和最大值之间的差异。但是,显然这并不是展布测量的鲁棒测量。

四分位数:四分位数类似于中位数,从某种意义上来说它是通过类似的计算方法:下四分位数定义为在 n 个观测值中,25% 的观测值低于或者等于此数值,75% 的观测值高于此数值。上四分位数与下四分位数相似,只是在 25% 的观测值大于上四分位数。同样的可以将下四分位数定义为 50% 较小观测值的中位数,将上四分位数定义为 50% 较大观测值的中位数。

展布的一个有效测量是四分位差(IQR):

$$IQR = 上四分位数 - 下四分位数$$

2.3.3 标准偏差和方差

最传统的数据分析是通过提供均值和标准偏差来进行。观测标准偏差(S)和方差(S^2)观察数据的展布,可衡量数据在均值周围的散布程度。

$x_1, x_2, x_3, \cdots, x_n$ 是一组 n 个观测值。

在平均值周围分散:

$$x_1 - \bar{x} \longrightarrow (x_1 - \bar{x})^2$$
$$x_2 - \bar{x} \longrightarrow (x_2 - \bar{x})^2$$
$$\vdots \quad \vdots \quad \vdots$$
$$x_n - \bar{x} \longrightarrow (x_n - \bar{x})^2$$

计算均值:

$$S^2 = \sum_{i=1}^{n} \frac{(x_i - \bar{x})^2}{n-1} = （经验）方差$$

$$S = \sqrt{\sum_{i=1}^{n} \frac{(x_i - \bar{x})^2}{n-1}} = （经验）标准差[与 x 具有相同单位]$$

为什么除以 $(n-1)$?并不是增加了 n 个独立的偏差。事实上,我们知道所有偏差的总和等于零。实际上,可以除以 n,因方差 S^2 是易变数(在收集的另一组 n 个数据集中它可能会有很大变化),当 n 足够大时(大于 10),n 和 $(n-1)$ 并没有太大的差别。

2.3.4 标准偏差的性质

标准偏差(S)度量了观测值在均值(x)周围的分散度。正如平均值示例中,标准偏差与异常值相关。事实上,标准偏差比平均值与异常值更为相关。标准偏差对于对称分布是一个很好的统计工具。另外,四分位数对于离散度的测量更灵活。

2.3.5 分位数和 Q—Q 图

在统计学中,分位数是一个很重要的术语。中位数、上四分位数和下四分位数都是分位数的一种。P—分位数(P 属于 $0-1$)被定义为一个特定值,使得数据中某百分量 $\times P$ 数据并不能达到这一特定值(即小于或等于该值)。

例如:10 分位数 = {0.1—分位数、0.2—分位数,…,1—分位数}

分位数是在构建分位数—分位数图(Q—Q 图)时非常有用,它是比较两个数据集的分布的图形工具。在 Q—Q 图中比较两个数据集的分位数。例如:

数据集 1:34,21,8,7,10,15

数据集 2:16,22,5,9,11,37

可以计算出多少不同分位数?在此情况下,可以计算出跟数据值同样多的分位数。首先将数据按顺序排列:

数据集 1:5,8,10,15,21,34

数据集 2:5,9,11,16,22,37

百分数:$\dfrac{1}{6},\dfrac{2}{6},\dfrac{3}{6},\dfrac{4}{6},\dfrac{5}{6},\dfrac{6}{6}$

Q—Q 图(图 2.3)即是两数据集的相应分位数的对照图。Q—Q 图可比直方图更好地比较两数据集的概率分布,尤其是在分布有偏差或数据数量不足时。如果可以观察到一条呈 45°的直线,可以得出此两个数据集的概率分布相近的结论。任何偏离这一直线的情况都可能代表两个数据集之间的差异。例如,如果两个数据集有不同的平均值,其 Q—Q 图仍将显示为一条直线,但这条线将是平行的 45°线(不重合)。

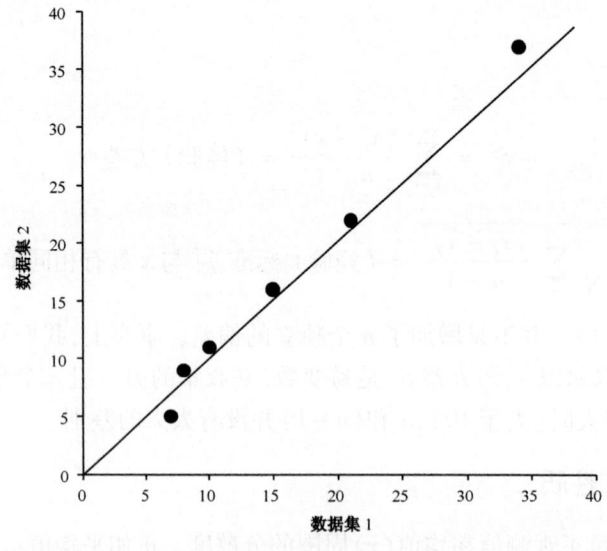

图 2.3 Q—Q 图示例

2.4 概率论

统计学使用的是概率论语言。概率论实质上是一个完整的领域,本章只介绍相关基础知识。概率是纯数学概念和构建(无法直接在自然界观察到概率)。为了说明这一概念,示例如下:
在某地区有60%的概率/机会发现铁矿石。

这是什么意思?

解释一:地质学家认为,从长远来看,研究60%的类似地区就可以找到铁矿石。

解释二:地质学家根据专业知识和经验推断,这一地区含有铁矿石的可能性很大。事实上,60%是一个关于地质学家对某地区含有铁矿石这一推断的定量度量,0当然代表没有铁矿石,100%当然代表有铁矿石。

解释一也称为频率解释。概率被解释为重复试验中出现成功事件的比率,尽管在实践中这种重复无须明确说明。

$$概率 = (成功的事件数)/(试验的总数)$$

解释二,概率并不考虑事实输出结果的性质(即不考虑实际上铁矿石是否被找到)。相反,它被认为是陈述人基于经验的非数学推断。

本书中两种解释都将会使用。例如,将给出一个建模方法,并根据已有数据计算饮用水井被污染的概率。为了实现这一目的,将创建大量的可选地质模型,其中一部分模型显示污染,而另一部分模型显示没有;污染的频率将被解释为概率。与此同时,地质学家将需要决定根据何种地质沉积体系来创建此类地质模型。考虑到提供流体系统与冲积系统间存在一定的争议。因为只有一个系统是真实存在的,任何关于概率的论断(如"出现流体系统的概率是$x\%$")不基于任何频率,而是基于专业地质学家根据其经验在解释数据时做出的推断。

2.4.1 采样空间、实现事件

回顾上文所述的钻石示例数据集。认为从储藏中取出一块宝石是一个实验;这同时也把此样本定义为一块宝石。实验结果无法准确预测。但是,假定一颗钻石的重量小于一个较大的数(大于零)——"BIG"。所有可能的实现事件被称为样本空间(S)。例如:

钻石的尺寸: $\qquad S = (0, BIG)$

种族: $\qquad S = \{亚洲人、黑人、白人,\cdots\}$

此样本的任何子集称为事件:

事件 $E_1 = \{大于5ct的钻石\}$

事件 $E_2 = \{介于2 \sim 4ct之间的钻石\}$

事件发生的概率称为$P(E)$。概率公理为:

公理1: $0 \leq P(E) \leq 1$

公理2: $P(S) = 1$

公理 3：$P(E_1 \cup E_2 \cup E_3 \cdots) = P(E_1) + P(E_2) + P(E_3) + \cdots$

如果 E_1、E_2、$E_3 \cdots$ 是完全互斥事件，这意味着 E_i 和 E_j 不能同时发生。

2.4.2 条件概率

条件概率是本书概率论中最重要的概念。在条件概率的概念下，遇到的日常问题示例如下：

（1）已经在 x 位置发现石油的条件下，在 y 位置发现石油的概率是多少？

（2）已知在 z 位置的采样含铅量为 $y\mu g/g$，那么 x 点被铅污染的概率是多少？

通常根据一些可用信息或者另一个事件的发生，来求出某一特定事件发生的概率。例如：洛普列塔地震发生于 1989 年，之后的三十年中，在同一断层发生大地震的概率是多少？

条件概率的表示法为：

$$P(\text{事件 } E \text{ 发生} | \text{事件 } F \text{ 发生}) = P(E|F)$$

在评估条件概率时，明确事件是否相关是非常必要的。若不相关，条件概率 $P(E|F)$ 等于 $P(E)$。

抛一个硬币 9 次，9 次都是正面朝上，第 10 次正面朝上的概率是多少？答案是 1/2，因为随机事件被认为是不相关的。

应该如何计算这样的条件概率？通常做法是画维恩图（图 2.4）。

假如已知发生事件 E，那么只能在圆集 E 内部：

$$P(E) = \frac{\text{圆集 } E}{\text{矩形集 } S}$$

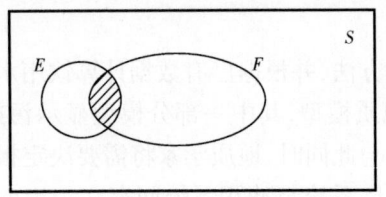

图 2.4　维恩图（显示样本空间和相关的两个事件）

假如已知发生事件 F，那么只能在圆集 F 内部求 E 发生的概率：

$$P(E|F) = \frac{\text{圆集 } E \text{ 与 } F \text{ 的交集}}{\text{圆集 } F} = \frac{P(E \text{ 和 } F)}{P(F)}$$

2.4.3 贝叶斯规则

贝叶斯规则（方程）是概率论中的重要概念，并且对地球科学学科至关重要。例如，在某区域发现钻石的概率是一个非条件概率，随着可利用的数据和信息的增多（例如岩石是金伯利岩，在金伯利岩中，发现了石榴石），事件的概率将会"改变"，即增加或者减少，也就是说可以从数据中"学习"。这种改变的量级由贝叶斯规则支配。

贝叶斯规则的简单推导过程如下：

式 1：　　　　　$P(E \text{ 与 } F) = P(E|F)P(F)$

式 2：　　　　　$P(E \text{ 与 } F) = P(F|E)P(E)$

式 1 除以式 2：

$$1 = \frac{P(E|F)P(F)}{P(F|E)P(E)}$$

因此：

$$P(E \mid F) = \frac{P(F \mid E)P(E)}{P(F)}$$

上述方程提供了条件概率和非条件概率之间的关系。如果已知一个条件概率，那么另一个条件概率可以通过贝叶斯公式计算出来。$P(E|F)$ 称为"后验"概率（通过数据学习之后获得），而 $P(E)$ 为"先验"概率（之前没有任何数据）。

贝叶斯规则的实用性可参看下面的示例：假如你已经在钻石行业工作 30 年，根据经验你知道你所研究的沉积物中有 1/10 是有经济利益的。作为一位顾问，你需要根据自己的研究来评估一个新发现矿床的价值，你的任务是简要地向矿业公司报告此矿床中沉积物有经济利益的概率。为了完成工作，你分析了这个沉积物的石榴石含量（石榴石往往与钻石同时出现，即钻石中通常含有石榴石）根据你 30 年的工作经验，以及在钻石矿藏方面积累的数据库，计算得出：若石榴石含量超过 5μg/g，则这个矿床有经济利益的概率是 4/5；若石榴石含量小于等于 5μg/g，此矿床毫无经济利益的概率仅为 2/5，对于目前这个矿床，对石榴石的数据分析结果显示石榴石含量为 6.5μg/g。当前矿床获利的概率是多少？贝叶斯规则给出了这个问题的解决方案。

设 E_1 = 此矿床是有利可图的；

E_2 = 此矿床无利可图；

E_3 = 石榴石的含量超过 5μg/g；

E_4 = 石榴石含量小于或等于 5μg/g；

需要求出 $P(E_1|F_1)$。已知先验概率 $P(E_1) = \frac{1}{10}$，因此 $P(E_2) = \frac{9}{10}$：

$$P(F_1 \mid E_1) = \frac{4}{5}$$

$$P(F_1 \mid E_2) = \frac{2}{5}$$

应用贝叶斯规则，还需要计算 $P(F_1)$，可根据如下计算求出：

$$P(F_1) = P(F_1 \mid E_1)P(E_1) + P(F_1 \mid E_2)P(E_2)$$

$$= \frac{4}{5} \times \frac{1}{10} + \frac{2}{5} \times \frac{9}{10} = \frac{22}{50}$$

因为 $P(E_1) + P(E_2) = 1$，故最后的结果是正确的，因此：

$$P(E_1 \mid F_1) = \frac{P(F_1 \mid E_1)P(E_1)}{P(F_1)} = \frac{\frac{4}{5} \times \frac{1}{10}}{\frac{22}{50}} = \frac{2}{11}$$

也就是说，已知石榴石含量高于 5μg/g（数据），有利于确认这个矿床是有利可图的，实际上，后验概率除以先验概率等于：

$$\frac{P(E_1 \mid F_1)}{P(E_1)} = \frac{\frac{2}{11}}{\frac{1}{10}} = \frac{20}{11} = 1.81$$

2.5 随机变量

到目前为止已经研究了两个不同的问题:(1)如何做数据的数量归纳;(2)在不考虑数据本身的情况下从广义上研究"概率"。在本节将建立两者之间的联系——试着量化数据集的概率或其他性质。随机变量的概念将是其关键环节。一个随机变量是一个变量值的随机实验的某个数值结果。随机变量本身并不是数值。它可以表现为各种数值结果,但往往无法事先得知到底会出现哪个值。例子掷骰子、抽牌、从钻石矿床中取样,所有这些都可以用一个随机变量来描述。

常使用大写字母(如 X 或 Y)来表示一个随机变量。用大写字母来表示该值未知;用小写字母(如 x 或 y)表示随机变量的实现。

$P(X \leq x)$:表示随机变量 X 小于一个给定的结果值 x 的概率,此处"$X \leq x$"被称为事件。

2.5.1 离散随机变量

输出结果有限的随机变量被称为离散随机变量。例如掷骰子只有六个可能的结果。结果发生的频率或随机变量分布的方式可使用质量函数描述,符号如下:

$$P_X(a) = P(X = a)$$

以投骰子为例:$P(X=1) = P_X(1) = \frac{1}{6}$;$P(X=2) = P_X(2) = \frac{1}{6}$。注意符号 $P_X(a)$ 表示随机变量 X 取值 a 的概率。

2.5.2 连续随机变量

离散变量的可能结果的频率可以被计数,而连续变量的可能结果的频率无法被计数,事实上有无限种可能。因此,$P(钻石大小=1ct)=0$,因为有无限(理论上)的可能性,因此任何数字除以无限都为零。有两种等效的方式来描述连续随机变量可能的变化,即概率密度函数(pdf)和累积分布函数(cdf)。

2.5.2.1 概率密度函数(pdf)

概率密度函数用 $f_X(x)$ 表示,定义为一个正函数的积分,而这个积分(面积)表示一个概率:

$$P(a \leq X \leq b) = \int_a^b f_X(x) \mathrm{d}x$$

这种方式定义一个概率似乎并不直观,连续随机变量需要用这种数学模式,其原因就是上面提到的1除以无限。标识$f_X(x)$现在也变得更加明显。函数f描述了随机变量X在点x的概率变化。

其有如下重要性质：

$$\begin{cases} \int_{-\infty}^{+\infty} f_X(x)\,\mathrm{d}x = 1 & \text{某些输出结果一定会出现} \\ f_X(x) \geqslant 0 & \text{概率不能为负} \\ P(X = x) = 0 & \text{已讨论} \end{cases}$$

函数值$f_X(x)$有何意义？它并没有一个概率的含义，它只在比较x_1和x_2两种结果时有一定意义。比率：

$$\frac{f_X(x_1)}{f_X(x_2)}$$

表示出现x_1比出现x_2的可能多了多少倍（或少了多少倍）。注意"可能"（也称似然）并不等同于"概率"。例如比率为4（图2.5），出现x_1的可能比出现x_2的可能可能多4倍。注意这并不是说"出现的概率大四倍"。

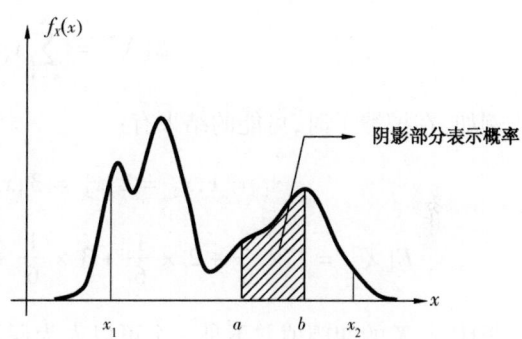

2.5.2.2 累积分布函数

描述一个随机变量的一个完全相同的方法就是累积分布函数（图2.6）：

$$F_X(x) = P(X \leqslant x)$$

图2.5 概率密度函数示例图

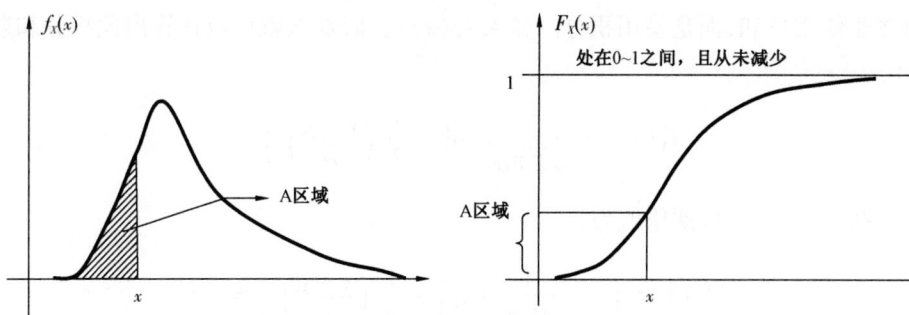

图2.6 累积分布函数定义

$F_X(x)$和$f_X(x)$之间的关系是：

$$F_X(x) = \int_{-\infty}^{x} f_X(y)\,\mathrm{d}y \Rightarrow f_X(x) = \frac{\mathrm{d}F_X(x)}{\mathrm{d}x}$$

2.5.3 期望和方差

2.5.3.1 期望

首先考虑离散随机变量 X,概率密度函数为 $p_X(x)$。X 有 K 种可能的结果,即 x_1, x_2, x_3, $\cdots, x_k$:

$$x_1 : P(X = x_1) = p_X(x_1)$$

$$x_2 : P(X = x_2) = p_X(x_2)$$

$$x_3 : P(X = x_3) = p_X(x_3), \cdots$$

期望值,符号写作 $E[X]$,定义为:

$$E[X] = \sum_{k=1}^{K} x_k P(X = x_k)$$

例如:在掷骰子时,可能的结果有:

$$x_1 = 1, x_2 = 2, x_3 = 3, x_4 = 4, x_5 = 5, x_6 = 6$$

$$E[X] = 1 \times \frac{1}{6} + 2 \times \frac{1}{6} + 3 \times \frac{1}{6} + 4 \times \frac{1}{6} + 5 \times \frac{1}{6} + 6 \times \frac{1}{6} = \frac{7}{2}$$

很明显,X 的期望值并不是一个可以人为假设的值。所以 $E[X]$ 不是人们所"期望"X 获得的值,而是大量的重复实验中 X 的平均值。

与求离散变量期望值的方式非常相似,对连续变量定义期望值为:

$$E[X] = \int_{-\infty}^{+\infty} x f_X(x) \mathrm{d}x$$

此时并非使用总和,而是使用积分。如果 $f_X(x)$ 已知,那么就可以计算出此积分和期望值 $E[X]$。如:

$$f_X(x) = \frac{1}{\sqrt{2\pi}\sigma} \exp\left[-\frac{1}{2}\left(\frac{x-\mu}{\sigma}\right)^2\right]$$

经过一些微积分运算,期望值为:

$$E[X] = \int_{-\infty}^{+\infty} x \frac{1}{\sqrt{2\pi}\sigma} \exp\left[-\frac{1}{2}\left(\frac{x-\mu}{\sigma}\right)^2\right] = \mu$$

2.5.3.2 总体方差

在某种意义上,随机变量的期望值是概括该变量分布函数的一种方法。那么如何概括总体的展布? 就像求标准差时对数据的操作一样,同样有一个度量概念——总体方差:

$$Var[X] = E[(X - E[X])^2] = \int_{-\infty}^{+\infty} (x-\mu)^2 f_X(x) \mathrm{d}x$$

如果使用与以上相同的函数,那么总体方差为:

$$Var[X] = \int_{-\infty}^{+\infty} (x-\mu)^2 \frac{1}{\sqrt{2\pi}\sigma} \exp\left[-\frac{1}{2}\left(\frac{x-\mu}{\sigma}\right)^2\right] dx = \sigma^2$$

2.5.4 分布函数举例

2.5.4.1 高斯(正态)随机变量和分布

高斯分布(正态分布)是非常特殊的分布,数学表达式如下:

$$f_X(x) = \frac{1}{\sqrt{2\pi}\sigma} \exp\left[-\frac{1}{2}\left(\frac{x-\mu}{\sigma}\right)^2\right]$$

式中 μ——总体平均值或期望值;
σ——总体标准差。

图 2.7 为一些不同的 μ 和 σ 值所对应的高斯分布示例。

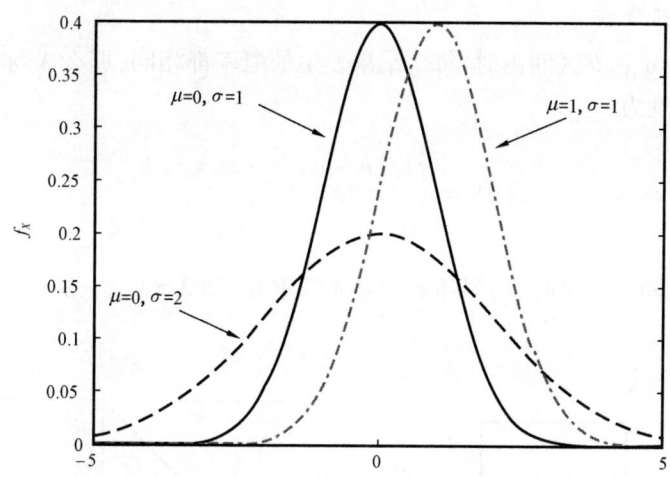

图 2.7 不同 μ 和 σ 值的高斯分布示例

高斯分布有两个可自由选择的参数——μ 和 σ(记住 $\sigma > 0$)。参数 μ "决定"分布中心;如果有一个来自正态分布的随机变量 X 的无限量样本,那么 μ 是这个样本集的均值。参数 σ "决定"钟形曲线的宽度。

高斯分布函数的其他性质如下:
(1)总体平均值 = 总体中位数。
(2)总体众数 = 总体平均值。
(3)$F_X(x)$ 没有一个准确的数学表达式,需使用计算机或从书上的表中查询。

2.5.4.2 伯努利随机变量

离散随机变量最简单的情况是只可能出现两种结果。为简单起见,将这两类结果记为 0 和 1。例:

如果试验结果是"失败",则 $X=0$;
如果试验结果是"成功",则 $X=1$。
该试验应该被看作是最广义的可能性。
例如:
(1)寻找到一颗大于2ct的钻石意味着"成功"。
(2)连续两次滚动意味着"成功"。
(3)寻找到一颗4ct的钻石意味着"成功"。
统计学中将这类随机变量称为伯努利随机变量。在地质统计学中也将其称之为指标随机变量。它的概率分布完全取决于一次试验成功的概率 p:

$$p = P(X = 1) \text{ 和 } P(X = 0) = 1 - p$$

$$E[X] = 1 \times p + 0 \times (1-p) = p$$

$$Var[X] = (1-p)^2 p + (0-p)^2 (1-p) = p(1-p)$$

2.5.4.3 均匀随机变量

若 X 的结果在 a 和 b 区间内时,每个结果发生的概率都相同,那么 X 称为均匀随机变量。假设 $a < b$,概率密度为:

$$f_X(x) = \begin{cases} 1/(b-a) & a \leq x \leq b \\ 0 & \text{其他} \end{cases}$$

用计算机生成随机变量时,均匀随机变量非常重要(图2.8)。

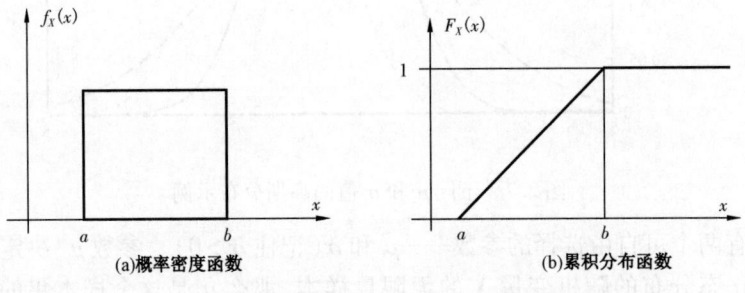

(a)概率密度函数　　　　　　(b)累积分布函数

图2.8　均匀分布的概率密度函数和累积分布函数

2.5.4.4 泊松随机变量

服从泊松分布比较恰当的一些例子:
(1)书页上的印刷错误的数量。
(2)社区中年龄达到100岁的人的数量。
(3)第一天使用就坏掉的晶体管的数量。
泊松随机变量通常具有以下特点:
(1)$p =$ 事件发生的概率很小。

（2）n = 试验的数量很大

在地球科学学科中，泊松分布非常重要，因为它在某个有特定对象（钻石、树、植物、地震）的区域具有空间联系。如图2.9所示，将一个小框放在某一领域内，小框中的点的数的量随机分布服从泊松分布，并遵循以下的公式：

$$p_X(i) = P(X = i) = e^{-\lambda}\frac{\lambda^i}{i!}$$

式中　λ——小框中出现点的数量的平均值。

第5章中将讨论布尔模型或对象模型，模拟空间中的对象。要达到此目的将会使用泊松过程，对象在空间的随机传播过程就如图2.9所示。请注意每个点的坐标X和Y也是随机变量，称为均匀随机变量。

2.5.4.5　对数正态分布

当且仅当 $\lg X$ 是高斯/正态分布时，变量 X 是对数正态分布。所以，如果计算服从对数正态分布的数据的对数，那么其直方图看起来应该是

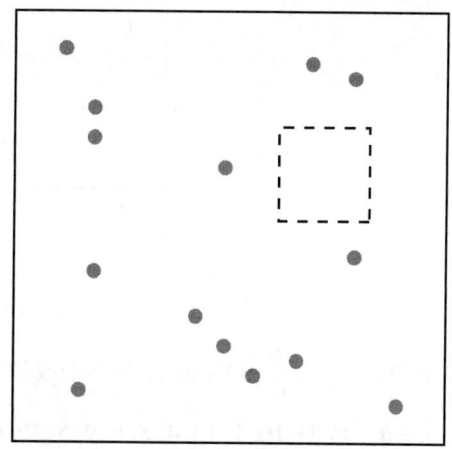

图2.9　在某区域上随机分布的点

正态分布。对数正态分布有两个参数——均值和方差。对数正态分布可以是极度不对称的，因此它可以对不对称数据集进行理想的描述。对数正态分布也是恒正的，这使得它在描述大多数严谨的地球科学数据时非常有用；例如渗透率（mD）、地震级、粒度大小（mm）都服从对数正态分布。

2.5.5　经验分布函数与分布模型

描述整个总体所有可能结果的随机变量X，它的分布（pdf 或 cdf）描述了更有可能发生的结果的详细信息。$F_X(x)$或$f_X(x)$亦称为总体的分布模型。但整个总体情况未知，所以也不知道$F_X(x)$或$f_X(x)$。掌握的信息只有数据，即只有一组样本值或结果。从这些数据中需要估计$F_X(x)$或$f_X(x)$是什么。为了估计密度分布，常使用经验分布函数而并非X的整个总体，经验分布函数基本上就是数据的分布模型。正如整体时使用经验概率密度函数和经验累积分布函数。

经验概率密度函数 = $\hat{f}_X(x)$ = 从数据获得的密度分布。实际上，直方图就是经验概率密度函数的一个图形表达，把$\hat{f}_X(x)$也叫做直方图。经验累积分布函数 = $\hat{F}_X(x)$ = 基于数据的累积分布函数（图2.10）。

构造过程：

（1）对数据进行排序，并把它们画在x轴上。

（2）指定的累积概率低于阈值，所以经验累积分布函数为：

$\hat{F}_X(x) = P(X \leqslant 观察到基准 x)$，

$P(X \leqslant x_1) = \dfrac{1}{6}$，16%的数据小于或等于$x_1 = 3.2$；

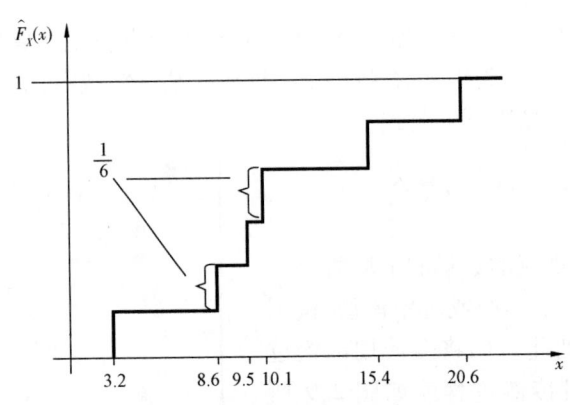

图 2.10 经验累积分布函数构造图

$P(X \leq x_2) = \dfrac{2}{6}$,33% 的数据小于或等于 $x_2 = 8.6$。

$n = 6$ 数据:10.1,15.4,8.6,9.5,20.6,3.2。

2.5.6 用数据构造分布函数

在统计分析中,应确定哪种分布适用于对数据建模:是正态分布?或对数分布?还是均匀分布?但没有任何一种分布足够"灵活",能够适用于自然中观察到的所有数据集。许多理论分布模型(如正态分布和对数分布)起源于一个计算机未普及的时代,为了容易计算,建模者通常使用仅含有少量参数的函数。本书更主张使用面向计算机的插值或外推方法,使用数据自身来构造分布函数模型。

图 2.11 给出了一个示例,此示例中假设数据集是有界的,在 0~100 之间。在经验累积分布函数中,列出数据 $x_1, \cdots, x_6$,然后在区间中使用 $1/n$ 的步长。但是,当为总体建立一个分布模型时,需要执行两个额外的步骤:

(1)插值:需要知道在 x_2 和 x_3 或者 x_3 和 x_4 等之间发生了什么。

(2)外推:需要知道比 x_6 更大和比 x_1 更小的地方发生了什么。

实际上,这些数据仅仅是总体的一个有限样本。在总体中可以预期一些比 x_6 更大和比 x_1 更小的值。

因此,通过引进插值和外推模型可"完成"经验分布函数,差值模型可由建模者选择,例如一个线性函数或者抛物线(双曲线)函数。推断低于 x_1 的值没有问题,但是比 x_6 高的值呢? 表面上似乎无法容纳了,因为 $F_X(X > x_6) = 0$。解决此类问题的办法是使用步长 $\dfrac{1}{n+1}$ 来代替 $\dfrac{1}{n}$。在本例中,图 2.11 展示了用 $\dfrac{1}{7}$ 代替 $\dfrac{1}{6}$ 的情况。

实质上,往往通过拼凑插值和外推模型来"修正"分布模型 $F_X(x)$。用这种方式建立一个分布函数的优势是,需要知道的是一系列代表分布函数的值。在当前的计算机时代有足够的存储空间来存储大量的数值。例如 100000 这个数值,利用合适的插值和外推模型就可以表示一个分布函数。

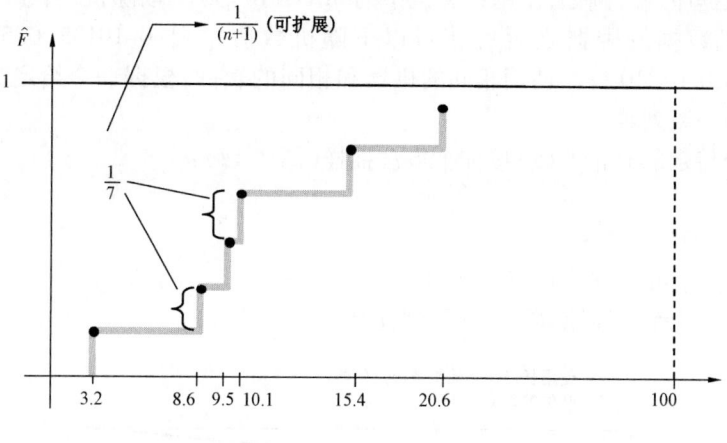

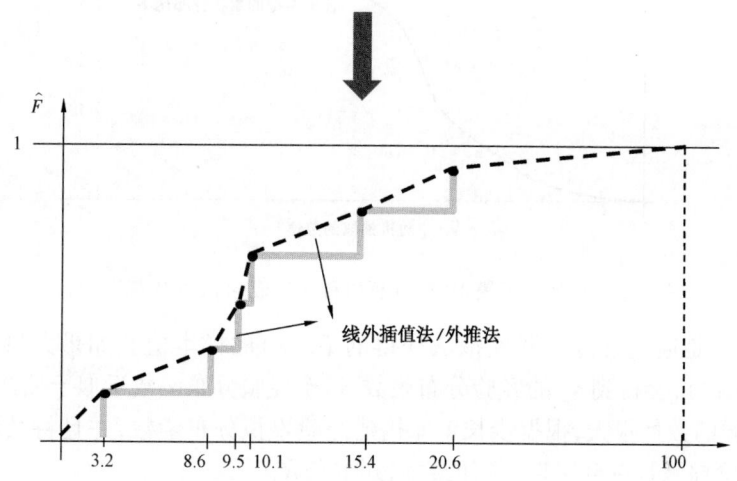

图 2.11　直接从数据建立分布模型的经验累积分布函数结构图

2.5.7　蒙特卡罗模拟法

　　蒙特卡罗模拟法是一种统计方法,旨在"模仿"对一个实际现象抽样的过程。因此,蒙特卡罗模拟法通常是指对分布函数进行取样或者抽样。通常的取样(非蒙特卡罗取样)是指从一个领域获得样本来计算总体密度分布 $f_X(x)$。在蒙特卡罗模拟中,一般假设分布 $f_X(x)$ 是已知的,使用计算机程序对分布进行抽样。构建一个样品试验需要以某种形式访问一个"随机实体",抽样是公平的,也就是说,没有特定的数值出现的几率比分布函数中描述的概率大。例如:如何在计算机上模拟抛硬币,才可使得进行大量试验(100 次)时,抛硬币的结果是正面向上和反面向上的次数接近 50∶50? 但并不存在一个随机的机器(计算机是一个确定性的机器)可以实现一个完全随机的实体。大多时候利用的是一个伪随机数据发生器,伪随机数据发生器是一种软件,可以根据要求输出一个随机数。从统计学来看,这种随机数只是一个输出结果为[0,1]的随机变量。因此,它总是一个在 0 和 1 之间的数。这些数被称为伪随机数据,因为伪随机数据发生器总是由所谓的随机"种子"开始。对于一个给定的随机"种子",总能获得相同的随机数据序列。例如,使用计算机中的 MATLAB 程序,取随机"种子"为 69071,执行 MATLAB 中随机数据发生器之后可获得以下随机数值序列:0.10135,0.58382,0.98182, 0.0534,0.48321,0.65310 等。使用相同的机器和相同的软件,根据一个给定的随机"种子", 获得的是相同的一系列数。

现在对一个特定的分布 $f_X(x)$ 按如下方法抽样(图 2.12):

步骤:

(1)抽取一系列随机数;

(2)使用累积分布"查找"相应的样本值;

(3)重复这个过程,直到得到足够所需要的样本。

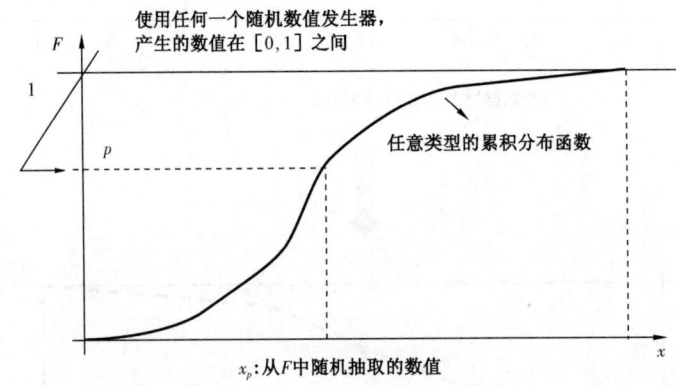

图 2.12　蒙特卡罗模拟法(计算机程序生成的 p,以及获得 x_p)

图 2.12 中,x_p 是通过蒙特卡罗模拟法获得的 $F_X(x)$ 的样本值。如果大量重复这个实验 (试验、采样或抽样),会得到 x_p 的经验分布函数,这个经验分布函数近似于抽样的 $F_X(x)$。如果关于 x_p 值抽样的数量很大,根据步长 $1/n$ 构建经验累积分布函数,并且将其绘制在图 2.12 顶部,那么这个阶梯函数将会接近真实的累积分布函数。

为什么使用蒙特卡罗试验法和抽样?

(1)它可以用来创建数据集,在此数据集上可以进行特定的计算机试验或者其他测试方法;

(2)它可以预测一定抽样活动的影响,帮助设计抽样调查;

(3)它可以用来创建地质模型以及不确定性模型,这将会在第 5~8 章进行详细讨论。

2.5.8　数据转换

通常需要对研究的数据集进行必要的分布转换。原因如下:

(1)某些统计和建模方法要求数据在使用之前是标准正态分布;

(2)要尽量降低数据中极值的影响,这样的估计会减小极值的相关性。

那么应该如何做? 考虑如下特定值的数据集:

$$x_1 = 8; x_2 = 3; x_3 = 6; x_4 = 9; x_5 = 20$$

将这些值转换为 5 个标准正常值:y_1,y_2,y_3,y_4,y_5。做法如下:

(1)将这 5 个值(从 x_1 到 x_5)转化为均匀值:把它们按从低到高的顺序排列,每个值联系 $\frac{1}{6}$(或者一般使用 $\frac{1}{n+1}$),称这些排列过的值为 x_r,此时:$x_{r,1}=3$;$x_{r,2}=6$;$x_{r,3}=8$;$x_{r,4}=9$;$x_{r,5}=20$。

(2)使用类似蒙特卡罗模拟的方法,取步长 $1/n+1$,用图形 ϕ 找到其对应的标准正态分布。图 2.13 表示了累积分布函数中"正态分布转换"的过程。在这个转换中,y 值具有标准正态分布特征。

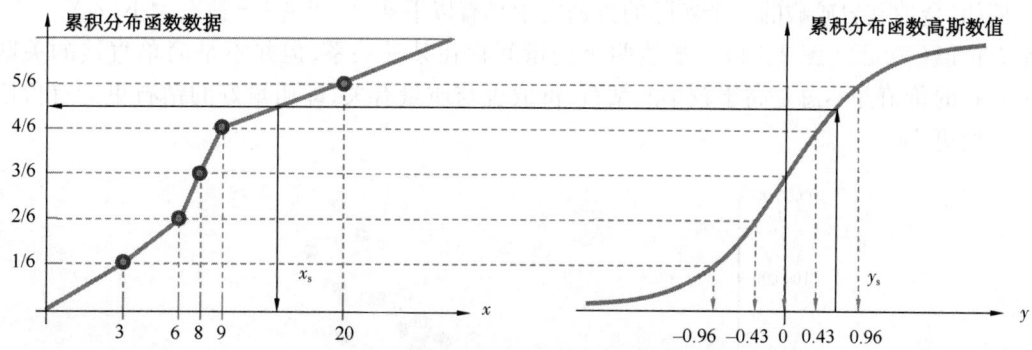

图 2.13　累积分布函数中正态分布的转换

逆转换的操作过程相反。例如,在图 2.13 选择一个标准高斯值 y_s,找到其对应的值 x_s。逆转换需要图 2.11 中介绍的插值函数和外推函数。

2.6　二元数据分析

很多统计方法和问题涉及多个变量。在二元统计中,多研究两个随机变量之间的关系。例如,石榴石的出现可能表明附近有钻石存在。随机变量"μg/g,石榴石"与随机变量"ct,钻石"呈现一定相关性,并不是独立的。

二元统计中将探索这些关系并为之建模,引发一个典型的问题:如果有了 X_2 的信息,对于 X_1 能得到什么信息。如果这些变量相关,那么一个变量中一定包含另一个变量的信息。

二元分析不只用于研究两个变量(例如化石的长度和宽度)之间的关联,还包括两个事件,如:

(1)X_1 = 明天的温度;

(2)X_2 = 今天的温度。

上述研究也被称为时间序列分析。不是将变量看作随时间分布,而是看作依空间分布。于是,研究某一地点的一个变量时,同时以之与给定距离空间的另一变量进行比较(这将是第 5 章的主题)。例如,如果在 y 地点观察到 xμg/g 的黄金,它是否可预测 10ft 以外的 z 位置黄金的信息?黄金并不会随机存在,所以此问题的答案很可能是肯定的。黄金的一些底层地质结构(如矿脉)使得其观测值彼此相关。因此,依据 y 位置的观测值,可以利用此相关性预测 z 位置黄金的含量。

2.6.1 图形方法:散点图

在一元统计学中,变量可能是连续的或离散的,也可能二者兼有。当观测两个变量时,需要同时发生的两个样本。

$$X_1 \text{ 变量 } 1: x_{11}, x_{12}, x_{13}, \cdots, x_{1n}$$

$$X_2 \text{ 变量 } 2: x_{21}, x_{22}, x_{23}, \cdots, x_{2n}$$

例如,金伯利岩矿藏的一个实际的数据集中具有以下变量:变量 1 = 钻石大小(ct),变量 2 = 钻石价值(美元)(图 2.14)。显然两个变量间存在某种关系,但并不是简单直接的关联。较大钻石的价值并不总是高于较小的钻石,价值也与质量有关,即质量好的钻石更为有价值,即使它们更小。

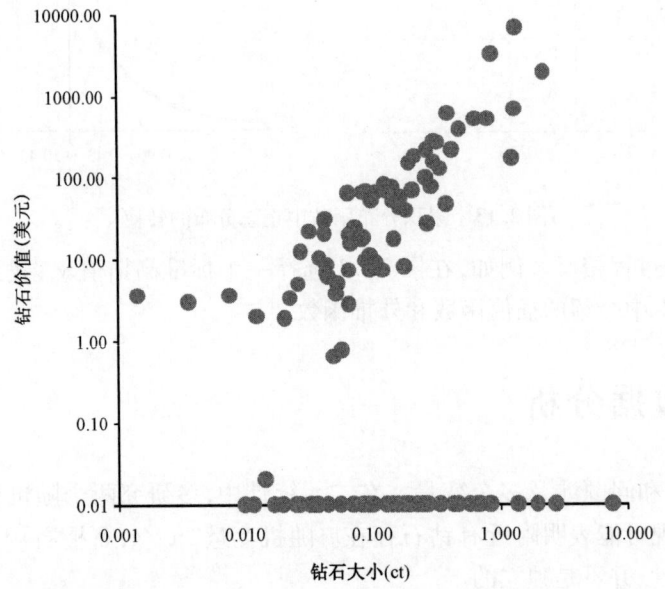

图 2.14 钻石价值与钻石大小对比图(请注意两个轴上的对数变换)

散点图描述了两个变量之间的关系。为了解释这类图形,应观察以下的信息(按重要性顺序):

(1)聚类:点会分成不同的类吗?
(2)关联的强度:类内的点是随机离散的还是有相关性的?
(3)关联的趋势或迹象:云状的组向上或向下倾斜吗?
(4)关联的形状:类的形状如何?

分析图 2.15 中的示例:

(1)寻找散布图中的类:例如寻找聚集在一起的数据点。这些聚集的类通常有清晰的物理解释(如两个不同总体或矿藏)。应注意,如果找不到一个物理的解释(往往只是看起来有两个群集),但在现实中这只是由于取样波动或纯粹的巧合。图 2.15 中解释了此两类的情况。

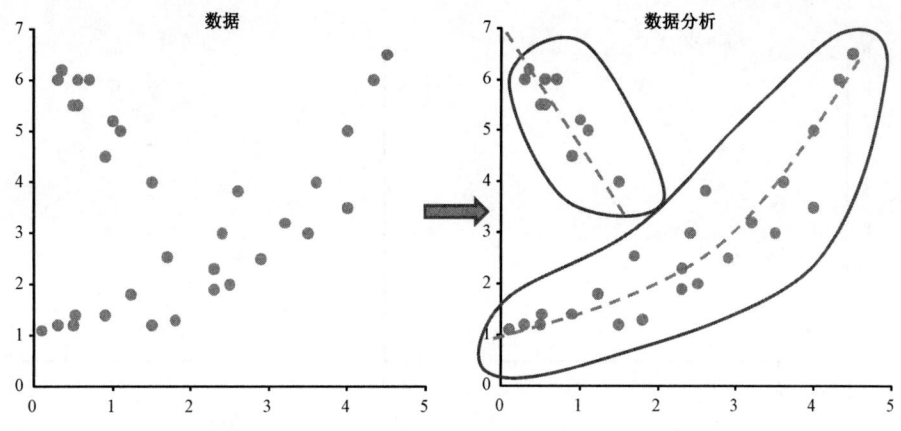

图 2.15　二元统计中的数据集及其分析示例

（2）观察每个类的关联度：关联越强，类内的展布越低。图 2.15 中较小的类比较大的类具有更强的关联度。

（3）趋势：变量是正相关还是负相关。当一个变量增加时，另一个变量也增加，此为正相关。显然，较小的类有负相关，而较大的类具有正相关。

（4）形状：看看点的图形，观察它们是否或多或少位于一条直线上？能否在关联中观测到曲线与直线变化？当这些点以接近一条直线的方式出现时称为线性关系。

注意：仍然须分别为每个变量做图形摘要，这意味着应分别观测其直方图和分位数图等。

2.6.2　数据汇总：相关系数（参数）

2.6.2.1　定义

图 2.15 中用可解释的数字汇总绘散点图不是件容易的事。如果有图 2.16 中呈现的线性关系，绘图就会变得相对简单。只有一类数据时会导致这种情况的出现。因此，使用一种两变量测度法，求取相关系数（r）：

$$r = \frac{1}{n-1}\sum_{i=1}^{n}\left(\frac{x_i - \bar{x}}{s_x}\right)\cdot\left(\frac{y_i - \bar{y}}{s_y}\right)$$

图 2.16 中显示相关系数与异常值很敏感，即异常值的变化会引起相关系数的较大变化，并且只对线性相关性有意义。

记：

$$s_x = \sqrt{\frac{1}{n-1}\sum_{i=1}^{n}(x_i - \bar{x})^2}$$

分析这个方程，定义：

$$\tilde{x}_i = \frac{x_i - \bar{x}}{s_x}$$

$$\tilde{y}_i = \frac{y_i - \bar{y}}{s_y}$$

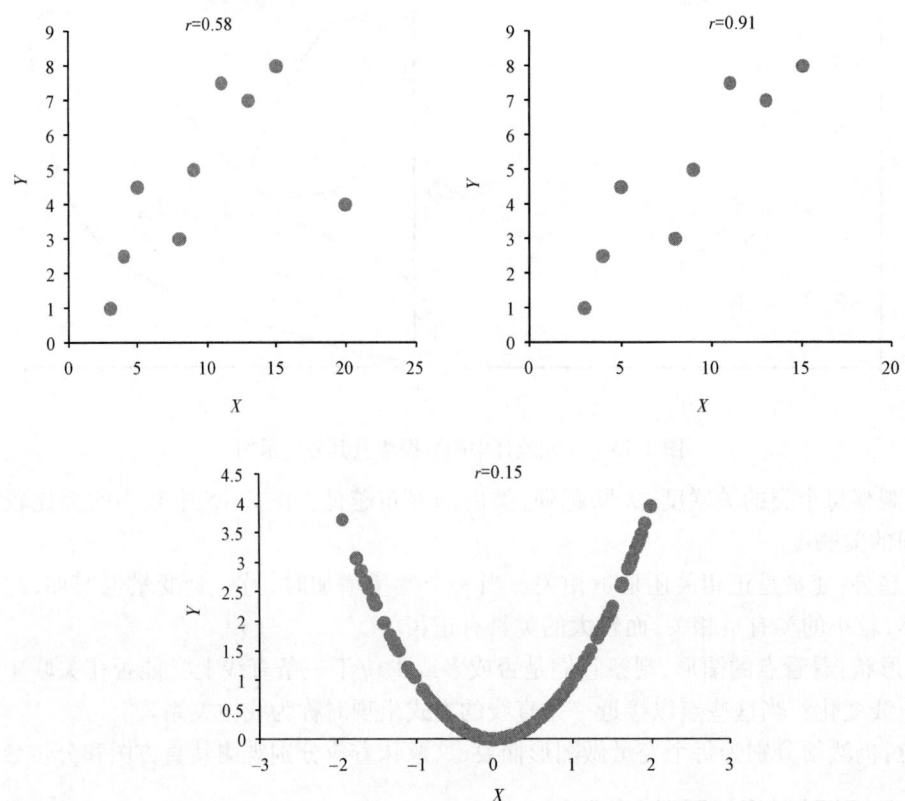

图 2.16　实例数据集与各自的相关系数 r

这些被称为"标准化值",意味着这些值的平均值是零,其标准差一致:

$$r = \frac{1}{n-1}\sum_{i=1}^{n}\tilde{x}_i \cdot \tilde{y}_i$$

式中　r——线性关系强度和方向的测度。

事实上,如果 x 和 y 大部分时间同为正,其相关系数 r 将会比那些大部分时间 x 和 y 都具有相反符号的变量更大。事实上:

如果 $|r|$ 较大:较强的相关性;

如果 $r > 0$:正相关;

如果 $r < 0$:负相关;

如果 $|r| = 1$:线性相关;

如果 $r = 0$:非线性相关;

此外,r 的范围仅限于 $[-1,1]$。

2.6.2.2　相关系数属性

r 有如下重要属性:

(1)r 没有单位。与变量本身是以 ft 或 km 为单位度量无关。

(2)相关系数仅度量线性关系。如果 r 接近于零,并不意味着 x 和 y 毫无关系(图 2.16)。

(3) r 易受异常值(图 2.16)影响。

【参 考 文 献】

[1] Borradaile G J. 2003. Statistics of Earth Science Data, Springer.
[2] Davis J C. 2002. Statistics and Data Analysis in Geology, John Wiley & Sons, Inc.
[3] Rohatgi V K. and Ehsanes Saleh A K. Md. 2000. An Introduction to Probability and Statistics, John Wiley & Sons, Inc.

3 不确定性建模的概念和原理

想象力比知识更重要,因为知识是有限的,而想象力概括了世界上的一切。

——阿尔伯特·爱因斯坦

3.1 什么是不确定性

在科学研究、工程以及日常生活的许多方面都存在着不确定性。各个领域使用不同的术语和方法来描述、量化和评估不确定性。本章将对不确定性建模的重要概念进行讨论,即使有些"不确定性"的哲学方法可以被当作纯科学问题来对待,但其他用途也具有社会影响。在本章中讨论的是可以应用于大多领域的普遍问题,通过把这些概念应用到一些具体实例中,来更具体地说明它们的含义。

什么是不确定性? 一个通俗易懂的了解不确定性问题的方法是看它的因果关系:"不确定性是对什么需要量化的理解不完善造成的"。不确定性量化不是没有价值。人们可能倾向于认为量化未知的与量化已知的相反,所以"只要知道已知的,也就知道未知的",但并非如此。量化未知事物本身就是一种主观的工作,并不能根据无可辩驳的真理来测试,这将在本章中详细地讨论。同样的,没有真正的不确定性,换句话说,人们永远不知道一个不确定事物的量化是不是正确的或者最好的。例如,在含水层建模中,有一个"确切的"存在的含水层,但不知道它具体的真实情况,它的地质学、地球物理学和水文学特性都是未知的,也就是说,不管怎么样,对于这个了解不足的地下含水层,没有"确切的不确定性"。"确切的不确定性"需要知道真正的含水层,它能为不确定性评估的必要性提供条件。永远无法客观地测量不确定性,不像岩石类型或者海拔变化,只要有精确测量工具就可以准确地测量。任何不确定性的评估都需要基于某种模型,任何模型,无论是统计学定义还是物理学定义,都需要主观的隐式或显式的模型假设、数据选择、模型校验等。因此初步的结论是:没有真正的不确定性,只有模型的不确定性。

例如,叙述中"60%"的量化表明:"给定气象数据,明天下雨的可能性是60%",永远无法提供可参考的真理验证,因为唯一的事件"明天下雨"可能发生也可能不发生。在知道那个决定的结果或事件发生之前,不存在关于选择或决定的优质或者较好的客观测量。获得更详细的观察值也不能保证可以减少不确定性。获得更详细的观测值可能会导致对系统理解的重大改变,它可能会改变对于未知事物(或在事后看来是未知的)的解释。这就充分说明了关于不确定性的初始模型(获得更详细的观察值之前)是不够实际的。

3.2 不确定性的来源

不确定性来源的分类方法有很多种,本书只讨论与应用相关的不确定性来源。在最高的层次上,不确定性来源可分为由于过程随机性引起的不确定性和由于理解能力的局限性引起的不确定性。

详细讨论如下:

(1)过程随机性:由于自然的内在随机性,一个过程可能表现为不可预知的甚至是混乱的方式。例如云、管道内的混乱流动或者大西洋上飓风的产生。西非海岸的蝴蝶轻轻地拍打了一次翅膀(称为蝴蝶效应)可以导致飓风袭击美国。同时,这种类型的不确定性与研究人类行为、社会以及文化倾向和技术突破尤为相关。但这种不确定性不是本书要讨论的主要内容,本书研究的多为"确定性"的物理过程(如多孔介质中的流体),但是本书中描述的许多技术可以用来解释这种不确定性。

(2)理解能力的局限性:这种不确定性的来源是研究或建模人员知识和理解能力的局限性。

因此,理解能力的局限性是关注的焦点。将这种类型的不确定性可分为多个子类。

①"大概知道":这种不确定性指的是所谓的"测量误差"。每个物理量的测量都易发生一些随机误差。有时这个误差相比其他测量不确定性的来源是可以忽略不计的,例如合理准确地测量岩心样品的孔隙率的方法相比其他测量方法可能有相当大的或者相关的错误。

②"可以知道":人们无法对一个现象穷尽采样。因为很多现象在时间上和空间上的变化非常广,任何时空连续性的缺失都会导致不确定性。

③"不知道所掌握的信息":不同领域的专家对不同的数据集或观测有不同的解释,而每一种解释都可能得到不同的结论。

④"不知道的未知信息":这种不确定性多为无法想象或者某些似是而非的过程和现象有关。人们无法观察它们,也不认为它们是在理论上或实际上可能的。这种不确定性被称为认识论不确定性。认识论是指知识理论,是在科学和社会学中应用广泛的一个哲学领域。

⑤"无法知道":不确定性来源于一些由于太远而无法测量的现象;例如地球的内核的性质。

3.3 确定性建模

在许多实践案例,常使用确定性建模。因此,描述为什么会出现这种情况以及这种确定性建模的作用是什么是很重要的。确定性建模是指建立、构建一个地质模型,无论该模型是地质学、物理学、化学上或任何前述领域的组合,是三维模型或时变模型。例如在丹麦含水层案例(第1章),一个地球物理学家利用处理过的时域电磁测量图(TEM)(这种处理很大程度上依赖于电磁感应波)勘测并建立了一个确定的通道边界的等高线(图3.1)。

在某些案例中,可以建造少数三维模型(3~5个),例如根据不同地质背景的场景,或简单地运行一个随机方法(如本书5~8章部分内容;在丹麦案例中,这可能包括确定埋谷位置,解决准确解释TEM图时的困难)。这种方法并不是一个典型的不确定性建模,只是去探索一些替代模型的想法。图3.1的案例中,不确定性评估不仅包括等高线不确定性,还包括处理用于建立TEM图像数据集的TEM观测值的不确定性,以下内容将会讨论原始观测值和数据集的关系。

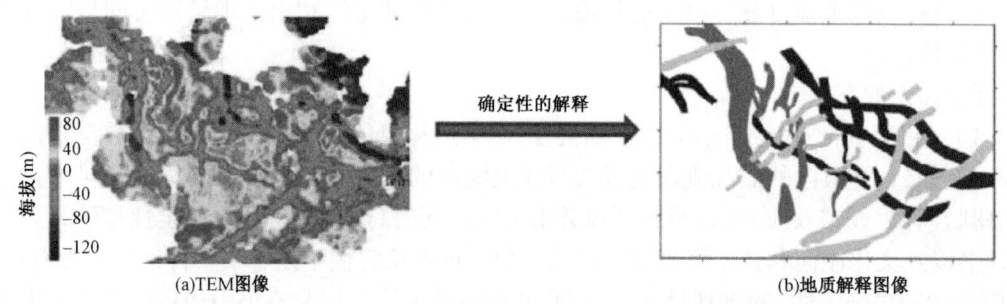

图 3.1 处理过的 TEM 图像(a)与埋藏山谷的确定性地质解释(b)

通常建立单一的确定性模型往往是因为时间(CPU 或工时)的限制。模型建造者认为该模型代表着那些过程中自然发生的"华而不实的东西"。确定性模型是一个基于过程的模型(示例将在第 5 章中进行讨论)。该模型明确模拟了发生或将要发生的动态过程,例如用于研究气候变化的大气环流模型(GCMs)、描述含水层或油藏的沉积模拟、裂缝增长的机械模拟、碳酸盐岩礁增长的模拟都是模拟过程模型。因此确定性模型的目标,首先是物理上可实现的,那就是代表实际物理学动态过程以及它们的交互作用。在此意义上,通常认为确定性模型优于物理学的缺乏可实现性的模型(简单模型)。在此情况下,应该明确定义什么是"优于"。同时,即使是"简单模型"也往往依赖于特别的或重要的物理参数。真正的三维网格模型的网格单元的大小代表的范围很大(公里);因此,任何小尺度的特征或过程可能需要聚集(例如总结和集成)成一个大的网格单元。事实上,储层无法通过对包含于其中的每一个砂粒建模来描述,一个气候学模型也无法包含每一朵云的形成的建模。因此,即使是一个完全的确定性物理模型也可能会严重依赖于经验或特定的输入参数,因此在物理学描述上有很大的不确定性,这也被认为是它的长处。

此外,物理模型通常需要初始条件以及可能趋向于极大不确定性的边界条件。在建模特定区域构造变形时会遇到这种情况。在这样的变形建模中,应注意的是在发生变形时间段的地质重建,也就是说,在特定的地区或盆地的某块岩石变形和断裂时的重建。初始条件和变形历史的诸多组合(基本上是时空变化的边界条件)可能导致相同的地质构造环境。即使当前地质背景是唯一可被观察到的(但无法回到从前),初始和边界条件或变形历史中仍然存在很大的不确定性。

尝试理解一些正在发生的过程,进行一些可能的初步调查对确定性建模无疑是一个良好的开端。然而,建模并没有"预测"的能力,它们不能被用来定量预测一些现象,例如在未来几年的石油产量或羽毛状污染物的飞行时间。一个单一的模式将会产生一个单值的预测,由于不确定性的诸多来源,单一的预测值肯定与实际值不同。

不是是否选择确定性模型的问题,应确定的是建模练习的目的不同:打算用这些模型干什么?是否是客观的?目标仅仅是理论上可实现吗?是仅仅执行一项科学研究,做一些模拟,还是做实际的定量预测?在后一种情况中,不宜采用较简单的模型,包含各种不确定性来源的建模会更好。这一目的驱动性建模将在本书中进行详细讨论。从此意义上来说,一个确定性模型不应排除现有的条件。

3.4 不确定性模型

建立不确定性模型的目标是将以上提到的各种不确定性的来源与确定性(或不确定性)的物理定律和动态过程联系起来,使这种模型依赖于所创建的意图。图3.2提供了一个将应用于本书剩余内容的概述。随后的章节将描述该图的各个部分;图3.2绝不是不确定性建模中的唯一观点,但它可以用于建构模型和解决问题。

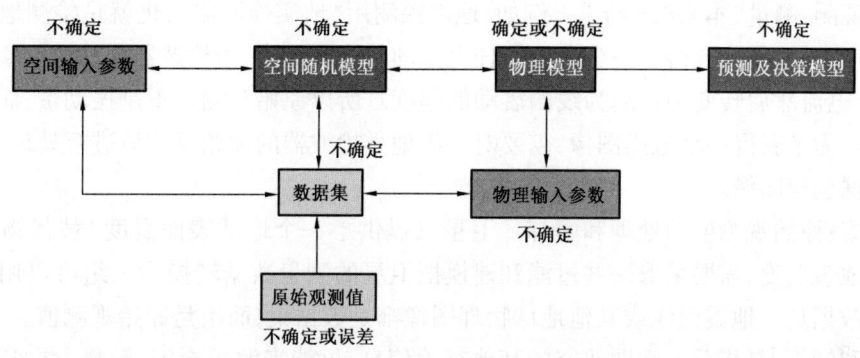

图3.2 地球科学中不确定性建模示意图(箭头指示交互或关系的方向)

由于许多地球科学问题都包括空间建模,保留一个特定的"空间随机建模"板块,描述创建三维(如果考虑时间则是四维)的地质模型的多种技术。这个板块里包含覆盖"地质统计学"和"空间统计"领域的多种技术,各种替代属性领域(通常是一个静态属性,如岩石类型或表面结构,而不是一个动态属性压力)通过蒙特卡罗模拟法建立在一个指定的网格单元内。在第2章中,笔者解释模拟了单一分布函数的蒙特卡罗模拟。在第6~8章描述了对于此原则在时间上来增加多个变量的扩展方法。

空间随机模型需要输入参数。就像高斯分布模型(实际上是一维随机模型)需要,均值和方差,一个空间随机模型需要更复杂的参数。空间模型及其相应的输入参数将在第5章进行讨论。

正如前文所述,物理模型可能是确定的,例如一个给定的偏微分方程(PDE)在网格上的数值求解,或者一个给定体积空间的质量守恒方程。它们的物理过程可能是不确定的;在这种情况下可以定义几个替代的物理模型。物理模型的输入参数都是静态属性,例如岩石类型、分层、断裂或从空间动态随机模型(图3.2)以及初始和边界条件的创造参数(如初始压力系统可应用于系统的重力),称为"物理输入参数"的化学属性(液体或气体初始成分)和物理属性(理想气体性质和压缩性)。数值模型方法(有限元或有限差分法)将用于求解表示网格上物理准则的偏微分方程。

物理模型的结果称为响应,可用于事件的预测,如改变温度或做出决定,例如在大气中减少二氧化碳或采取其他影响气候的行动。在本书后续章节,将从创建的几个空间随机模型以及一些替代物理参数(可能也有一些物理模型)中创建和生成不同类型的输入参数集。这将会导致几种替代响应,常被认为是预测和决策的"模型不确定性"(见本书第4章)。

3.5 模型和数据的关系

为什么需要一个模型？为什么不能根据数据本身来做决定？后者是不是更客观？因为不干预数据，这个问题经常在气候模拟建模中出现，但同样也适用于地下工程模型：可在多大程度上相信模型和数据？

首先来介绍一些本书中的术语。

原始观测：测量"本来的样子"。例如，地震探测用"地震检波器"，也就是检测地面运动的设备。基本上，地震检波器由一个在金属杆上振动的线圈组成，当检波器振动时金属杆上产生电流；这个电流然后转变和过滤为线圈震动的幅度。所以原始观测值不是振动量，而是产生的电流总量。为了获得一个地震图像，需要对一组地震检波器的原始观测值进行处理，然后根据处理的数据创建图像。

数据集：原始观测值的处理和解释。卫星只提供了一个地球表面温度"替代物"，并没有直接测量地表温度，需要采取一些过滤和建模把卫星的测量数据转换为一组可以用于图形建模的实际数据集。地震图像或其他地球物理图像都是数据集，而不是原始观测值。

信息和知识：是指关于问题研究的其他有关信息，可能来源于专家、解释、类似物、以前的研究、仿真模型等。

因此原始观测值很少直接用于决策或某一特定研究的结论。这类观测通常需要"整理"、"处理"或"过滤"，这种过程往往需要来自专家的某种解释或一个模型。做这一处理过程的专家的大脑可视为一种人类"模型"。因为每个大脑结构有一个不同的"模式"，两个不同的专家对于同一原始观测可能会产生两个不同的数据集。在数据集和模型之间总是有一种相互作用或者共生关系；在模型/参数和数据之间的关系是双向的（箭头是双向的）（图3.2）。理论、物理、数学模型包含来自于数据的有约束条件的参数或启发式准则，当收集到多组不同类型的观测值时，模型需要将这些数据"整合"到一致的理论框架中，这一问题在第7章中进行讨论。因此，数据集依赖于模型，而模型被数据驱动。所以，不应出现数据和模型之间的竞争，而模型和数据应共同用于解决在原始观测值和数据或模型之间的不一致。

信息和知识作为无法从原始观测值中直接派生的任何辅助信息的"占位符"。这些知识可以用来把原始观测值转化为数据集或者定义适用的理论模型。

3.6 不确定性的贝叶斯规则

第2章中讨论了一条简单的规则，给定一个随机变量 B，随机变量 A 的条件概率定义为：

$$P(A\mid B) = \frac{P(B\mid A)P(A)}{P(B)}$$

虽然将 A 和 B 看作是简单事件，但也可以使这些事件变成需要的复杂事件，这些并不违背贝叶斯规则。把 A 看作完全未知的地球，或是将要建模的区域或者相关性质，B 是所有可得到数据，B 可能由多个可用的数据源 $B = (B_1, B_2, \cdots, B_n)$ 组成，每一个 B_i 都是数据集。总的来说，A 和 B 都是要考虑大量的变量和数据集的大型向量。例如，A 可能包含预期建模的大型网格上的所有变量，包含数以百万计的网络单元，每一个网格单元表示一个或多个变量（如岩石类型），贝叶斯规则仍然适用于这些向量。

$$P(A \mid B) = P(A \mid B_1, B_2, \cdots, B_n) = \frac{P(B \mid A) P(A)}{P(B)}$$

$$= \frac{P(B_1, B_2, \cdots, B_n \mid A) P(A)}{P(B_1, B_2, \cdots, B_n)} \simeq P(B_1, B_2, \cdots, B_n \mid A) P(A)$$

另一个角度是将模型定义为 A，完备数据定义为 B。于是 $P(A \mid B_1, B_2, \cdots, B_n)$ 可被看作是一个给定数据 B 的不确定性模型 A。这个概率分布描述了 A 出现的概率（如果 A 只包含离散变量）或概率密度（如果 A 包含连续变量）。用蒙特卡罗模拟法对 A 进行采样，（在第 2 章中是一个单独的变量，在第 5 章是中是多变量），如果样品数为 L，得采样点 a_1、a_2、$\cdots$、a_L。如果 L 是无穷大，样品集合 $a_1, a_2, \cdots, a_L$ 也是一个不确定性模型，并且可以用 P 近似描述。在大多数案例中一般只需要几百或几千件样品。

贝叶斯规则描述了定义不确定性模型 $P(A \mid B_1, B_2, \cdots, B_n)$ 的规则或建立来自它的样品数据集。事实上贝叶斯规则隐含了两个条件：

（1）它依赖于一些先验不确定性模型 $P(A)$；

（2）应该依赖于 $P(B \mid A)$ 指定的数据 B 和模型 A 之间的关系，被称为似然概率（或简称为"似然"）。

首先考虑先验不确定性。以研究某个地下地层的碳酸盐岩礁系统为例。先验 A 的实现定义为可能在地球上出现的岩礁系统。所以 A 的实现可能性非常大。假如现有某个区域样本的特定数据集，表示为 b（注意小写字母表示实现），地质学家解释为当前被研究的岩礁 A 来自于白垩纪（a = 岩礁属于白垩纪，小写 a 表示特定的实现），才会出现这一数据集，换句话说，数据充分表明了这个岩礁是白垩纪的，也就是说可以排除这个岩礁是来自于其他地质时代的所有可能性，即：

$$P(B = b \mid A = a) = \begin{cases} 1 & \text{如果该岩礁属于白垩纪} \quad (\text{或 } A = a) \\ 0 & \text{其他} \end{cases}$$

这一"似然"不必总为 1 或 0，例如它可能被地质专家确定（或者通过物理模型表明）为：当珊瑚礁是白垩纪时的，这个数据集 b 出现的可能性为 80%，所以：

$$P(B = b \mid A = a) = \begin{cases} 0.8 & \text{如果该岩礁属于白垩纪} \quad (\text{或 } A = a) \\ 0.2 & \text{其他} \end{cases}$$

从来就说贝叶斯规则的先验概率（或先验模型的不确定性）真正意义上不依靠任何数据。事实上，这种情况在实际案例中极少发生。当进行一个研究时，模型创建者通常会分析数据。分析数据可以排除完全不可能发生的情况（例如研究一种碳酸盐系统时可以排除碎屑系统），如果数据明确指向如此,那么,通过贝叶斯规则,可以进行先验排除(排除未知的风险)。确定先验概率是很困难的,因其带有极大的主观性,但是在缺乏数据时却极为关键。如果认为研究的环境是个很好的相关性(一个相当大的假设),那么可以从历史观测值中确定先验概率。另一种确定先验概率的方法是请教相关领域的专家。为了使概率的确定尽可能地接近真实,引入了心理学因素,这一过程称为通过专家来确定先验不确定性。

贝叶斯规则表明,在演算中应当将收集到的所有可能性(包括数据)加入到模型中。这也是可行的,与上面讨论的各种不确定性的来源一致,也就是应当尝试着想象未知信息或者认知论的不确定性(阿尔伯特·爱因斯坦的举证也适用于此)。将注意力集中在数据上确实很可行,因为原始观测值是唯一的列在纸上(或者计算机上)的"事实"。在一开始就消除太多的可能性会导致产生不切实际的极小的不确定性。这是由于数据不完备或容易产生误差所引起的(回顾:可能知道或大致了解的信息)。在贝叶斯理论中,模型不确定性 $P(A|B_1,B_2,\cdots,B_n)$ 也被称为后验概率或者后验模型不确定性(因为是在考虑数据"之后")。贝叶斯规则表明:当指明先验概率,并通过似然概率指明数据和模型之间的概率关系,后验概率就可完全确定。换句话说,当与先验概率或似然概率无冲突时,后验概率也可确定。在实践中,更困难的是确定先验概率,由于似然概率通常可以由物理模型确定(见第7章中所述)。实际上,任何一个模型的不确定性,特别是极大的不确定性,应像先验模型一样准确,这也是建模者所期望的,可参阅爱因斯坦引证。随后将会对此概念进行各种实例描述。在第5至8章也将对实践中应用贝叶斯规则的各种建模技术进行讨论。

本书将遵循贝叶斯规则,并且将其作为一个数学框架来应用。应该明白给定一个主观上固有的模型不确定性,概率论和贝叶斯规则不必是建模的唯一指南或数学框架。其他的理论(例如模糊逻辑)同样可以使用,但是目前实践中还没有一个像贝叶斯规则那样成熟理论。在一个给定且可参考的数学框架下的不确定性建模是一个可重复的、科学的专业领域。

3.7 模型的验证和伪证

是否可以验证一个不确定模型是否"正确"?在解决这个问题之前,先来考虑一个简单的问题:能否检验/证实/核对一个确定性模型是否"正确"?为了解决这个问题,有必要预先确切的定义什么是"验证"、"证实"以及"正确的"!

一个普通的验证确定性模型的方法是,检测模型是否与数据集匹配,或者再观测一些自然中观察到的模式。例如,在温度升高和二氧化碳排放量增大等的历史趋势中,现有的气候模型是否匹配或可再现观察到的模式?这是否是验证此类模型的好方法?

确定性模型通常是基于物理和动态过程。基于归纳论点,创造了此类模型,也就是说,这是一个典型的从事实(数据、观察、信息)尝试得出结论(物理模型)的推理。例如,欧洲的所有天鹅都是白色(事实),所以,天鹅只有白色的(推论)。直到在澳大利亚发现第一只黑天鹅之前,这个推论都是正确的。类似的例子还出现在牛顿物理学中,直到爱因斯坦发现相对论之前都是普遍适用的。即使模型与数据完美的匹配(当看到的天鹅只有白色时),仍然没有一定正确的归纳命题。因此,如果一确定性模型与数据相匹配,仍然无法验证(真理)这个模型。尽管如此,模型可以通过数据来证实,意味着模型有一定的内部一致性,并且尚未检查到明显的缺陷。

著名的哲学家波普尔(Popper)的思想更进一步,他认为出现于文艺复兴时期时代的科学归纳方法应该被否定;他提倡一种基于"证伪"的方法。根据他的哲学观点,物理过程仅仅是自然的抽象概念并且永远无法被证实,它们可能根据事实或者数据被"推翻"或"篡改"。注意这个词"证伪"不应被误认为"是假":这意味着如果一个科学的理论依据是假的,它也可通过数据或观测值来表示。科学知识是唯一能够与人类大脑的想象力和创造力相媲美的。按照本书中关于贝叶斯规则的讨论,此规则也可以用贝叶斯规则来解释:先验概率由建模者设想的所有可能性组成,可能借助于计算机,当对似然概率建模时,后验概率只包括那些不能被数据"推翻"的可能性。

波普尔的观点可能有点过于极端,但在许多场合中非常有用,因为很多时候通过模型证明什么并不重要,只是需要"推翻"某些理论或者场景。知道什么是不可能发生的(例如地震)也可能具有重要的社会影响。

回到一个更广泛的问题:是否可能检验一个不确定模型是否"正确"。这就需要对"正确"有一个明确的定义:与数据相匹配?可以很好地表示物理现象?但根据波普尔的哲学观点,这样的推理是有缺陷的。即使正确性可以被定义(这是主观的开始),仍然无法证明它是正确的,只能证明它是错误的。对于不确定性模型,在实际上永远无法证明它是"正确"还是"错误",就像这句话"找到黄金的概率是60%",无法客观地认为是"正确"或"错误"。黄金永远只可能被找到或者未被找到,因此,即使在事后看来,这种说法也无法"推翻"。

3.8 模型复杂性

在任何建模中,包括不确定性建模,都存在一个重要问题:模型应该简单还是复杂? 创建一个复杂的模型将会包括更多网格单元或更多变量,能够更好地解决小尺度特征,或者包含更复杂的物理现象,或者具有更多参数的复杂空间模型。在解决这个问题时常引用的一个原则是"奥卡姆剃刀定律"(以十四世纪逻辑学家的名字命名):"实体的复杂性不能超越必要性",这个定律通常被理解为,在一个建模环境中,当竞争的模型在各方面上都是相等的,双方模型可同时充分解决问题的前提下,原则上建议选择参数或变量尽可能少并且物理现象尽可能简单的模型。换句话说,如果两个模型可产生相同的结果,那么简单的模型比复杂的模型更可取。根据波普尔的观点,简单模型更可取的原因是它们更容易被验证。注意"奥卡姆剃刀定律"是一个原则而不是一个定律,它可以指导建模者;尽管如此,它在科学上并不是正确或者真实的。在本书中将从这个原则入手,但是会加以扩展,任何模型都不必比能够达到给定目标或目的的模型更为复杂。因此,建模的目标是能够控制模型复杂性,但不仅仅是遵从简约的原则。如果建模的目的改变,那么模型的复杂性同样也需要改变。对于给定目标或决策过程,估算出模型的复杂性并不是件容易的事情,在第10章中将会对此做深入讨论。

现在可以开始探讨在增加模型复杂性、增加模型先验信息和参数的重要性之间有一个取舍关系。如果模型参数可以完全由数据确定(例如第7章中的反演模拟),那么根据简单物理现象和少量参数的建模,可能造成一种错误:模型可以与数据匹配,并且只能找到一个满足条件的参数集。然而通常在可以获得更多的数据时,已经确定的模型和新数据中可能会出现不匹配现象。为了解决这个问题,通常选择更为复杂的模型,使得模型不仅能够与已有数据匹配,而且能够与新数据匹配,问题在于起初是否选择了正确的物理模型。尽管如此,增加物理模型的复杂性需要更多的无法直接从数据中确定的参数(例如从一维模型到三维模型),也就是说获得的数据越多,模型不确定性也随之增加。贝叶斯规则指出这种不确定性是模型参数的先验不确定性的递增函数。

3.9 不确定性讨论

使用恰当的语言是正确传达信息的关键。要理解本章中建模不确定性的概念充满着潜在的缺陷和误解,现应该先开始用一些与哲学问题中相一致的概念来讨论"不确定性"。笔者提倡用以下文字描述:

(1)量化不确定性;
(2)评估不确定性;
(3)建模不确定性;
(4)现实评价的不确定性因素。

笔者认为容易混淆以及可能错误使用的文字为:

(1)估计的不确定性;
(2)最优不确定性估计;
(3)最佳的不确定性;
(4)正确的不确定性。

后者术语容易混淆,因为诸如"估计"、"最佳"、"正确的"或"最优"的词语需要定义什么是最佳或者最优的(注意:在严格的统计意义上任何估计都需要一个损失函数,此处不详述)。因此,此类定义要求引入实际值或者真理的标准差异,正如前所讨论的,这在不确定性建模中是不可能的,没有"真正的概率"。但这些容易混淆的术语在科学文献中,甚至在诸如《科学》与《自然》这样的权威期刊中都存在。

3.10 实例

本节将通过地球科学中的建模实例来说明各种概念和原理。其目的不在于介绍建模本身的细节性问题;在后续章节还会讨论各种技术。目的在于说明不确定性的各种概念,如尺度的问题、确定性与随机模型以及不确定性模型的主观性。

3.10.1 气候模型

3.10.1.1 描述

气候模型是基于物理定律和大气条件的计算机模拟模型,通常模拟的是一段较长的时间。

早期基于能量守恒定律(不需要网格)的模型,是通过太阳辐射和大气气体浓度计算地球平均温度。这一"零维"(将地球视为一个点质量)模型后被扩展为一维模型和二维模型,在二维模型中,温度是经度和纬度的函数。当前模型是三维模型,被称为大气环流模型(简称 AGCM 或 GCM);OCGM 是指海洋环流模型。

这些模型通常包含覆盖地球大气层的几百万网格,根据所使用的模型种类中,每一个网格单元平均覆盖纬度上的 100km(数量级)和经度上的 250km,大约有 20 个垂直层。每一个网格单元通常包含四个变量(两种风速、温度和湿度)。通过状态方程(热力学方法)计算在一个网格单元内的辐射、对流等的影响,而运动方程计算相邻网格单元内的流量。很明显,这种模型是随时间变化的,时间步长大约为 10min。这一模拟过程已经进行了一个多世纪,CPU 的需求很大,根据模型的复杂度,通常需要 10~100h 的计算时间。

当然,与预测区域性天气的数值天气预报模型相比,气候模型往往较"粗糙"。模型的"粗糙"度与很多小规模过程相关,比如云的运动(以 1km 为尺度),可能会对气候产生相当大的影响。为了解释这类子网格尺度过程,气候建模者使用一种称为"参数化"的方法。云不能以它存在的形式描述(例如一个对流柱),在一个网格单元中云的总量通过网格单元内温度和湿度的函数进行计算,所以云的形成不需要特别进行建模,只需通过其他变量参数化即可。在上述过程中有一个假设,小尺度过程可以通过大尺度变量(温度)表示。

3.10.1.2 利用模型创造数据集

气候模型建模需要初始条件和边界条件,例如海洋表面温度。在不同的条件下(北极或者赤道),初始化的三维网格需要用到多种不同类型的仪器和测量。仪器的质量随着历史的发展得到了改进,因此一个 50 年前的测量值不应该与现代测量值放在同等立场考虑。众所周知,卫星只可提供温度代理测量值,此值还可能被光学效应"扭曲"。这意味着任何与温度相关的"原始观测值"在创造一个数据集之前需要许多过滤、处理和插值(整个模型)。因此需要模型从原始观测值中创造数据集。

3.10.1.3 子网格可变性的参数化

如前所述,参数化是在"粗糙"的网格上描述小尺度上云的形成的一种非常简便的方法。假设,小尺度变化可以通过大尺度变量(温度)来局部解释。这是一个重要的物理假设,因为小规模的云也有可能形成比简单局部影响(网格块规模)更大的区域影响,因此,这样的模型也不能当做是真正发生的"正确"模拟。气候建模者因此需要"调整"模型,也就是说,需修正参数化方法以匹配观测值。这种特别的调整是对于云关于气候模型影响缺乏理性的(例如不确定性)的证据。如果调整是一个简单特别的方法,并不能很好地描述实际的物理现象,即使调整能使模型数据更好地匹配,却不能保证未来准确的预测。

3.10.1.4 模型复杂度

气候模型应该复杂还是简单?应该如何判断复杂性等级?通常在案例中,认为更具有物理现实性的模型优于简单模型:复杂性越高即现实性越强。然而,更高的复杂性也会导致需要更多的 CPU 计算时间,如果每个模型需要数百个小时来运行,那么只能运行极少数的模型。这意味着仅仅只确定了模型,探索可能性和不确定性成了不可能的任务。而问题应该是:对于提出的目标是否真的需要如此复杂的模型;模型仅仅是对目标更好的描述,而不是增加现实性,这是一个非常明确的目标。其目的可能是预测大气层平均温度或二氧化碳浓度的增加量,也可能是对区域气候变化的预测。每一个此类目标都可能导致不同模型的复杂度。当不确定性是一个至关重要的目标(例如预测),如果简单模型可以更方便地运行,且简单模型和复杂模型之间其他所有不确定性的差异很小,那么简单模型可能是首选。实际上,当与其他所有不确定性的来源相比,这个小误差可以被忽略,无须在乎选择简单模型而未选择复杂模型造成的较小误差。

3.10.2 油藏模拟

3.10.2.1 描述

油藏是一个专业术语,是指包含石油液体或气体(流体)的多孔介质。一个储层往往被认为是封闭的,也就是说流体是受到限制的,但是广义上也可以将其视为开放的,例如在含水层系统案例中。储层建模是一个广义的概念,可用来描述多孔介质的三维模型以及由于一些外部"压力"(例如抽水井或者注水井)导致的流体和气体在介质中的流动。最常见的例子是石油和天然气储层,但储层也用于储存气体和隔绝二氧化碳。油藏工程也是一个专业术语,表示设计抽取或者注入液体,通常利用储层模型来预测在诸如此类变化下的储层行为(液体的流动)。此举可让工程师通过最大化生产量来优化系统。储层建模需要汇集例如地质学、地球物理学、物理和化学等许多学科。实际上,和气候模拟建模中的不确定性有很多相似之处。

小尺度(或高分辨率)储层模型通常包含着数千万的网格,根据储层的大小,每个网格可能是纵向0.3m和横向15m的格子。有许多类型的数据集可供选择:钻井和空心井、井记录(测深仪)数据,来产生地表地质某种形式的三维图像地球物理调查结果[如瞬变电磁法(TEM)、地震法],通过短暂地往井中注入流体或在井中产生流体,以观察压力响应的测井法。流体的产生通常使用数值方法模拟多孔介质中流体的运动。这种模拟对CPU要求很高,特别是包含复杂的物理现象时,例如由于增加或减少压力或者重力效应("下跌"的流体)产生的相态变化行为。这种"流体模拟"在数以百万计的网格上无法运行,因此须缩小模型尺度使模型只包含100000个网格单元。即便如此,流体模拟的计算仍然需要10h的CPU运行时间。

3.10.2.2 使用模型创建数据集

储层模型往往会使用多种数据源,例如地球物理数据(如地震数据),以及通过井日志获得的记录数据。测井工具基本上是"地球物理学"方面的设备,它们发出某个原始波(例如气压波、伽马波或者中子束),到地质地层,然后测量地层如何响应的过程。测井建模与解释包括将这些沿着井身的含沙量、含水量根据信号类型进行解释。将"信号"转化成一个实际的垂直的一系列砂岩(页岩)需要一个大自由度的物理模型以及一个此领域的专家来解释;因此,在一个井眼里的任何砂岩(页岩)数据集很大程度上是指通过工具获得的原始观测值的模型解释。

3.10.2.3 子网络可变性的参数化

多孔材料通常包括颗粒、混合颗粒的水泥和含有液体的孔隙。尽管如此,储层模型也无法精确地描述地下的每个颗粒,流体与颗粒的排列和填充有关。与气候模拟类似,在孔隙水平的小尺度可依需要进行"参数化",也就是说,模型需要能够描述在网格单元级别中发生在气孔中流体的一般行为。如果孔隙中存在多种流体,例如石油和水,或者颗粒排列分层很复杂(称为分层),那么根据颗粒排列的几何形状和系统中的油—水比例(在油藏工程中进行参数化时使用相对渗透率曲线),这种参数化就会相当复杂。如同气候模型参数化需要调优,也需要从储层或者从生产过程中提取岩心,因为在生产过程中,油—水比例的测量取决于颗粒大小分布。

3.10.2.4 模型的复杂度

储层建模的目的永远不是建模本身。建模是为了工程目的以及决定是否开发这个储层或者如何开发此储层。为了解决特定的工程问题,模型的复杂性(无论是地质学或流体物理学复杂性)以满足特定工程问题的需要为最优。然而在实际应用中,常常是数据集和建模者的偏好决定了模型的复杂性。通常选择能够尽可能地描述物理现象和数据的模型。在此方面的一个重要数据源是储层的历史生产数据,就像历史温度变化在校准气候模型时是一个重要的数据源。模型的"质量"通常通过它匹配数据的程度来评定,模型建立在一个匹配这些数据的复杂性程度上。然而,对于储层的决策也可能依赖于比要求的物理参数及数据准确性的小得多的尺度特征。因此,当前建模的趋势是向着决策分析框架的目标导向和随机模型。本书接下来的章节都对这个问题进行了简要说明。

【参 考 文 献】

[1] Bardossy G and Fodor J. 2004. Evaluation of Uncertainties and Risks in Geology, Springer Verlag.
[2] Caers J. 2005. Petroleum Geostatistics, Society of Petroleum Engineeers, Austin, TX.
[3] Shackley S, Young P, Parkinson S, et al. 1998. Uncertainty, complexity and concepts of good science in climate modeling: are GCMs the best tools? Climatic Change, 38(2), 159 – 205.
[4] Taleb N N. 2010. The Black Swan, Random House USA, Inc.
[5] Popper K. 1959. The logic of scientific discovery, Routledge Roublishers.

4 地球工程中不确定性条件下的决策

决策可以定义为为了达到预期的目标而进行的有意识的、不可改变的资源配置。本书讲的是在做决策时建立不确定性的现实主义的模型。决策和不确定性建模不是一系列连续的步骤,而是一个完整的协同过程。当然,在工程应用中,如果没有决策目标,那么也没有相关的或有用的不确定性模型。

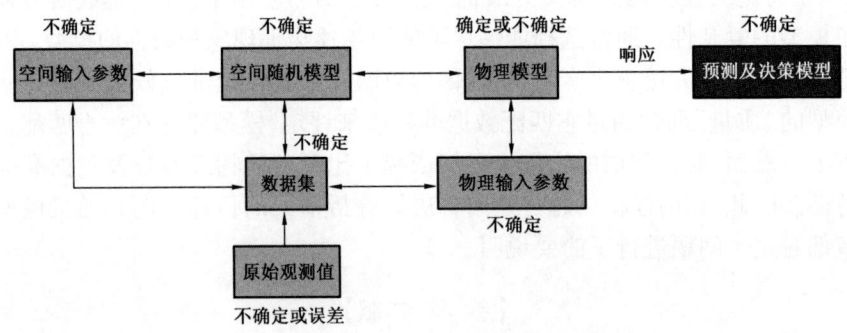

4.1 概述

做出恰当的决策在很多方面都具重要的作用。个人的决策是由个人以及出于对其他人(例如家庭成员)的影响考虑而决定的。在组织(例如企业、政府、学校等)中个人决策也起到了重要作用,但通常只是组织决策过程的一部分。个人和组织在做决策时候(没有预见性)如何知道他们所做的决策是否正确?所以普遍面临的问题是:"你如何知道你所做出的是一个好的决策?一般认为要看情况而定。在没有任何领域的专业知识的情况下,可能倾向于将决策定义为"在众多最符合目标的备选方法中选择最适合的"。然而,该问题明显是如何确定最优或最理想的决策,此时需要一些标准,如果该标准发生变化,决策可能也会随之改变;以及是否有什么特定的目标?决策分析理论提供了一种结构性的、可重复的合理的科学工具来解决这些问题。

分析不确定性对做合理的决策有重要作用。不确定性的存在并不妨碍建模者作出决定。事实上,很多重大的决定都是在不确定的情况下作出的。例如,在选择大学的时候,就已经是在不确定的情况下作决定了。本书中的大部分读者可能更倾向于将若干所学校列入备选方案,因为可否进入自己所选的学校也具有不确定性。同样地,大学方面也会向比超过其容纳学生人数多的学生提供录取通知书,因为他们也不能确定有多少学生会接受他们的录取通知书。学校通常根据以往的接受率数据来决定他们需要发出多少份录取通知书。然而,这其中也具有不确定性,因为过去并不是未来的"完美"的预知者。大学方面会采用其他方法来解决这种不确定性问题,如"早期接受"和"等待名单",以确保他们录取的学生人数不会超过他们的容纳学生人数,从而更好地提高确定性。

在不知道明确的事实、准确的数字、完整的信息时,也可以作出决策。事实上,不确定性通常是作决定时不可缺少的一部分,并不是事后的想法。换言之,一个人不会先作出决定,然后再提出疑问,如果这些都是不确定的将会怎样?这些如何影响人的决定?决策和不确定性建模过程是整体和协同的关系,并不是连续的步骤。本书是关于在作决策时建立现实的不确定性模型。当然,在工程应用中,如果没有明确的目标,不确定性模型是无意义的或无用的,这是本章要讨论的主要内容。

在大多数情况下,决策可以被定义为有意识的、不可改变的以达到预期目标的资源配置,该定义适用于任何类型的地质工程环境。例如,决定钻一口井,清理一个场所、估测含水层的储水量以及恢复设施需要的资源;还会去考虑由政府或组织制订政策来影响一个决定。例如煤炭立法可能会影响能源供应、节约能源、煤炭开发技术等的解决方案。如第 1 章图 1.1 中明确列出了与控制资源分配的目标相关的十点计划,以此实现上述目标。

在斯坦福大学,Ron Howard 教授自 1966 年以来一直致力于决策分析领域的研究,并在该领域处于领先水平。他将这一领域描述为"决策分析是通过一系列的步骤,将不透明的决策问题转变成透明的决策问题的系统过程"。将决策分析领域应用到地球科学中不是一件容易的事,将面临许多挑战:

(1)不确定性:本书大部分内容都涉及地质方面的不确定性,适用于预测和使利益或资源利用最优化的评价和建模。除此之外可能还有很多其他资源也存在不确定性,其中更多的是出于经济方面的不确定性(成本、价格、人力资源等)考虑,本书对这些方面不作讨论。

(2)复杂性:一般很少就一个单独的决策问题作一个单独的决定。通常情况下需要作一个复杂且连续的决定。例如在开发储层时,无法在同一时刻钻所有的井,钻井过程是陆续开展的,每一次钻井后得到的新数据将影响不确定性情况和关于后续资源配置的决策(例如,后面的钻探)。

(3)多种目标:通常,在作决策时会出现许多自相矛盾的目标,例如相对于能源需求方面有关安全与环境保护。任何围绕这个问题制订的气候政策和决策可能包括很多方面(如相互矛盾的目标)。

(4)时间成分:如果试图在短时间内作决策并建立一个复杂的不确定性模型需要花费太多的时间,那么就不使用复杂的模型。这种情况通常发生在对时效性要求较高的商业和工业领域(例如商业竞争或石油储量计算)。此时,一般选择简单的不确定性模型而非复杂的模型。

本书简单地介绍了决策分析,强调在地质学研究中建立不确定性模型所需的最重要的要素。本章的许多思想借鉴于 Reidar Bratvold 和 Steve Begg 的书——《作出好的决策》。

4.2 决策

4.2.1 实例问题

如图 4.1 所示,某区域地下发现一个由于化学物泄漏而导致的污染源,这个污染源很靠近一个饮用水井。尽管现在尚未发生危害。据专家推测,由于地层岩性特征,污染可能会扩散到饮用水井中。研究区域的地表下岩层是由存在于无孔缝的黏土材料中的多孔介质疏松砂岩组成的,该沉积物暂存于非渗透性的岩浆岩中。基础地质研究表明这是一个冲积矿床。地质学家们认为,这些沉积物中包含有通道带(图4.1)。只能从一些模拟信息和附近地表岩层中得到有关这种类型通道的最基本的信息,但最重要的是这种通道的方向$\Theta_{通道带}$,这可能影响污染物的流动方向,对此评估了两种可能性:

$$P(\Theta_{通道带} = 150°) = 0.4$$

$$P(\Theta_{通道带} = 50°) = 0.6$$

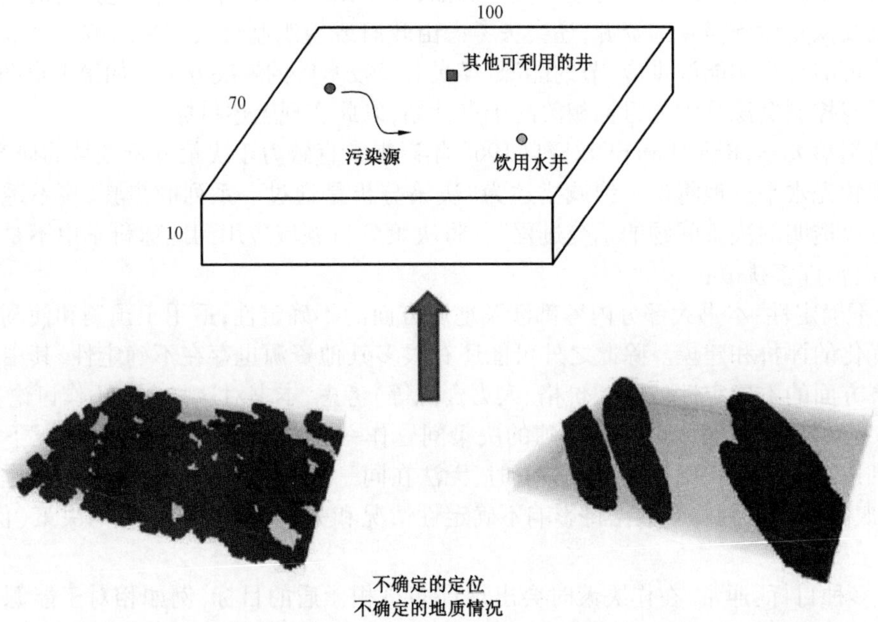

图4.1 可能会受污染的水井的实例,由地表下岩层的地质学不均匀性决定

然而,一些地质学家们认为,该地区不含沙道,多为一些与长且蜿蜒的沙道或相比更小的沙坝(半椭圆型)。同样,对这些椭圆形的沙坝的定向也是很重要的,对两种可能性进行了评估:

$$P(\Theta_{沙洲} = 150°) = 0.4$$

$$P(\Theta_{沙洲} = 50°) = 0.6$$

有些观点认为地表下岩层有充足的障碍物能够阻挡污染,并且这个污染可做隔离处理,没有必要进行清理。有些观点认为,即使污染物进入水井,在含水层的混合与稀释过程中,污染物浓度会变得很低,根本不足以造成健康问题,因此不需要额外清理。

在这种情况下,当地政府需要作出决策:要么开始进行清理(此费用对纳税人来说是昂贵的),要么什么都不做,以避免了清理过程的花销。但之后若饮用水受到了污染,政府就有可能会因此被当地居民告上法庭。当地政府到底该作出怎样的决策?清理或不清理?如何作出恰当的决策?有没有其他解决方法?例如,在地表监测饮用水,当检测出污染后及时清理被污染的水,或者从另一个水源引入干净的饮用水?这是决策分析的主题。本书中讨论了解决类似于上述一些问题的基本概念。

4.2.2 决策语言

决策的最终目标是产生好的结果。但好的决策不能与好的结果混淆。如果对未来的事件比较确定(比如图4.1所示的通道指向),假设一个理性的决策者的选择总是最好的可能结果,那么一个好的决策必然会产生一个好结果。但因为有不确定性的存在,一个坏的结果并不一定就意味着所作出的决定不好。换句话说,在不确定性存在的情况下,谁都不能保证一定会得到一个好结果。要从长远的角度来评价决策的过程,如果过程中会产生好的决策,它所产生的结果通常也比在没有最优决策情况下产生的结果要好。不幸的是,在许多决定或者其他不确定性的科学分析中存在一个常见的错误,在特定时刻作出了特定的决策,而长远的预期效果往往被忽略。

决策过程的第一步是建立问题,并识别主要的因素。此步骤是大量研究工作和许多相关书籍的主题,有时甚至包括人类心理学和社会学因素。问题的构建是决策中最重要的部分,但这部分并不是本书的重点。

以下五种因素通常被认为是决策构造过程的一部分;每一个因素都有其具体的定义:(1)替代方案;(2)目标;(3)信息或知识/数据集(第3章);(4)每个目标的替代方案的结果;(5)决策(所有替代方案中的最终选择)。

前文已提到:"决策是有意识的、不可改变的以达到预期目标的"资源配置。

一个好决策要求采取和定期目标在逻辑上一致的合理方法,一般应该包括知识/信息选项、数据集以及选择权。如果没有(相互矛盾的)选项或选择权,就有可能作决策。选项可以是从简单的是或否(例如清理与否),复杂的和连续的(如石油和天然气的勘探、油田开发)到更多的选项。

理性决策需要建立明确的目标,通常将每个目标选项相对比。这需要权衡(量化)来决定每一个选择与规定的目标,这种测量通常被称为一种属性。由于可能会有多个目标,每一个目标都有不同的权重,因此在众多目标的决策框架中,对每一个目标需要有一些倾向性的选择,并由高水平的决策者来区分这些目标。

对于每一个目标,最后都会有一种结果,基于对它的定性,在所有决策都作出后,所有"不确定性"的事件都得到解决。因为不确定性的存在,结果不可能被精确预测。

4.2.3 决策的建立

此阶段的目的是识别和建立在作决策时所面临的多个因素之间的关系。这可能是决策最重要部分,因为剩下的一切过程都取决于它。它不需要定量分析,而是依赖于决策者的创造力,创造力的一个重要方面是鉴别出所有的现实选择。许多重大的决策表明,一个致命的错误往往是在脱离现实的情况下选择出的。在一些情况下,这个阶段可使决策者对选项有一个清楚的认识,因为将决策规定在一个结构化的环境中,拥有对事先不明显的因素的洞察力;可能没必要进行一个完整的定量分析。即使一个完整的决策问题的定量分析已经完成,也没必要根据这个分析所产生的数据来判断,它们只是象征性地替代准确值来使用(回忆不确定性的讨论),或被用于进一步的灵敏度分析:真正影响决定的因素是什么,以及对此能做些什么?

决策的关键部分是规定相应背景,即决策环境再现的环境。需要注意的是,相同的决策问题可能发生在不同的环境。环境可鉴别可选方案,制订一个目标。决策环境也会鉴别决策者,也就是最具客观性的和首选项。在决策环境中,也需要鉴别必要的假设和约束条件。

一旦决策环境确定了,会产生一系列的目的,以及测量由不同的决策选项产生的值的相关属性和级别也随之产生。一般通过一个价值树来设定目标(图 4.2)。通常数值树由特定目标的高水平值产生。"值"通常是一种自然属性;比如它可能是"流行"、"支持联合国儿童基金会"、"健康"、"赚钱"等,它的目标是具体的,可能是"最大化"或者"最小化"的形式。需要区别的是基本目标和方法目标,基本目标是指确定这个决策是重要的基本原因,方法目标是指达到基本目标的方法。基本目标可能是独立的,是可以划分层次的结构组织。例如,"最大化利益"可以分为"最小化支出"和"最大化收入"。方法目标并非是一个决策的基本原因,而是诸如"创造一个干净的环境"或者"开展福利项目"。实际上,"福利项目"和"干净的环境"都是人类幸福的手段。

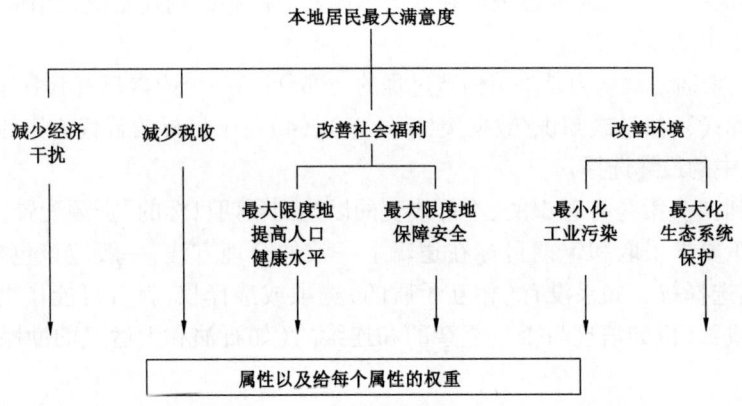

图 4.2 价值树及其层次

在本案例中,图 4.2 可以看作是当地政府工作的模板。

下一步是预测目标的实现。对于某些目标,会有一个自然尺度,可以是美元或百分率或比率。对于其他更具体的目标需要建立一个尺度,通常通过数值和"水平"来度量(例如高、中、低)。在图 4.2 中,某些目标比如"减少税收"的自然尺度是美元,而其他目标则需要构建其他尺度。如"最大限度地保障居民安全"可以划分为如下尺度:

(1) 1 = 不安全;
(2) 2 = 相对安全,但是存在严重的暴力犯罪,如杀人;
(3) 3 = 无暴力犯罪,但是有大量的盗窃和抢劫;
(4) 4 = 有小偷小摸和故意破坏;
(5) 5 = 无犯罪。

4.2.4 决策建模

本阶段的目的是基于已建立的替代方案、目标集和目标集相对重要的方面实现初步决策。通常这一阶段有如下三个步骤:

(1)评估收益:评估每个备选方案对于达成目标的作用大小。这一步的目的是估计某个对于实现目标的选项的特定值(正如前面所讨论的)的相对比较。通过一个回报值或结果矩阵来评估(这将每个目标属性级别用多少分数代替加以量化)。第二步是确定这些值的来源。

(2)评估偏好:确定目标的相对优先级。在这里的"偏好"是用来描述不同目标之间的相对希望("偏好"即选择某方案的倾向)。

(3)结合:将每一个替代方案的各个目标分数整合为一个整体分数。

4.2.4.1 收益与价值函数

回顾一下,收益就是指作出决策之后目标的满足程度,以及解决任何不确定性事件的结果。所以,无法预先准确地获知收益,必须进行预测和估计。这可能需要大量的建模,这样的建模技术将在本章的后续内容中讨论。

参考图4.2的价值树,决策的选择是"清理"或"不清理"。假设两种选择都不会影响当地居民的安全(清理或者不清理都不影响犯罪率),本案例的收益矩阵见表4.1。税收可能会受清理费用的影响,因为它需要较高的花费(比如说1000万美元),这也将影响当地政府的预算;然而,工业污染(在百分比上)将会减少(一些污染可能会留在土里),对生态系统的保护力度将会加大(在构建的尺度上)。假如不清理,为了满足当地居民的需求需要引进干净的可饮用水,税收仍然会增加,政府将不得不为此付出代价(假设污染由政府的研究实验室造成)。这些数据的建立会有一定的困难。实际上,当地质因素不利导致污染泄漏到饮用水井中时,当地居民的诉讼就会发生。但是由于地层情况是未知的(是否有水道及污染泄漏趋向等都是未知),这里列出的数据只是预期收益。为了获得这些数据,有必要对地层进行三维建模,模拟地层中污染物的流向,然后通过建模模拟算出污染饮用水源的可能性。这些将在本书其他章节进行讨论所以现在先假设已经建立预期收益的模型。

表4.1 收益矩阵示例

具体目标	清理	不清理
税收(美元)	10	18
区域工业污染程度($\mu g/g$)	30	500
生态保护级别(1~5)	4	1
当地居民的健康水平(1~5)	5	2
经济中断时间(d)	365	0

在收益矩阵中只包括区分备选方案的目标是明智的。任何其他目标都应该暂时忽略,例如本案例中的当地居民的安全。同时,在收益矩阵中,应该进行行运算而不是列运算。

接下来需要考虑的一个显著的问题是如何在单一属性级别引入我们的"偏好",结合收益度量不同的属性级别,这可以通过价值函数的方式来解决。价值函数将属性变换到一个相同的尺度,如0~100。价值函数是用来表达如何将分值转化为价值。因此线性价值函数(图4.3)的增加与健康水平成正比,或者与污染程度成反比。非线性价值函数(图4.3)中的税收的价值函数,税收总量的增加导致价值的小幅度降低(如果税收较少则值比较高)。这就是说,如果税收增加,税收方面的任何增加都会导致当地居民的不满(低值),他们已经不满如此高的税收。对于生态系统,可以用一个相反的观点来进行反驳,即虽然较小的增长可能会被接纳,但是污染扩散将会彻底毁灭生态系统。这种非线性函数同样可以用来解释某个人可对某些特定结果的"风险"。例如,当地居民对于安全的态度可能与对于税收增加的态度截然相反。当金钱更多与税收相关而非环境相关,且与此相关的影响无法改变时,那么相关性的风险可能会相应的增加(尽管各地政府在这一方面的态度可能大为不同)。

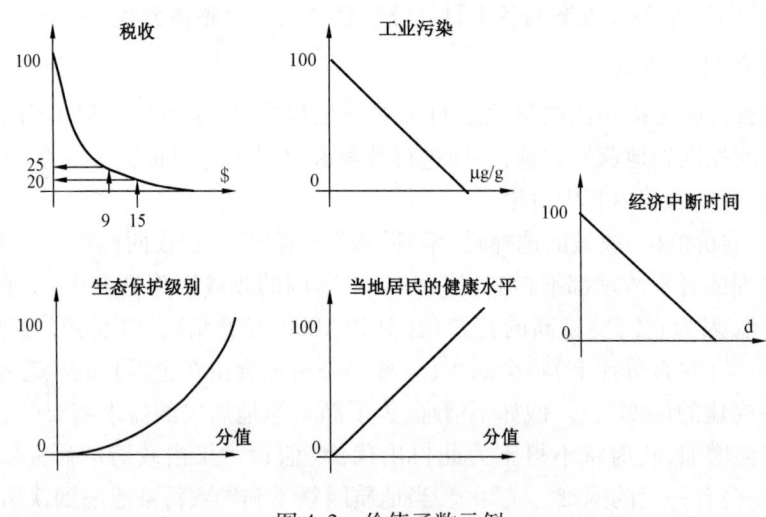

图 4.3　价值函数示例

4.2.4.2　加权值

不同的目标可能具有不同的权重。这使得决策者可以将他(她)的喜好加入到某一个目标中。例如,在环境保护方面的重视可能随着税收的增加被不满所取代。注意,这里的"偏好"与前面所提到的"偏好"不同,这里是为了比较各种不同目标前面的"偏好"是对于描述单一目标不同结果出现的"风险"。它可以尝试使用一个相对简单的权重:(1)排列所有目标;(2)根据尺度对其进行分配(从 0～100);(3)规格化和标准化统一的分值。

这种方法不能解释备选方案的收益。例如,一个具体的目标可能排名很高,但是在规划各种备选方案时可能并没有多大影响。因此直接加权法对终极目标没有帮助,也就是说无法在各种备选方案中作出选择。在实际案例中,这个问题可以通过使用摆幅加权法解决,它可以考虑到收益的大小。在本案例中,目标通过两组假设备选方案排列:一组由所有目标(分值而非价值)最坏的可能结果组成,另一组由所有目标最好的可能结果组成。最好分值代表超过最差分值的百分比目标由最高排名给出,可在其余目标中重复上述方法,直到所有目标都已经排列。

由于本案例中处理的是二元决策,加权问题并不是它本身(总是有最好的和最坏的)的结果。为了说明摆幅加权法,考虑一个稍微修改过的案例,在所给案例中添加两个备选方案:(1)仔细清理,花费虽昂贵,但是清除了大部分污染物,因此保护了当地居民的健康和当地的生态环境;(2)清理一半,也就是在风险下降之后留下一半污染物暂不清理,尽管如此饮用水仍有被污染的风险。表 4.2 说明了摆幅加权该是如何工作的。首先,取每个目标最好和最差的分值,然后根据最大相对偏差来排列相对差异。显然在备选方案中,税收的影响是最小的,因此获得了最高排名以及最小权重(表 4.3)。

表4.2 权重程度示例

具体目标	替代选择						程度排名
	详细清理	清理	局部清理	不清理	最好	最差	
税收(美元)	12	10	8	18	8	18	5
本区域工业污染程度($\mu g/g$)	25	30	200	500	25	500	2
生态保护级别(1~5)	5	4	2	1	5	1	3
当地居民的健康水平(1~5)	5	5	2	2	5	2	4
经济中断时间(d)	500	365	60	0	500	0	1

表4.3 各选项的分值

具体目标	排名	权重	仔细清理	清理	局部清理	不清理
税收	5	0.07	30	20	100	0
本区域工业污染程度	2	0.27	100	99	40	0
当地居民的健康水平	3	0.20	100	75	25	0
生态保护级别	4	0.13	100	100	0	0
经济中断时间	1	0.33	0	33	90	100
		共计	62.1	**67.0**	52.5	33.0

在已知各目标的权重和属性之后,每个目标的分值可以结合在一起,用来确定每个备选方案的总体价值。通过计算收益矩阵中每一列的权重来实现:

$$v_j = \sum_{i=1}^{N_j} \omega_i v_{ij}$$

权重 w_i 根据各个目标来计算,收益 v_{ij} 是用第 i 个目标的第 j 个备选方案来计算。在图4.6中使用了一些任意值函数(没有展示出),使属性都变成了价值。概括起来,对于给定的备选方案、目标、权重、收益预测和以价值函数形式描述的"偏好",清理备选方案逻辑上与价值最大化的决策目标相一致。

4.2.4.3 权衡

目标的冲突使得决策更加困难。在本案例中,最小化税收负担与维护一个干净整洁的环境的花费是相互矛盾的。增加税收(金钱)可能增加风险(健康、安全、环境)。基于这一观点,术语"有效边界"可能帮助研究作出何种权衡,并且基于这一洞察力,可能影响决策;这在投资组合管理(选择股份公司的股票和债券)中非常常见。投资组合管理利用回顾股票收益的历史数据来形成评估的基础或风险以及收益,并且将过去的表现作为一个未来业绩的参考数据。

为了分析权衡,考虑两种类型:一种是风险,一种是收益(或者称为代价或利益)。总加权分数由每个数据子集来计算,与以上形式类似,即:

$$v_j^{\text{risk}} = \sum_{i=1}^{N_{\text{risk}}} \omega_i v_{ij} \qquad v_j^{\text{return}} = \sum_{k=1}^{N_{\text{return}}} \omega_k v_{kj}$$

式中　N_{risk}——指分类为"风险"的目标的数量;
　　　N_{return}——指分类为"收益"的目标的数量。

如表4.4、图4.4所示,可以绘制风险/回报图或者成本/收益图。从此图中,一些明显替代方案可以被淘汰。例如考虑备选方案"局部清理"。显然备选方案"不清理"可被"局部清理"支配。实际上,"局部清理"可获更多回报也可减少风险。因此,备选方案"不清理"可以被淘汰,因为它位于有效边界以下,相对于回报带来了更大的风险。"不清理"是唯一一个可以被直接淘汰的方案;其他方案则需要对风险和回报进行权衡取舍。用曲线连接这些点就可作出有效边界。有效边界可被视为是当前备选方案的风险和回报之间作出最好的权衡的集合。回想一下,一个决策最好也只能达到备选方案描述的那样好。因此,向上推动有效边界(图4.4中的箭头)可能需要不同的备选方案,以获得更好的权衡。这样的方案最好也只能达到像创建它们的人想象中的一样。

表4.4 从收益矩阵中获得权衡的方法

具体目标	排名	权重	仔细清理	清理	局部清理	不清理
税收	5	0.07	30	20	100	0
经济中断时间	1	0.33	0	33	90	100
本区域工业污染程度	2	0.27	100	99	40	0
生态保护级别	3	0.20	100	75	25	0
当地居民的健康水平	4	0.13	100	100	0	0

具体目标	仔细清理	清理	局部清理	不清理
回报	2.1	12.3	36.7	33
风险	60	54.7	15.8	0

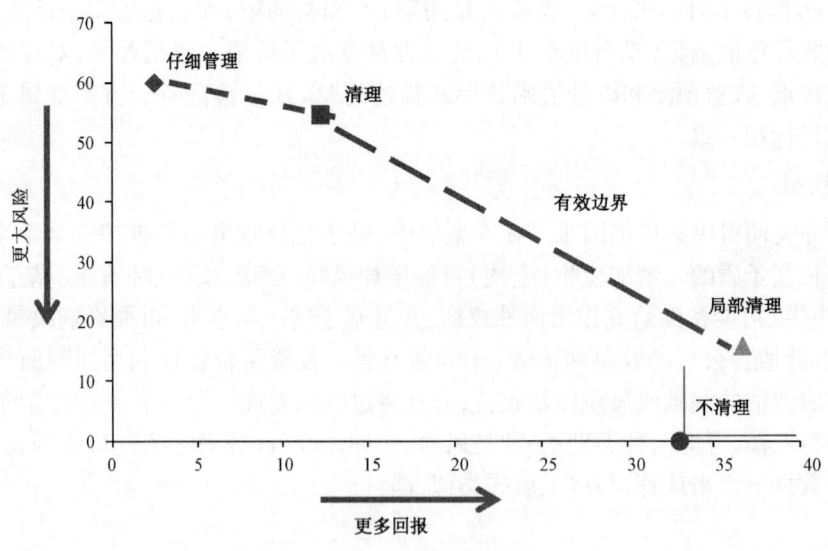

图4.4 在各目标之间评估权衡图

图4.4提出这样一个问题"在两种备选方案中,是否愿意为更多回报权衡更多风险"。例如,从"清理"到"详细清理",减少5级风险导致回报减少10级,这是否值得?如果所有属性

值都以美元作价值标准,那么也将用实际美元价值权衡,在我们的案例中只有象征性的"权衡",在权衡取舍方面基本上形成了一个从"不考虑"到"优先"方面的尺度。注意,此处假设这个分值是确定的数值(或者代表一些平均值)。由于不确定性,定义优势并没有这么直接。在本案例中,可以使用随机(概率)优势;这一概念将在更专业的书中讨论。

4.2.4.4 灵敏度分析

灵敏度分析是本书中的一个重要论题,在后续章节中都有相关内容。一般意义上,灵敏度分析旨在评估一些输入参数的变化对于输出响应的影响(图4.5)。在决策分析中,输出响应可能是指作出的决策或者收益值。输入参数和输出响应之间的关系通过一个确定的函数来建立模型,也就是说,一旦输入参数是已知的,输出响应也就唯一确定的。注意即使诸如蒙特卡洛模拟的"随机发生器"也属于此类,在这种情况下,确定性函数就是概率分布,输入参数就是概率分布的参数,输出响应就是由给定的随机"种子"生成的随机数。

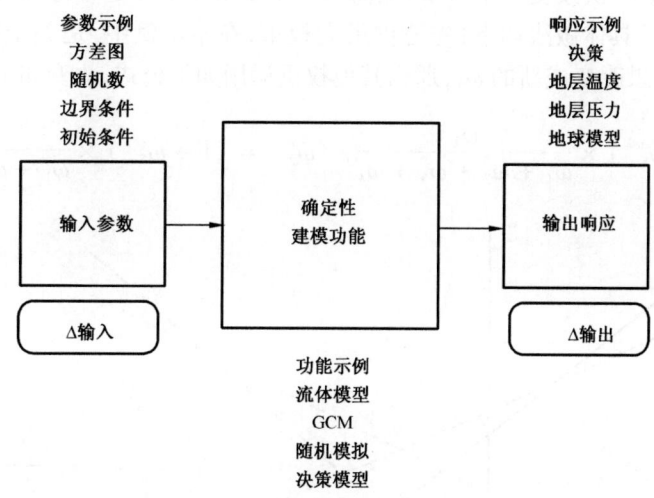

图4.5 敏感性分析的一般描述示意图(GCM:全球环流模型)

无论是在不确定性建模还是在决策分析中,通过分析和建模获得的确切数据(如收益、概率或者分数值),通常改变这些值对决策或不确定性建模所造成的影响并不重要。实际上,当一个很大的变化(比如收益)不会影响最终的决策时,为什么要过分关注收益值的确定呢?即使很简单的灵敏度分析,也可以指出重要和不重要的因素各是什么,以及可以使地学建模的不确定性更为集中。这一点很重要,因为任何一个不确定性建模都需要一个环境,例如当有定向目标时,由于不确定性建模考虑了不确定性,实际建模会比不确定性建模简单得多。

4.2.4.4.1 旋风图

旋风图是用来评估每一个输入变量对单一输出变量灵敏度的图表。这需要改变某个输入变量,同时使其他输入变量保持不变。一次改变一个输入变量称为"单向灵敏度"。在随后的章节中将会介绍同时改变多个变量的"多向灵敏度"。

旋风图是一种可视化工具,基于不同输入参数对于一个特定响应或者决策的不同灵敏度对其进行排列。每次通过在一个输入变量(其余保持不变)的正负两侧改变一个给定数字,来记录响应(例如收益)的变化。通常变化在 $-10\% \sim 10\%$ 之间;另外,通过改变分位数,比如给

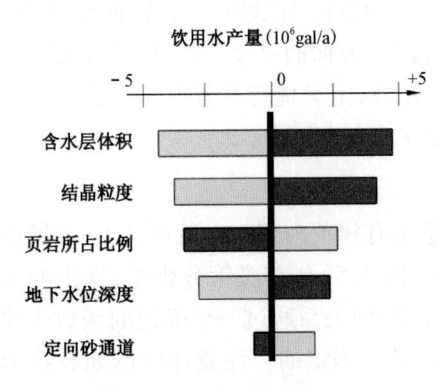

图 4.6 旋风图示例

出的变量的四分位范围。然后,依据响应的绝对值正负的改变,按照响应影响的递减顺序对输入变量进行排序。使用初始收益值(灵敏度分析的先验知识)作为中点,按照影响的降序绘制影响的柱状图形成一个旋风的形状(图 4.6)。注意深浅两条边的长度不需要对称。颜色表示积极或消极的相关性;左边的浅色和右边的深色表示输入参数增加会导致响应增加。相反的颜色条组合表示增加输入参数会导致响应降低。

4.2.4.4.2 多目标下的灵敏度分析

在决策过程中,如果存在多个可能相互竞争的目标,评估改变权重产生的影响是很重要的(图 4.7)。可以从最大权重开始一次改变一个权重,然而当一个权重发生改变时,其他权重也必发生相应改变使其总和不变。具体做法如下:先考虑最大权重,在本案例中,是关于目标"最小化经济中断时间"的 ω_5,如果改变成新的 ω_5,那么其他权重运用如下公式,改变如下:

$$\omega_1^{new} = (1 - \omega_5^{new}) \times \frac{\omega_1}{\omega_1 + \omega_2 + \omega_3 + \omega_4}, \quad \omega_2^{new} = (1 - \omega_5^{new}) \times \frac{\omega_2}{\omega_1 + \omega_2 + \omega_3 + \omega_4}$$

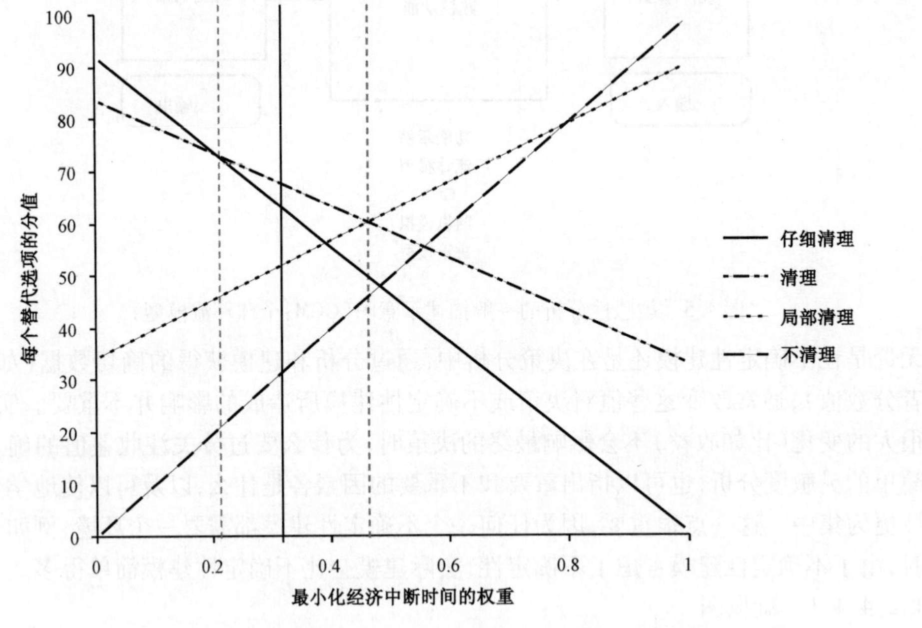

图 4.7 改变"最小化经济中断时间"权重的分值敏感性

每个权重都是根据它对剩余权重的贡献按比例分配的值。在每个备选方案从数值上改变 ω_5 产生的影响如图 4.7 所示。基本情况是:$\omega_5 = 0.33$,当 ω_5 降低至 0.21 时,"仔细清理"将成为最佳方案,当 ω_5 增加至 0.46 时"不清理"成为最佳方案。权值 ω_5 在任何一个方向改变 0.13 的绝对值可以获得同样的决策。

4.3 构造决策问题的工具

4.3.1 决策树

前面介绍了决策过程的大致框架。本节将讨论决策量化工具——决策树,并且将概率语言转换为实际的数值来进行计算。决策树是理解决策问题的可视化方法,决策树能够组织计算并作出最优决策。

下面通过一个虚拟而有现实意义的例子说明决策树的构建过程。考虑到以下的情景(出于教学目的考虑将实际情况进行简化)。

加利福尼亚州海岸附近的农业导致了地层水的枯竭,海水入侵此区的地下含水层系统,进而危及到了该区域的农业活动。一种解决方案是在事先设定的目标位置地层进行注水(再充入),以保持地下水的高水位,从而使入侵海水可以降低到最低水位。这里有两种注水的方法:一种是池塘水慢慢注入到地下,另一种是用水井注水直接刺激地下含水层。池塘注水更具经济性但是需要空间,注水井注水则可以在任何位置钻井。目前已经确认两个充入位置(注意这里假设已知)。在地点 A,既可以通过钻井也可以通过池塘注水;在地点 B 则只能钻井。这里的"价值"由两部分组成:填充注水所需的成本(或者因为这样做无关紧要甚至没有利益而不做),以及由于缺乏适当的灌溉用水而失去的农业土地。地下水层包括冲积通道(这是已知的),但是在某些位置这些通道的方向是未知的,可能是南北流向或东西流向。决策问题是选择哪个填充位置或者不选择任何一个位置。应如何结构化和可视化这个决策问题?

4.3.2 构造决策树

决策树代表了以上章节所描述的与决策问题的相关的主要元素。图 4.8 中各种决策树元素的描述如下:

(1)正方形代表决策节点,连接代表各种选择的分支。
(2)圆形代表不确定性节点,连接表示可能的结果(离散的)及其关联概率的分支。
(3)三角形代表最后的价值回报。

使用这些元素从左到右构建决策树,按照时间顺序排列决策;对于刚才填充问题的决策树示例如图 4.9 所示。第一个节点代表最终决策,也就是是否填充水;如果是,那么在哪里填充。随后的决策是,如果填充是选择池塘注水还是选择钻井注水。不确定性节点在决策节点之后,每个备选决策可能是相同的或者不同的。例如在图 4.13 的决策树中位置 2 关于通道的方向是确定的;也可以增加一个是否进行填充注水的决策,然后再决定填充注水的位置。

本书中大部分内容是为不确定事件分配概率,以及计算最终节点的值。实际上图 4.9 的示例中,只是展现了一个简化后的情况,因为地表以下情况的不确定性,比仅仅不知道确切的通道走向还要复杂很多。本书将会构建实际三维地质模型,由于不确定性,可以构建很多备选模型来约束所有可用数据。由于实际中的工程需要或决策(例如是否填充水的决策),这些模型允许计算响应。流体模拟器可以用来模拟地下水流向,从而模拟注水操作的响应。使用经济模型计算这些模拟器的输出值,这些值可以被用于给每个节点赋值,例如在本案例中,可基于从含水层抽取地下水的盐浓度计算对农作物的生长产生的影响。当多数备选模型都可具体表示不确定性时,先不处理如何构建决策树,这些内容详见"信息价值"这一章。

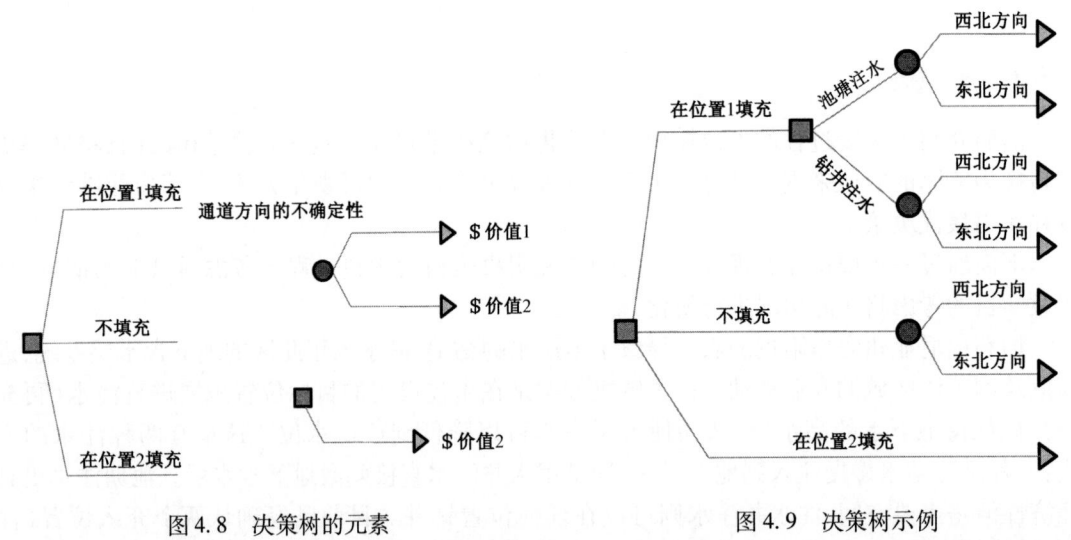

图4.8 决策树的元素　　　　　图4.9 决策树示例

在简单的情况下,不确定性问题只是几个简单变量,决策树应该反映若干变量之间的相互依赖关系。除了通道的方向之外,通道的宽度以及厚度也是不确定的,此时可以根据沉积学理论假设,通道的宽度和厚度是相互依赖的变量,与通道的方向无关。第2章中提到随机变量之间的依赖性可通过条件概率建模,如果两个变量 A 和 B 是互相独立的,那么条件概率 $P(A|B) = P(A)$。图4.10描述了一个通道方向、厚度及宽度的决策树示例。注意一些概率是条件概率,而其他的则不是,这反映了这些不同变量之间的自然依赖性。

4.3.3　求解决策树

求解决策树时,需要通过最大化预期值确定对于第一个(最左边)决策的最优决策。为了实现这一点,一般使用以下方法从右至左求解决策树:

(1)选择一个最右边的无后续的节点。
(2)确定与此节点相关的预期收益:
① 如果它是一个决策节点:根据最高预期值选择决策;
② 如果它是一个机会节点:计算其期望值。
(3)用预期值代替节点。
(4)回到第(1)步,继续,直到到达最左边决策节点。

本章开头介绍的饮用水污染的案例的决策树如图4.11所示,可以按如下步骤从左向右读:决策是清理还是不清理,在清理的决策中,政府需要支付的成本是1500万美元(因此值是 -15)。而不清理的决策,存在面临法律诉讼的可能性。这种情况由饮用水可能被污染的概率来支配,因为只有当饮用水被污染时,当地居民才会提起相关法律诉讼。而当地下地质情况不利时会导致饮用水被污染。当污染源与水井存在地下"连接"时,会导致这种不利情况的发生。"连接"是指存在一个通道,污染物可以从这个地方到达另一个地方。在随后的章节中将

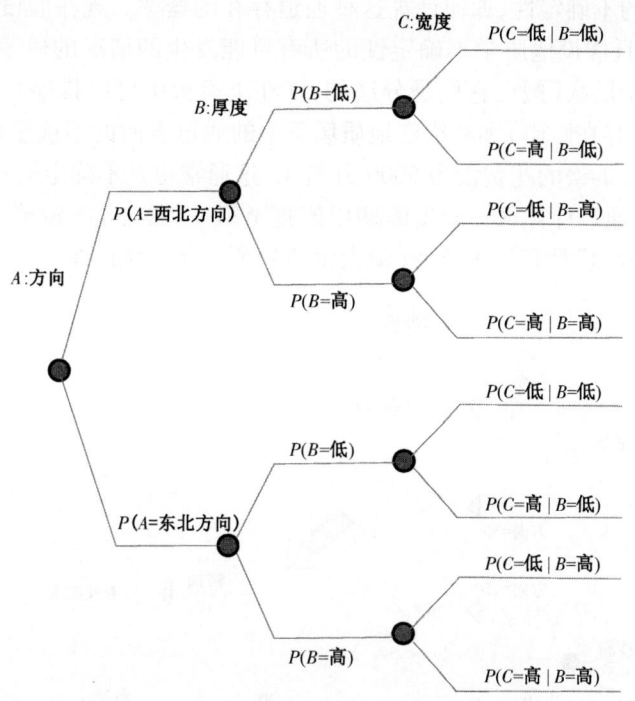

图 4.10　决策树中不确定性变量的层次示意图

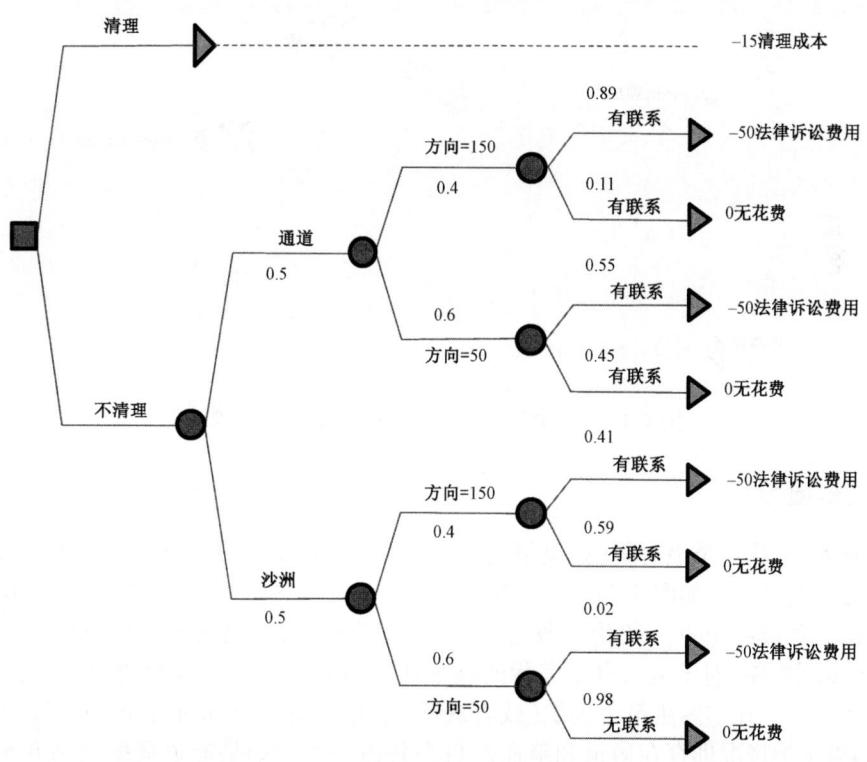

图 4.11　地下水污染问题的决策树(圆圈表示该节点的可能性)

会讨论根据地质学的不确定性,如何计算这种通道存在的概率。现在假设有两种情况,"有通道"和"无通道",并且假设地质学不确定性的所有可能发生的情况的概率都是已知的。这种不确定性本身有两个层次(假设它们是分层的,则在决策树中可以排序):地质学情况中的不确定性(存在通道或存在障碍)和在给定地质场景中的通道方向的不确定性,均是二进制和离散的概率分布。法律诉讼的花费设为5000万美元(这通常也是不确定的)。

现在从右到左,通过计算每一分支的期望值直至第一(最左)决策节点,决策树得到求解(图4.12)。由于"清理"具有最小花费(最大价值),所以是最优决策。

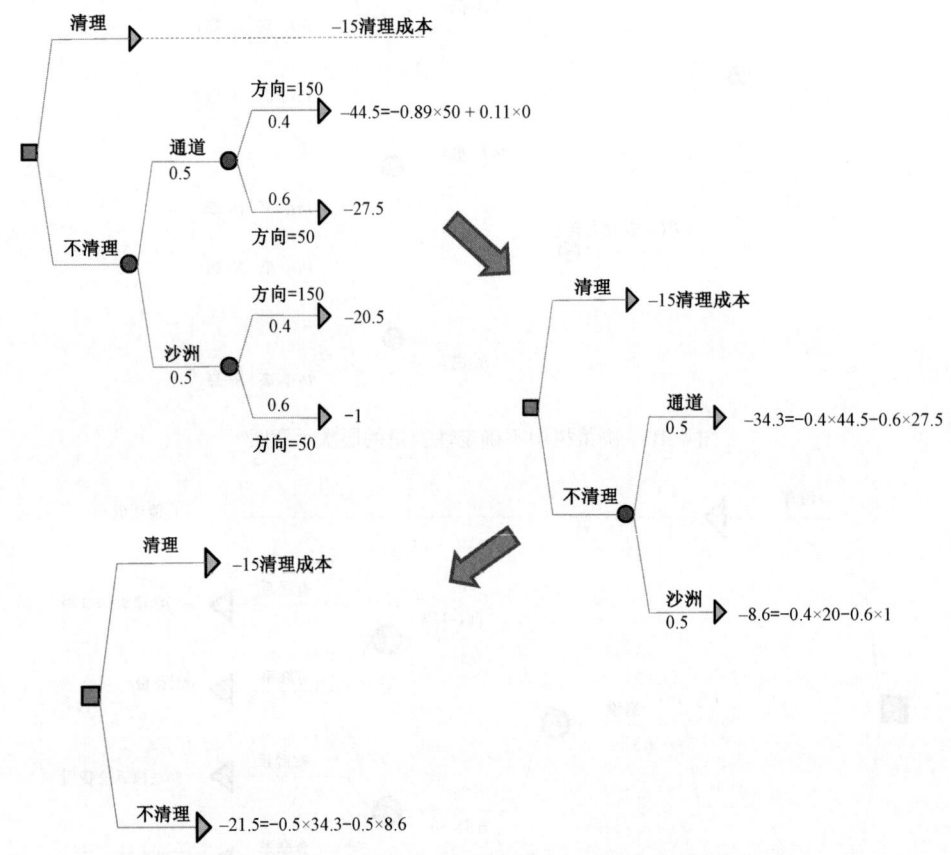

图4.12 从右到左地下水污染问题的决策树求解

4.3.4 灵敏度分析

综上所述,计算一个绝对值(如决策树中的期望值)并没有分析这些值影响的重要,这就是灵敏度分析的目标。如图4.11所示,源于求解一个决策树的决策,依赖于与不确定性事件相关联的概率和最终节点的代价或收益。通常,先验概率,如描述地址场景(存在通道或障碍)来自于专家判断,而不是来自于实际的频率计算(第2章)。计算出决策是否强烈依赖于这样的概率通常会在实际决策中提供(或者缺乏)信心。图4.13展示了各种与沉积模型相关的概率,如果基本情况即存在通道和障碍的机会各占一半。如果通道概率变为0.42,那么决策也会改变,这并不是一个很大的改变,所以通过采访相关专家,在先验概率上作出更多努力可能会对作出最终决策有所帮助。

在另一个案例中,法律诉讼的费用(基本值=5000万美元)可能有变化。当法律诉讼费用下降到4600万左右时,决策也会发生改变。任何可能影响这些数字的信息对于决策过程都是有价值的。这样由于收集或者使用更多数据导致概念的改变,将会在第11章"信息价值"中进行详细介绍。

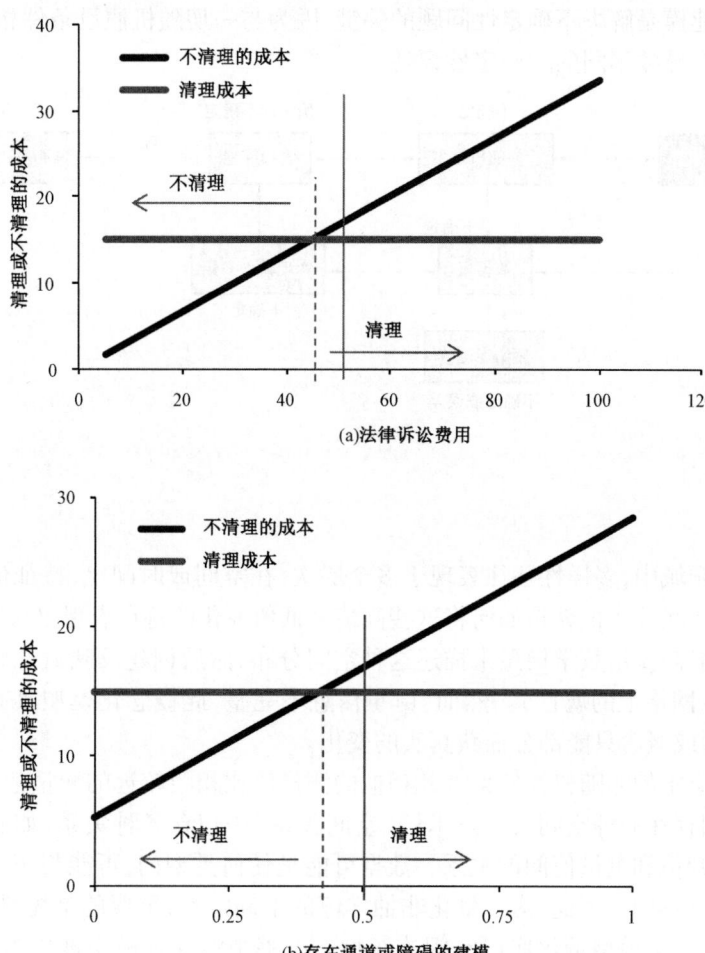

图4.13　决策对于法律诉讼费用改变(a)和通道沉积模式关联概率改变的敏感性(b)

【参 考 文 献】

[1] Bratvold R and Begg S. 2010. Making Good Decisions, Society of Petroleum Engineers, Austin, TX.
[2] Clemen R T and Reilly T. 2001. Making Hard Decisions, Duxbury, Pacific Grove, CA.
[3] Howard R A. 1966. Decision analysis: applied decision theory, in Proceedings of the Fourth International Conference on Operational Research(eds Hertz D B and Melese J), JohnWiley & Sons, Inc. , New York, NY, 55 – 71.
[4] oward R A, Matheson J E, et al. 1989. The Principles and Applications of Decision Analysis, Strategic Decisions Group, Menlo Park, CA.
[5] McNamee P and Celona J. 2005. Decision Analysis for the Professional, 4th edn, SmartOrg, Inc. , Menlo Park, CA.

5 连续性空间建模

连续性空间建模是解决不确定性问题的关键,因为与一切随机假设条件相比,研究中的空间模型的属性将会导致不同的不确定性评估。

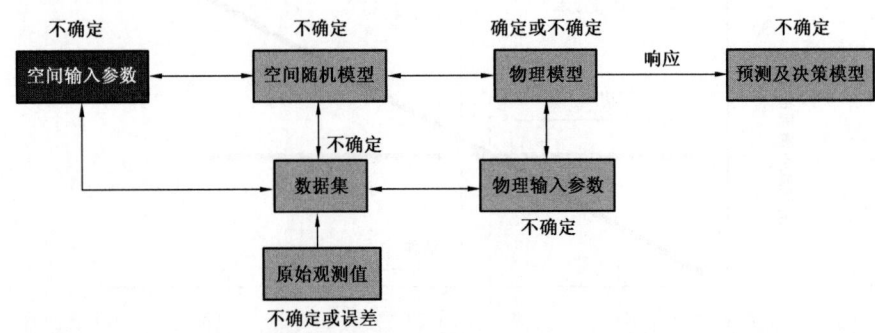

5.1 概述

在地球科学领域中,多样性往往表现于多个层次:在空间或时间上,特征值在高值和低值之间交替变化。空间分布也就是如何将这些高值和低值变化的特点表现出来是许多工程和决策中的问题。一般需要用数学模型来描述这种空间分布,然后创建反映概念化空间分布的地质模型(即分配在网格上的属性)。然而,由于信息不完整,此概念化模型具有不确定性。此外,一个数学模型或概念只能部分捕获真实的变化。

地球科学现象中的非随机性使得彼此相似的测量值比相距较远的测量值更"相似",换句话说,这些值之间存在一种空间关系。术语"空间关系"中包含各种关系,如有效的空间数据之间的关系或未知值和测量值间的关系。数据可能是任何类型的,可能与正在建模的变量或属性的数据的类型不同。因此,为了量化非抽样值的不确定性,重要的是先量化空间关系,也就是说,通过一个数学模型量化底层空间连续性。本书中将这种模型被称为"空间连续性模型"。最简单的量化包括对在 $u=(x,y,z)$ 位置测量的任何基准值,和在距离为 h 的位置测量的任何其他基准值之间的相关系数的评估。一般可以通过不同距离 h 的相关性定义相关函数和变异函数。这是本书讨论的一类空间连续性模型。

在模拟地表以下的特定情况下,空间连续性通常由两个主要部分决定:一个是结构特征,如断层和水平面;另一个是正在研究的结构属性的连续性。由于这两部分呈现出的特点差异较大,因此每种空间连续性的建模方法是不同的。但应该明白,有可能存在同时适用于结构属性及其连续性的技术。结构建模将在第8章中讨论。

就属性而言,无论是离散的还是连续的,或者无论它们在空间或时间中是否变化,本章介绍的各种可供选择的空间连续性模型,都可以用来量化属性的连续性。尽管本书主要处理空间建模过程,但是应该明白,空间建模过程的许多原则也适用于时间过程或时空建模过程(包括时间和空间)。这里建立的模型是随机模型(与物理模型相对应),并用来模拟所谓的"静态"属性,如岩石属性或土壤类型。这些值很少被用来模拟动态属性(遵循物理定律的属性),如压力或温度,除非需要在网格单元中插入压力和温度,或者作一个简单的过滤操作和统计操作。动态属性遵循物理定律,它们在不确定性建模中的作用将在第10章讨论。

本章将论述3个空间模型:(1)相关函数和变异函数模型;(2)对象(布尔)模型;(3)三维训练图像模型。同任何数学模型一样,这些模型的参数须完全指定。变异函数是一个模型,它的建立是基于数学方面的考虑,而非物理学方面。变异函数可能是集合的最简单模型,只需要几个参数,但是数据较少时可能不易解释,也不能传达出真实空间现象变化的复杂性。

基于对象和训练图像的模型试图从一个更现实的角度提供模型,但需要一个对空间现象理解和解释的先验概率,同时需要更多的参数,这种解释有很大的不确定性。

5.2 变异函数

5.2.1 一维自相关

在一个确定时刻 t_i 做出的观察值通常不独立于下一时刻 t_{i+1} 的观察值。或者在空间中,在 x_i 位置的观察值不独立于一个不同的 x_{i+1} 位置的观察值。为了预测和了解相关性或关联延伸长度或者该关联的确切性质是什么非常重要。一般会对每一个时间或空间间隔设计关联测量方案。对于小的时间间隔,被该间隔分开的两个事件具有很好的相关性。然而,随着时间间隔的增加,预期该相关性的准确性会降低。

在第2章中,定义了 X 和 Y 两个变量之间的线性关系的一个衡量值,即相关系数。在这里,这种思想被推广到在一段时间内,对不同实例中某一个变量进行测量。回顾 X 和 Y 之间的相关方程:

$$r = \frac{1}{n-1} \sum_{i=1}^{n} \left(\frac{x_i - \bar{x}}{s_x} \right) \cdot \left(\frac{y_i - \bar{y}}{s_y} \right)$$

在两个变量 X 和 Y 之间测量到的相关性,被应用于相同变量 Y 之间的相关性测量,但这是在不同的时间段中的测量。此时将考虑间隔为 Δt 的时间实例。

使用滑动方案(图5.1),将 $[Y(t), Y(t+\Delta t)]$ 在时间轴上移动,对每个时刻 t,记录 $y(t)$ 和 $y(\Delta t)$ 的值。$[y(t), y(t+\Delta t)]$ 代表图5.1中散点图的一个单独点。$n(\Delta t)$ 是对一个给定的 Δt 应用滑动规则所生成的数据对的数目。据观察,随着 Δt 的增加,生成的数据对减少,这是因为时间序列记录有限。图5.1中的完整散点图被用于计算 Δt 的相关系数。计算不同时间间隔 Δt 的相关系数,并绘制 $r(\Delta t)$ 和 Δt 的关系图,从而得到相关函数或自相关图。

自相关图是测量什么的?

(1)当 $\Delta t = 0$ 时:$r = 1$ 被保留。事实上,$y(t)$ 完全自相关。

(2)当 $\Delta t > 0$ 时:预计相关系数 r 变小。事实上,在时间或空间中分布较远的事件彼此相关性较小。

图5.2中展示了几个简单的例子。在示例1中,可以观察到相关系数如何在20个单位时间内近似变为零,这个长度被称为相关长度。示例2中相关长度约为10个单元。在示例3中

(a)一维时间序　　(b)Δt的散点图

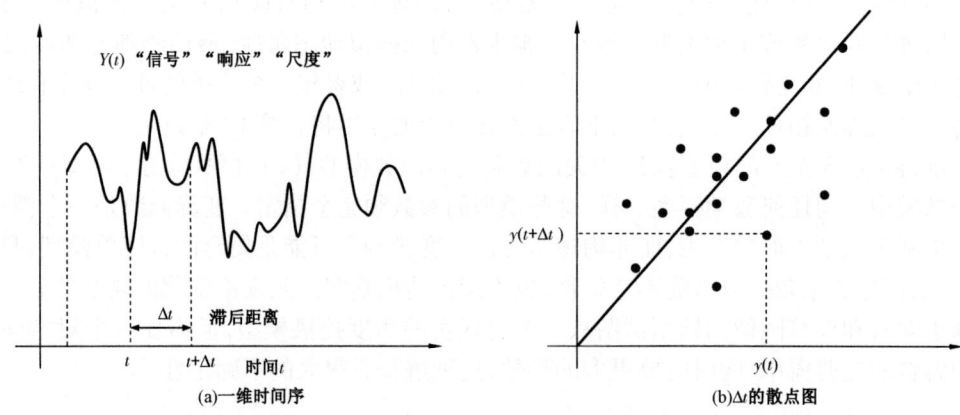

图 5.1　一维时间序列(a)及对给出的对数距离或时间间隔 Δt 计算相关系数(b)

能观察到周期性时间序列,它在相关图中也存在。在示例 4 中能观察到小距离(Δt)(相关性迅速从 1 下降至 0.4)的非连续性;这通常意味着有一个测量误差或取样值没有检测到其变化。示例 5 表明时间事件彼此完全不相关,因此在整个时间轴上,相关图在 0 附近波动。

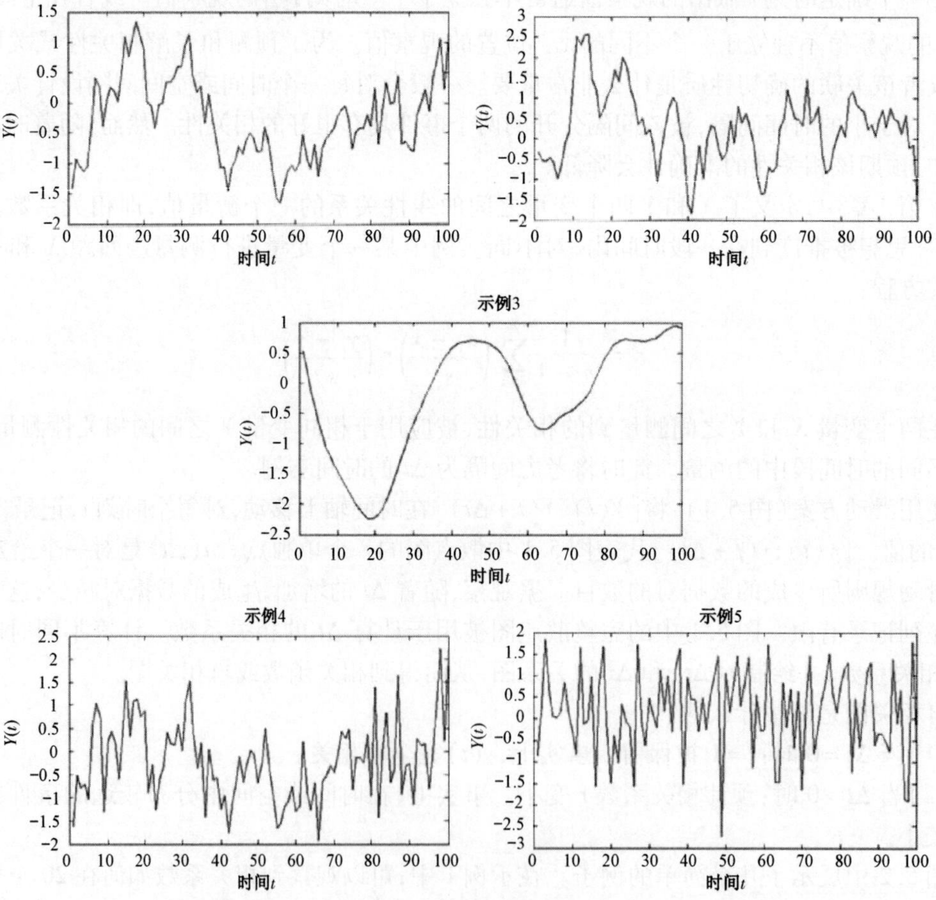

(a)时间序列示例

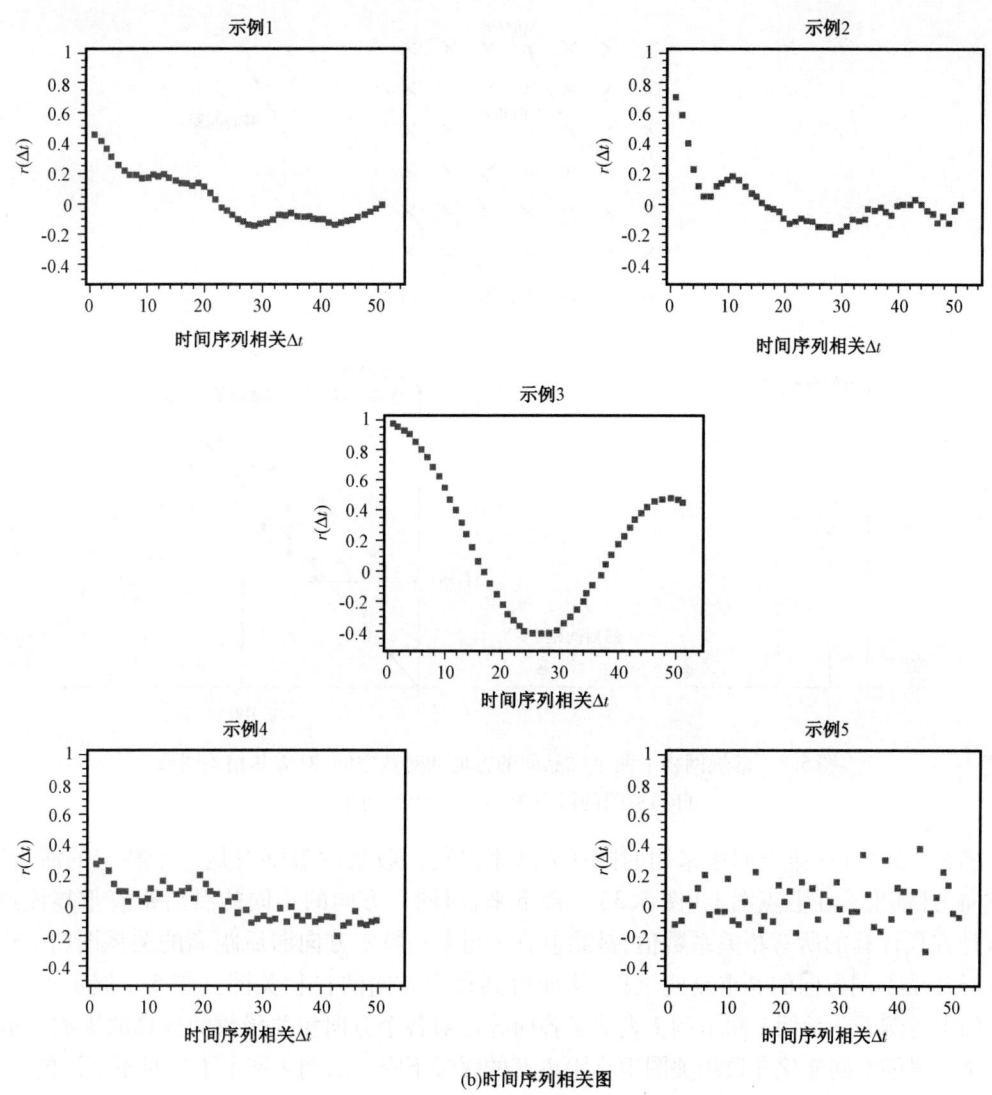

(b)时间序列相关图

图 5.2 时间序列示例(a)和相应时间序列的相关图(b)

5.2.2 二维平面/三维空间的自相关

上一节中在一维空间(即时间序列)中计算自相关函数。自相关性可定义为,在一定时间间隔内会以某种方式在时间上量化基本案例之间依赖性的类型和程度。可以将这种思想推广到二维平面或三维空间中产生的现象。

假设在一个规则的网格上收集样本。与在二维空间计算自相关函数的主要区别在于需要考虑各个方向。一维空间中只有一个方向;在二维空间中,有无限多个方向。方向很重要,因为空间的现象往往以一个优先方向为导向。

为了计算自相关函数,首先需要指定一个特定的滞后间距和方向(图 5.3)。

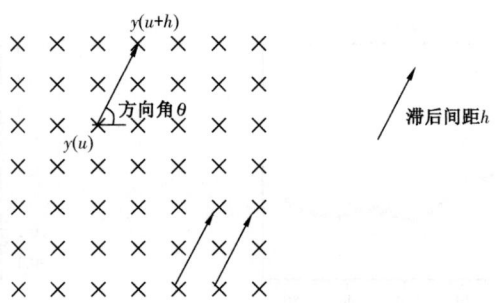
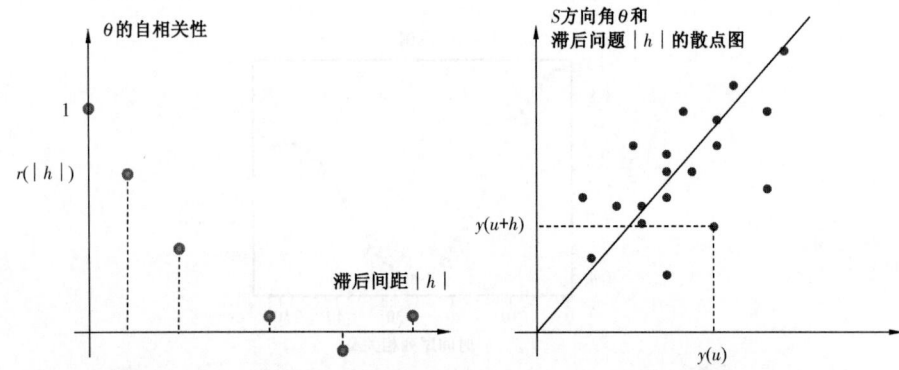

图 5.3　常规网格上两个样品间的方向和对数空间,对应其相关图或
自相关图的散点图(u 是一个空间坐标)

然后,按照在一维空间中采用的同样方式来进行。收集的观察对是一个特定的滞后距离和方向,且都聚集在散点图上(图 5.3)。接下来,对同一方向的不同的滞后距离重复该过程。以这种方式计算的所有相关系数值,被绘制在 r 与某一特定方向滞后距离的关系图(图 5.3)。然后对几个不同方向的 θ 重复此过程,从而得到每个方向的自相关图。图 5.4 展示了一些二维空间中的例子。示例 1 和示例 2 表明了各向异性对各个方向相关函数的计算的影响。示例 3 中非常平滑的空间变化导致相关图中小距离 h 的缓慢下降。示例 4 展示了相对不平滑的空间变化,而示例 5 显示了相关图中的小距离突然下降,导致显示结果有更多的图像噪声。

5.2.3　变异函数和协方差函数

虽然经验相关函数不是地球科学或地质统计学中采用的传统方式,它是在时间或空间分布上描述时间或空间相关性的途径。在地质统计学中,人们更喜欢使用变异函数(图 5.5),稍后将讨论首选这种方法的原因。

研究一个变量 Z 在空间和时间中的变化,$u=(x,y,z)$ 或 $u=(x,y,z,t)$ 也与其相关。第 2 章中介绍过符号的预期值(就像有一个无限的 Z 样本),自相关函数等于:

$$\rho(\boldsymbol{h}) = \frac{E\{[Z(\boldsymbol{u}) - m][Z(\boldsymbol{u}+\boldsymbol{h}) - m]\}}{\mathrm{Var}(Z)}$$

其中,$m = E[Z(\boldsymbol{u}+\boldsymbol{h})] = E[Z(\boldsymbol{u})]$。

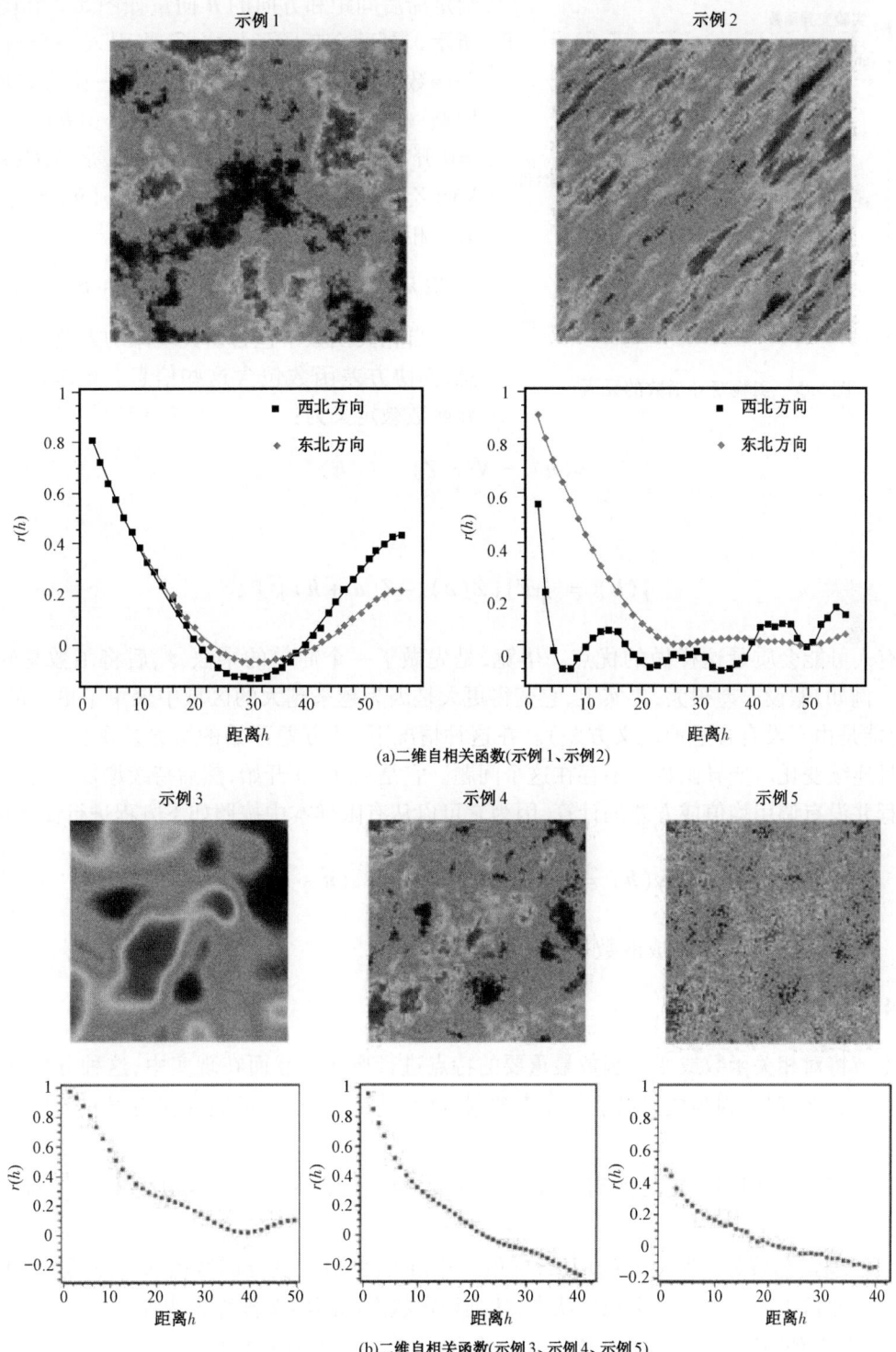

图 5.4 二维自相关函数的示例

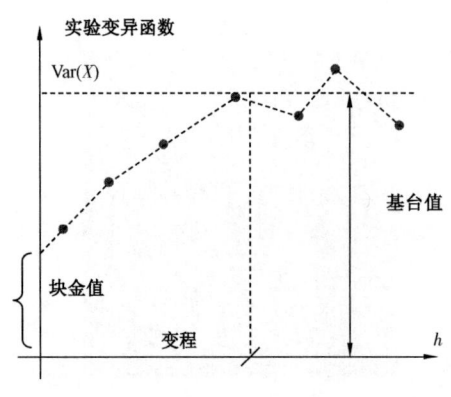

图5.5 实验变异函数的元素

给定滞后间距和方向的 h 向量如图5.2和图5.3所示。在讨论变异函数之前,将引入一个与自相关函数非常类似的相关性测量——协方差函数。回顾一下,无论是什么数据,总是从 $\rho(h)=1, |h|=0$ 开始;对于协方差函数 $C(h)$,是从 $C(h)=\mathrm{Var}(Z), |h|=0$ 开始;总的来说,$\rho(h)$ 与变量的方差相乘:

$$C(h) = E\{[Z(u)-m][Z(u+h)-m]\}$$

自相关函数不包含研究现象的方差的任何信息,而协方差函数包含这些信息。最终,(半)变异函数被定义为:

$$\gamma(h) = \mathrm{Var}(Z) - C(h)$$

等价于:

$$\gamma(h) = \frac{1}{2}E\{[Z(u)-Z(u+h)]^2\}$$

有人可能会质疑这样做的优点。毕竟,是先做了一个简单的乘法,然后将函数翻转(图5.6)。例如,假设方差很大;事实上,它变得更大是因为越来越大的区域中聚集了更多的数据(这可能是由于没有合适地定义方差)。在这种情况下,从方差开始的协方差函数,将变得不稳定且连续变化。变异函数则不存在这个问题。它是从 $h=0$ 开始,然后持续增加。变异函数的方程并没有调用均值或方差的计算,因为它可以从有限样本中按照如下方程进行简单估算:

$$\gamma(h) = \frac{1}{2n(h)}\sum_{\text{all } u}[z(u)-z(u+h)]^2$$

式中 $n(h)$——滞后 h 生成的数据对的数量。

5.2.4 变异函数分析

本节将对相关函数或变异函数最重要的特点进行概述。然而在现实中,这种分析并不像文中写的那么容易,因为数据可能是噪声数据,也就是说,数据中可能存在错误或者根本就没有足够的数据。

一般情况下,但不一定是所有情况下,下面的重要特征可以从变异函数估算中确定(图5.5):

(1)变程:随着分离距离 h 的增加,可预测到相关性降低,变异函数增加。在某一些点上,这个增幅变得平缓并达到一个稳定状态,达到稳定状态的距离 h 被称为变程。

(2)基台值:这个稳定水平被称为基台值,通常等于样本值的方差。

(3)块金效应:根据定义,变异函数值在 $h=0$ 时为零。然而,对于较小的 h,通常能观察到变异函数值的一个"骤跳",这一"突跳"称为块金效应。

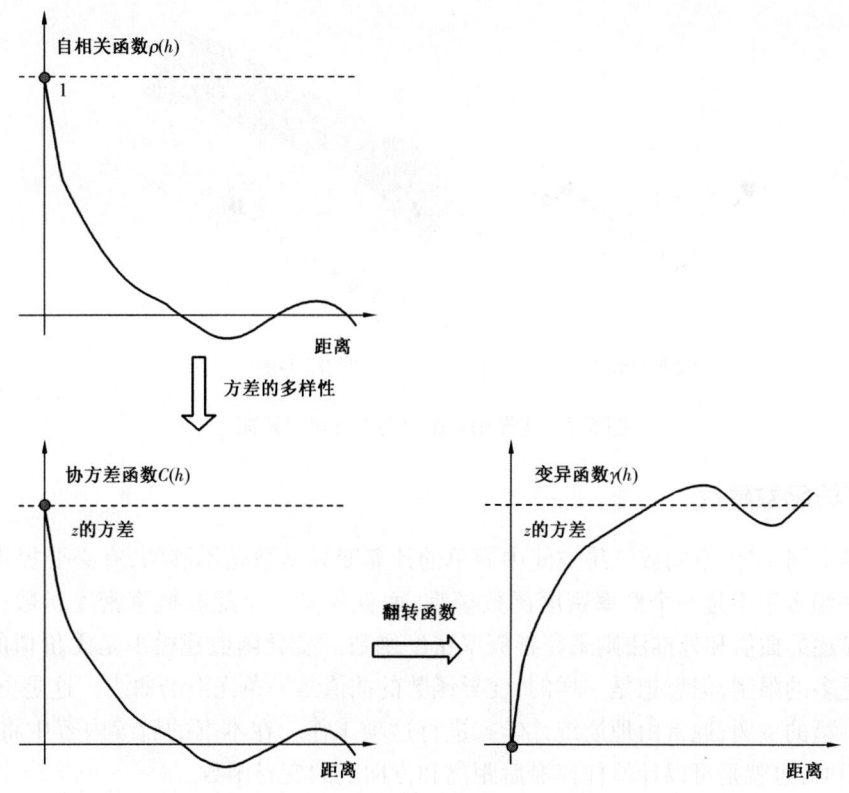

图 5.6 自相关函数、协方差函数和变异函数之间的关系

因为样本之间的距离过大,块金效果往往是由未被取样的小规模可变性造成的。从以往数据上看,当一个样本包含了一个块金效应时("黄金品位"的一个非常小规模的变化),该术语指的是块金效应造成的小规模可变性。块金效应的另一个原因是测量误差(噪声数据)。如果这些误差的作用像随机噪声数据一样,那么将会观察到块金效应。

5.2.4.1 各向异性

前文已指明,变程(相关长度)能够根据计算变异函数的不同方向而变化。这种说法是有道理的,因为地球上不同的方向可能会产生不同的变化。例如,地球的地质分层在水平方向上比在垂直方向上更具连续性。

5.2.4.2 一个变异函数的现实意义是什么?

一个变异函数可测量空间中任意两点间的地质距离。回想一下,欧几里得距离仅能测量笛卡儿空间中任意两个位置之间的距离。

图 5.7 解释了笛卡儿空间和地质距离之间的差异:假设一个地区的地质是分层的,那么在 45°对角线方向上有明确的各向异性。因此,至少在地质上,样本 1 和 2 被认为比样本 1 和 3 更类似(因此更接近)。这种相似度可通过变异函数来测量,可以预测到:

$$\gamma(\boldsymbol{h}_{13}) > \gamma(\boldsymbol{h}_{12}) \quad 即使 \quad \boldsymbol{h}_{12} > \boldsymbol{h}_{13}$$

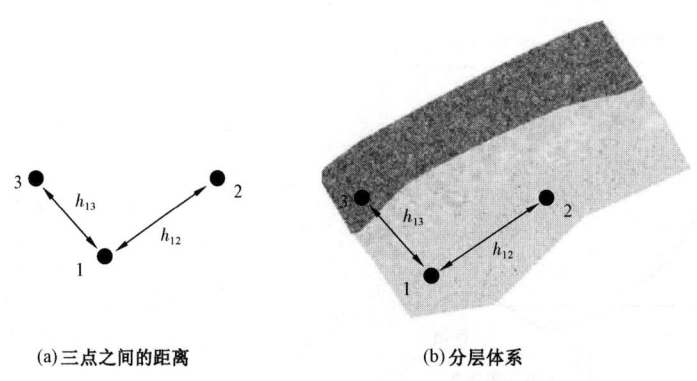

(a)三点之间的距离　　　　　　　(b)分层体系

图 5.7　变异函数距离与欧几里得距离

5.2.5　变异函数建模

在一维空间、二维空间或三维空间中简单的计算变异函数是不够的,有必要提供一个"模型",就像一组数字不是一个概率密度函数模型,而仅仅是一个经验概率密度函数;必须利用第 2 章中描述的插值和外推法则来完善概率密度函数。变异函数建模不是无价值的,将对可做什么有更多的限制,但思想是一样的,变异函数的插值是一条光滑的曲线。这是更高级的地质统计学书籍的主题,通常由地质统计学家进行这项工作。在本书的后续内容中将假定这种模型是可用的,也就是可以计算任何滞后距离和方向上的变异函数。

5.3　布尔模型或对象模型

5.3.1　目标

变异函数是对实际空间现象的简要描述。由于变异函数是通过在一个时刻采取两个样本值来获得空间的连续性,因此它不能获取精细复杂的空间现象(图 5.8、图 5.9)。事实上,一个块金效应值、变程(或每个方向变程的集合)和基台值无法描述通道的复杂曲折变化或碳酸盐丘和礁体的增长情况,一个完整的相关描述可能需要上百个参数。

由于图 5.9 中所有的案例都是实际 ϕ 自然发生的地质系统,遵从物理定律,一个想法是在计算机上简单"模拟"这些地质系统的成因(沉积、生长、演化)。例如,可以使用沉积和侵蚀定律结合湍流流体流动的物理规律,模拟三角洲如何将砂砾和泥砂沉积物覆盖到三角洲平原(图 5.8)。在地质建模中,这些模型通常被称为过程模型。

然而,这种过程模拟可能需要好几天甚至几周时间的计算。确定性建模在第 3 章中讨论过,这样的模型可能在物理学上是真实的,但未必有很多定量预测能力,原因有两个:(1)它们不反映现象的不确定性;(2)它们可能很难校准数据;尤其在地下建模中,其有效数据来自测井和地球物理研究。然而,过程模型的结果可能会提供关于空间多样化的类型、沉积物的构成等丰富的信息。简单的非物理模型可以使用这些信息来模拟空间连续性呈现的类

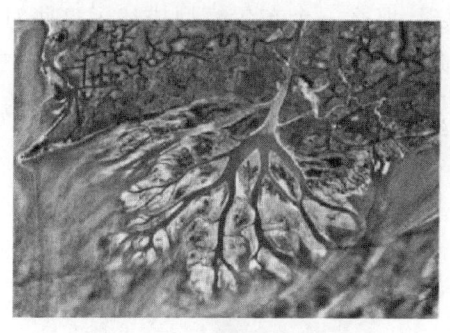

(a)真实情景　　　　　　　　　　　　(b)过程模拟

图 5.8　真实情景与过程模拟

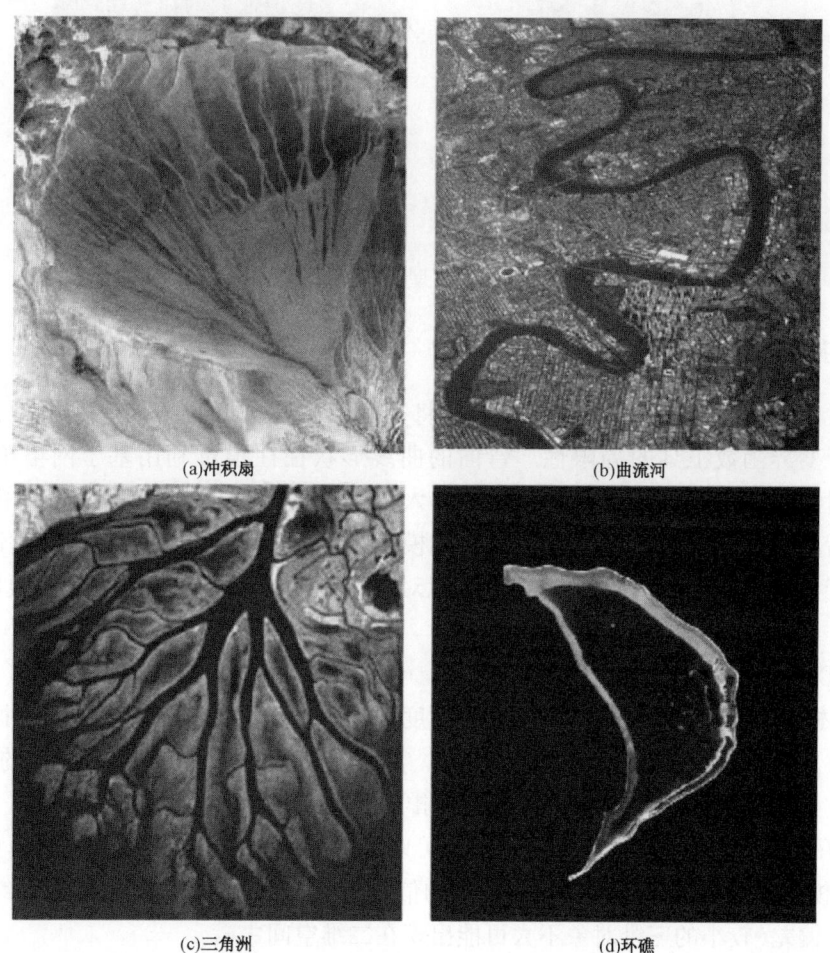

(a)冲积扇　　　　　　　　　　　　(b)曲流河

(c)三角洲　　　　　　　　　　　　(d)环礁

图 5.9　冲积扇、曲流河、三角洲、环礁

型,该模拟过程并不是通过实际的过程模拟,而是通过随机模拟来实现的。这样的一个模型是布尔模型。如果空间连续性通过对象来呈现,那么一个布尔模型描述了这些对象的几何形状、尺寸和交互状态。那么一个布尔型地质模型是这个模型描述在三维空间中的具体表现。图 5.10 表明,一个布尔型地质模型可以很好地模拟在过程模型中观察到的空间连续性的类型。

(按周模拟)　　　　　　　　　　　(按秒模拟)
(a)基于过程的模拟　　　　　　　(b)布尔或对象模拟

图 5.10　过程模型与布尔模型模拟

5.3.2　对象模型

引入对象模型(也称为布尔模型),通过将实际形状和关联导入同一个模型,从而可克服一些基于变异函数工具的局限性。弯曲的曲线形状往往很难利用基于网格单元的技术去模拟。对象仿真方法直接在网格单元中放入代表不同类型(岩石类型、沉积相、裂缝)的对象。然后移动这些对象并通过马尔科夫链模拟来拟合数据(这在第 6 章中讨论)。这项技术已被广泛应用于模拟油藏或储层的沉积对象,但也可以应用于许多其他领域,如模拟金矿矿脉。

在模拟对象前,定义对象模型是有必要的。首要任务是建立对象的不同类型(弯曲的、椭圆的、立方体的)及其尺寸(宽度、厚度、宽度厚度比、垂直横截面参数、弯度等),根据用户指定的分布函数,这些尺寸可以是固定的或变化的。下一步有必要确定它们在空间中的相互关系:一个对象被另一个对象腐蚀、嵌入以及吸引或排斥。

例如,在河道类型系统(河流或海底)中,可以考虑用各种信息来源定义对象模型:

(1)对模拟系统的露层研究可能是最好的信息来源,尽管从二维露头推断三维对象的属性可能存在偏差(较小的三维对象不太可能出现在二维空间中)。

(2)节点本身的数据可能提供有关对象的几何形状信息,或者至少帮助将对象形状参数从露头数据关联到正在被模拟的对象形状。

5.4 三维训练图像模式

许多情况下,不可能通过变异函数的几个参数或者根据有限的一组对象形状来研究空间复杂性。无论是对象尺寸的变异函数的变程还是分布,三维训练图像方法都是一个相对较新的工具,可供建模人员以一个完整的三维图像显示空间连续性的类型,而不是一组参数。三维训练图像不是一个地质模型,是对研究区域中可能存在的主要变化的一个概念化的解释。目标是建立三维地质模型,用以模拟三维训练图像的空间连续性,同时用数据约束这些地质模型,这些内容将在下一章进行介绍。在这种方式中,三维训练图像非常类似游戏行业中使用的"纹理映射"法。如图 5.11 所示,首先提供一个特定的模式,然后在建模区域随机化这些模式。在地球科学中这个过程必须在三维空间中进行并将模型约束到数据上。

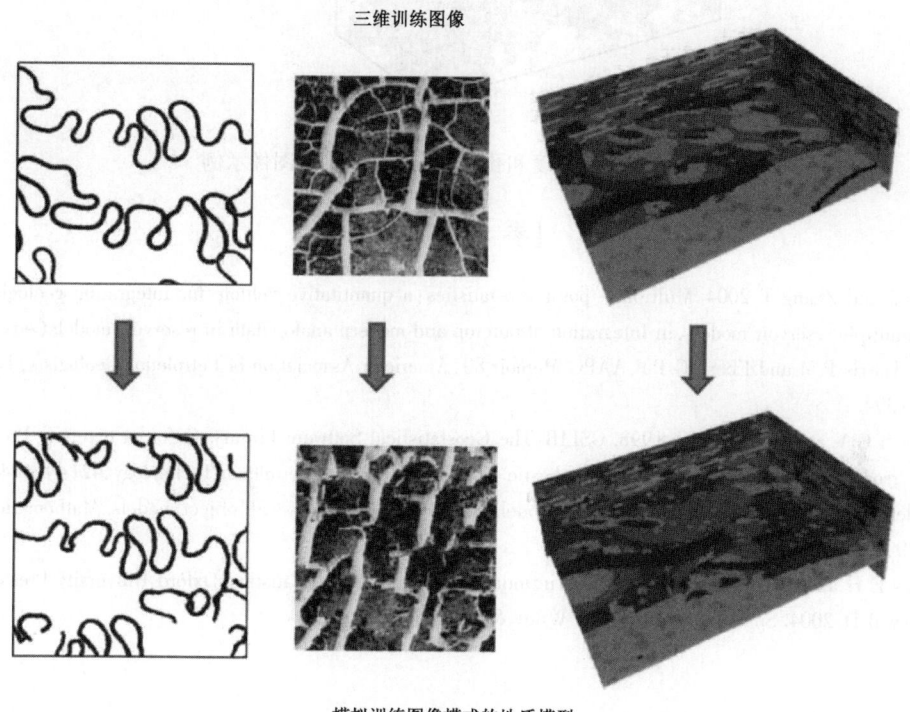

图 5.11 三维训练图像示例

可以在各种尺度中定义三维训练图像,如从 10～100km 的大盆地到微米级大小的孔隙。图 5.12 显示了油藏的一个三维训练图像,该油藏可能由河床砂体和河滩沉积物组成,旁边是砂岩基质孔隙的二进制训练图像。

通常情况下,会创建许多可供选择的三维训练图像,以反映对研究现象在理解方面的不确定性,这个问题在第 9 章和第 10 章中进行详细论述。

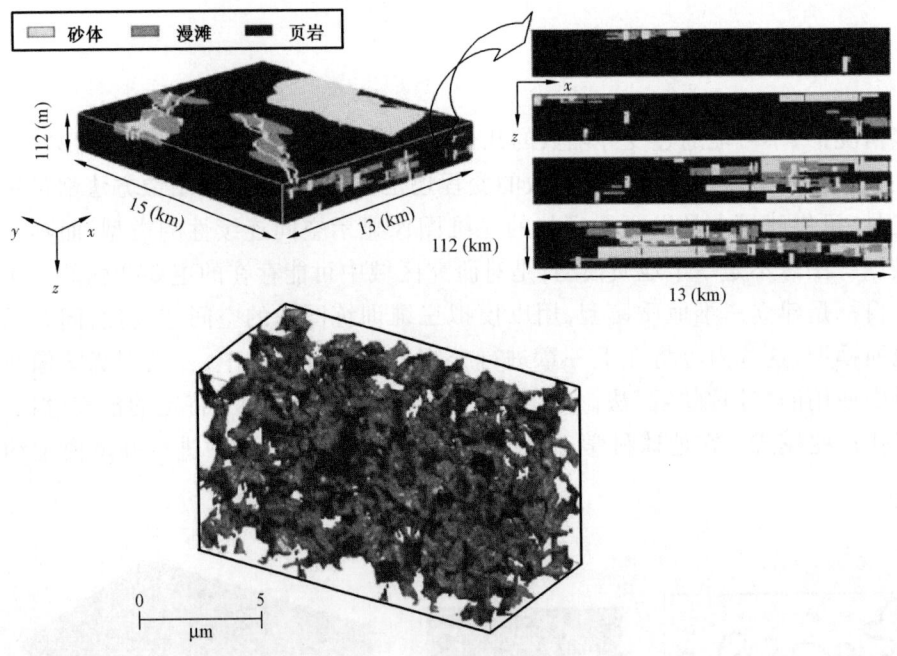

图 5.12 流域尺度和孔隙规模的三维训练图像示例

【参考文献】

[1] Caers J and Zhang T. 2004. Multiple - point geostatistics: a quantitative vehicle for integrating geologic analogs into multiple reservoir models, in Integration of outcrop and modern analog data in reservoir models (eds Grammer G M, Harris P M and Eberli G P), AAPG Memoir 80, American Association of Petroleum Geologists, Tulsa, OK, 383 - 394.

[2] Deutsch C V and Journel A G. 1998. GSLIB: The Geostatistical Software Library, Oxford University Press.

[3] Halderson H H and Damsleth E. 1990. Stochastic modeling. Journal of Petroleum Technology, 42(4), 404 - 412.

[4] Holden L, Hauge R, Skare Ø., et al. 1998. Modeling of fluvial reservoirs with object models. Mathematical Geology, 30, 473 - 496.

[5] Isaaks E H and Srivastava R M. 1989. An introduction to applied geostatistics, Oxford University Press.

[6] Ripley B D. 2004. Spatial statistics, John Wiley & Sons, Inc., New York.

6 不确定性空间建模

由一个给定的(固定的)空间连续性模型可以生成一个模型数据集,这个模型集代表了一类不确定性,这一类不确定性称为空间不确定性或模型的空间不确定性。它是本书所构建的不确定性模型的唯一组成部分,认识到这一点是非常重要的。

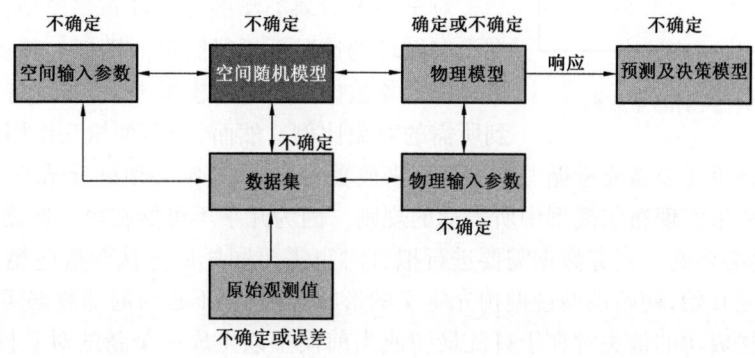

6.1 概述

一个变异函数模型、布尔模型或三维训练图像为正在研究的空间模型连续性提供了一个模型(这是前一章的主题)。本章将要讨论的是生成一个地质模型的方法,其中这个地质模型反映出在这个空间连续性模型中获得了什么。回想一下,地质模型只是被一个或多个属性所填充的三维网格。它的创建不是一个唯一的过程;许多反映相同的空间连续性的地质模型也可以被创建。由一个给定的(固定的)空间连续模型可以生成一个模型数据集,这个模型数据集代表了一类不确定性,称为空间不确定性或模型的空间不确定性。如果概念性地把地球理解为是一个无限长的一维层,那么只有一种模型可以被创建,即一个分层模型。假设存在通道式结构,并可由布尔模型建模,那么在三维空间中会有许多方法用来排列这些通道,使得这些通道遵循布尔模型所确定的地质规则。本章中讨论了各种用来实现这一目标的技术,下章将介绍空间不确定性如何进一步被各种各样的数据条件约束。

6.2 基于对象的模拟

如前所述,对象模型可以如实地表示自然界中出现的物体的形状。基于对象算法的目的是生成多个地质模型,通过这种细化到网格单元的方式来拟合相应的数据。现在只考虑一个数据源——点观测。这些仅仅只是假设与模型网格单元同样大小的(有确定的数目或支撑)的简单观测,也是对现象的直接观测。在这种情况下,必须在特定地点观测对象类型(图6.1)。

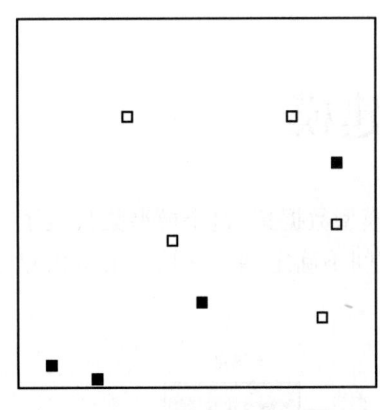

图 6.1　两种类别的点数据

基于对象模型显然比基于网格单元模型更"精确",因为完成相同的任务时,在一个约束所有数据的模型中,一系列对象的变化对改变个别网格单元不是那么重要。对于大的连续的对象(如蜿蜒的河道)来说尤其如此。因此,目前的软件实现方法是依靠一个循环的方法来用数据约束模型,需要反复试验的过程来获得可正确反映布尔模型和充分拟合数据的模型。不受任何数据条件约束的布尔模型在地质统计学的专业中称作"无条件模拟。"

对于一个对象类型的无条件布尔模型,地质模型可以在没有循环的情况下进行简单的模拟。其实现方式为:随机地将对象数据放入地质模型网格,并且持续放入直到达到所需的对象比例。然而,当多个相互作用的对象需要被放置在同一网格单元或需要遵循一定的规则来放置对象时,通常必须进行循环,例如通过在四周反复移动物体来实现布尔模型中所表达的规则。因为几乎不可能在第一次循环中就碰巧实现,所以循环是必要的。当有数据需要进行拟合时也需要同样的方法。这些循环方法通过生成一个初始模型开始,初始模型遵循预先定义的形状描述,但不必与局部数据匹配或遵循所有规则。循环方法成功的最关键在于打乱最初或当前模型以生成一个新的对象模型。执行"打乱类型"将决定循环过程的有效性,最终对象模型拟合数据的良好性,以及对象形状的预定义参数保持的良好性。这个循环方案的循环步骤包括:

(1)提出目前三维地质模型的生成方案;

(2)在一定的概率 α 下接受扰动:这就意味着有 $1-\alpha$ 的可能性,使得提高数据拟合的模型扰动可能被拒绝。为了尽可能覆盖所有能与数据进行很好匹配的对象配置,这是必要的。

所谓关于马尔可夫链上的若干理论(一个仅对前一次循环做说明的下一次循环的过程)给出了定义最优扰动,及以决定每个循环步的概率 α 的方法,并且对特定对象的类型是非常明确的。这些更超前的内容将不在这本书中讨论。导入对象并将其任意变形来拟合数据,这很容易完成,但随后可能会产生不切实际的形状。关键点在于确定 α 值以实现两个目标:(1)拟合数据;(2)反映预定义的布尔模型。

若不考虑更多的智能实现,在使用基于对象的算法中最具挑战性的障碍是对象参数化和实际数据之间的不匹配。事实上,简化的几何形状和实际情况之间存在一些差异,长时间的循环计算可减少这种差异,但可能需要大量计算机计算。通常很难在开始基于对象算法之前预测差异的水平。基于对象的方法是一种通用方法,虽然任何类型的对象都可以被模仿,但是循环方法用数据约束模型是针对特定对象的。

图 6.2 显示了典型的规则和对象模拟中变形的几何图形的几个例子。案例 1 是一个简单的椭圆对象,有 30% 的随机分布的比例。案例 2 显示了一个相同的椭圆对象,但根据地图显示会有不同的空间比例。案例 3 显示了一个图 6.1 所示数据约束的地质模型。案例 3 显示的是随机放置的对象,由两部分(也称为元素)组成。案例 4 中显示的两个对象(黑、白)没有接触,而另外的对象总是互相接触。案例 5 显示了一个复杂的对象堆叠模型,由两部分(称为元素)组成。案例 6 显示了一个复杂的三维对象仿真模型,结合了上述案例中的各种功能。这个地质模型反映了两种不同类型的碳酸盐矿物堆的增长,其内外组成是不同性质的岩石。

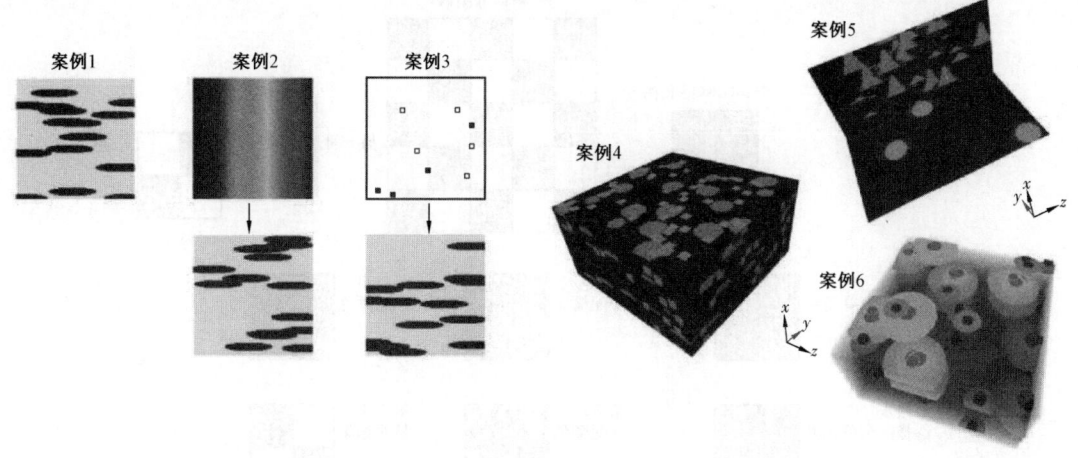

图 6.2 对象模拟的一些案例

6.3 训练图像方法

6.3.1 序列模拟的原理

用于空间不确定性建模的大多数地质统计学工具是基于单元(或像素)的。统计文献对随机模拟三维地质模型提供了许多技术。由于 CPU 或 RAM(内存)的问题,地质模型的大小(以百万计的单元)阻止了其中大部分的实用性,一个不受限制的方法是序列模拟。序列模拟方法背后的理论可在高阶的地质统计学书籍中找到,它为何以及为什么有效可以从中得到直观解释。简单来说:由一个空的笛卡儿网格模式开始,沿随机路径访问每个网格单元同时建立一个单元,并为每个网格单元分配值,直到所有的网格单元都可被访问。若不考虑网格单元值如何分配,分配到某个网格单元的值取决于分配给所有以前沿随机路径访问过的网格单元的值。正是这个序列模拟方法的相互依赖性将空间连续性中的特定模式约束到模型中去。

图 6.3 所示例子是在一个 2×2 的网格生成二值模式,生成一个类似于图 6.3 顶部的训练图像的棋盘图案。2×2 网格序列模拟的步骤如下:

(1)挑选 4 个单元中的任意一个单元。

(2)在这个单元中有黑色的概率是多少? 由于尚未有已确定的单元,所以概率等于黑色像素的整体估计百分比,因为训练图像中有 13 个黑色单元和 12 个白色单元,所以在这种情况下,概率为 $13/25 = 52\%$。

(3)给定 52% 的概率,通过随机抽取决定是给这个单元黑色还是白色。假设这个随机抽签的结果是黑色。

(4)随机挑选另一个单元。

(5)给定前一个访问单元模拟为黑色,这个单元是黑色的概论是多少? 这取决于黑色和

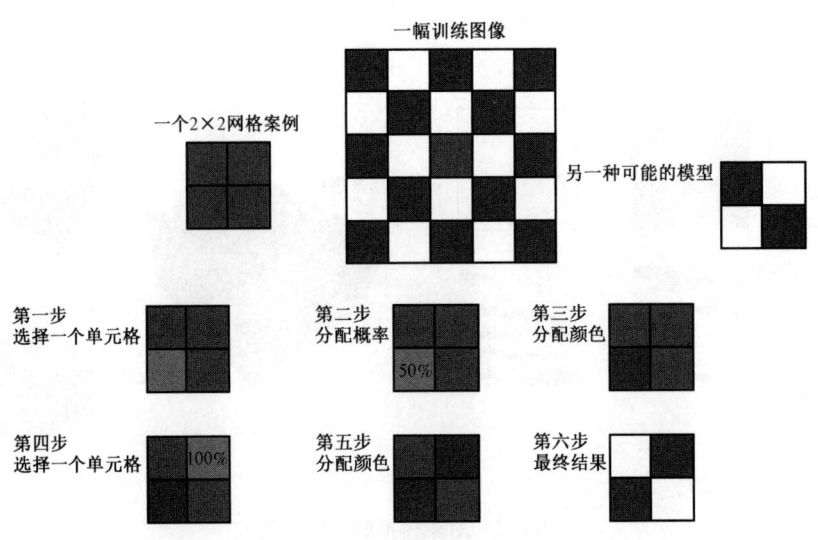

图 6.3 2×2 网格序贯模拟的详细步骤

白色单元的特定安排,即空间连续模型。根据在训练图像中描绘的模式,唯一可能的结果是有一个黑色的单元,因此,概率为100%。

(6)根据相同的论点,其他两个单元将被模拟成白色。

通过改变网格单元访问的顺序或通过改变随机变量抽取[步骤(3)和(5)],将获得不同的结果。对于这个特定的情况下,只有两种可能的最终模型,每一种模型被生成的机会几乎相等。地质统计学术语中,每一个最终结果被称为"实现"。在这本书中称为地质模型。

6.3.2 基于训练图像的序列模拟

图 6.3 表明,序列模拟在 2×2 模型中强制形成了一个模式,该模式与训练图像的模式类似。在实际的三维地学建模中,训练图像表示了一个期望地质模型所描述的模式。对于采用大的三维训练图像的复杂三维模型,其建模过程与上述序列模拟步骤类似。给定前面模拟模型的类别,在地质模型的每个网格单元中计算有确定类别的概率(图 6.4)。给定其特定领域内有砂体和无砂体的数据值,和中央单元为河道砂体的概率的计算,通过扫描图 6.4 训练图像"复制"这个数据事件来实现:一个区域的中央砂体值可能有三个不同的事件,因此有砂体的概率是1/3,可通过随机抽取来分类。重复上述操作直到网格单元被填充满。此程序的结果是一个模拟的地质模型,它会显示一个与在训练图像中描述的类似的空间连续性模式。

在实际情况下,数据对某些确定值或类别出现提供局部约束条件。在序列模拟模型中,这种约束很容易处理,即通过向这些具有点数据(即具有直接单元值的数据)的网格单元分配(固定)类别值(图6.4)。包含这种约束条件的网格单元从未被访问过,它们的值也未被重新考虑。序列算法的本质是使所有模拟的领域单位值与数据一致。不像基于对象算法,序贯模拟方法允许在整个网格单元用同一个单个路径来约束数据,不需要循环。

6.3.3 三维地质模型的示例

考虑一个在潮汐控制系统的建模岩石类型的例子(表6.1),进一步说明了从训练图像中

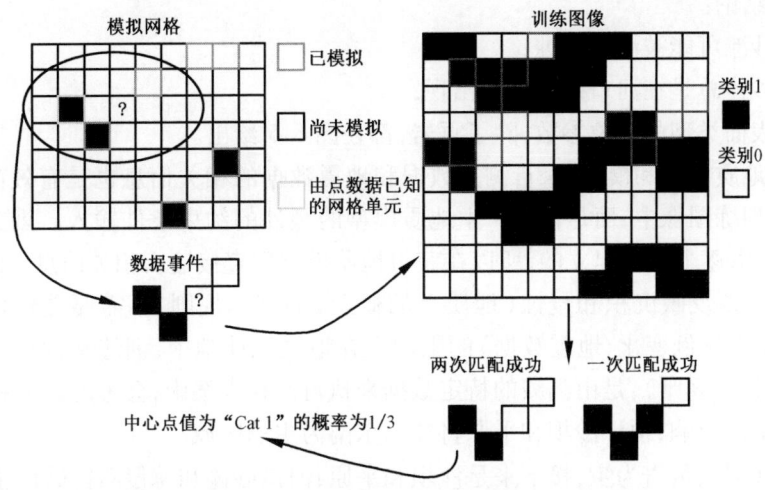

图 6.4 浏览训练图像来获取条件概率

导入真实地质模式的概念。考虑一个 149×119×15 个单元的网格,其网格单元大小为 40m×40m×1m。该模型包括 5 种岩石类型:页岩(50%)、潮汐沙坝(36%)、潮汐沙滩(1%)、河道砂体(10%)和海侵滞留砂体(3%)。使用无条件基于对象方法,按照下述地质规则构造一个训练图像(图 6.5)。

表 6.1 岩石类型关系与几何描述

相类型	概念上的描述	地层	长度(m)	宽度(m)	厚度(ft)
潮汐沙坝	细长的椭圆形/上反曲截面	任意位置	2000~4000	500	3~7
潮下带沙坪	薄片(矩形)	侵蚀的沙洲	2000	1000	6
河口砂体	薄片(矩形)	油藏顶部	4000	2000	8
海侵滞留砂体	薄片(矩形)	河口砂顶部	3000	1000	4

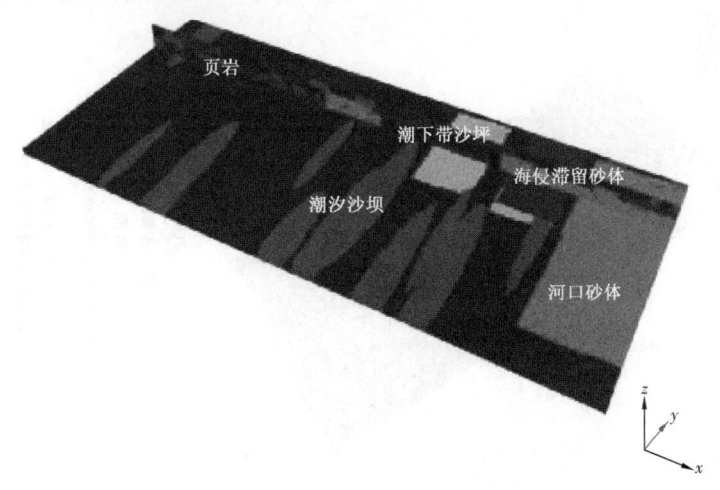

图 6.5 使用不受约束的布尔模拟方法生成相应的训练图像

得出以下结论：
(1) 潮汐沙滩可能被沙坝侵蚀；
(2) 海侵砂体总是在河口砂体顶部出现；
(3) 每个表面类型的对象参数，除了页岩，都在图6.5给出。

除了这些地质规则和模式，来自测井数据和地震数据的相关信息也是有效的。相关信息通常不被纳入训练图像中，而是作为产生地质模型的额外的约束条件输入。因为在序列模拟中，地质模型是由逐个单元建立的，所以在获得地质模型后直接输入相关信息，而不需要循环。训练图像仅仅需要反映沉积和侵蚀（地质上的概念）的基本规则，不需要受到任何具体数据（井的垂直和空中比例变化、地震数据）的限制。在地质统计学中，训练图像包含非位置的特定固定信息（模式、规则），是由油藏的特定数据来执行。在本案中，会考虑以下相关信息：
(1) 由于沿海影响，预计沙坝和平原将在以东南为主的区域。
(2) 模型底部以页岩为主，接下来是沙坝和平原，河口砂体和海侵滞留砂体主要在顶部。

使用从140口井中获得的各点数据，为每个类别估计一个空中比例地图和垂直比例曲线。图6.6显示了使用这种方法生成的一个单一的地质模型。该模型拟合了强加的侵蚀规则，与140口井所有的数据完全符合，并遵循比例图和曲线描述的趋势。产生的几何图形不会和布尔模拟图像模型一样鲜明使用；这项技术使用时有一些限制，但由于拟合数据和产生逼真的三维模型的整体联合能力的这些优点，使得它成为一项有吸引力的技术。

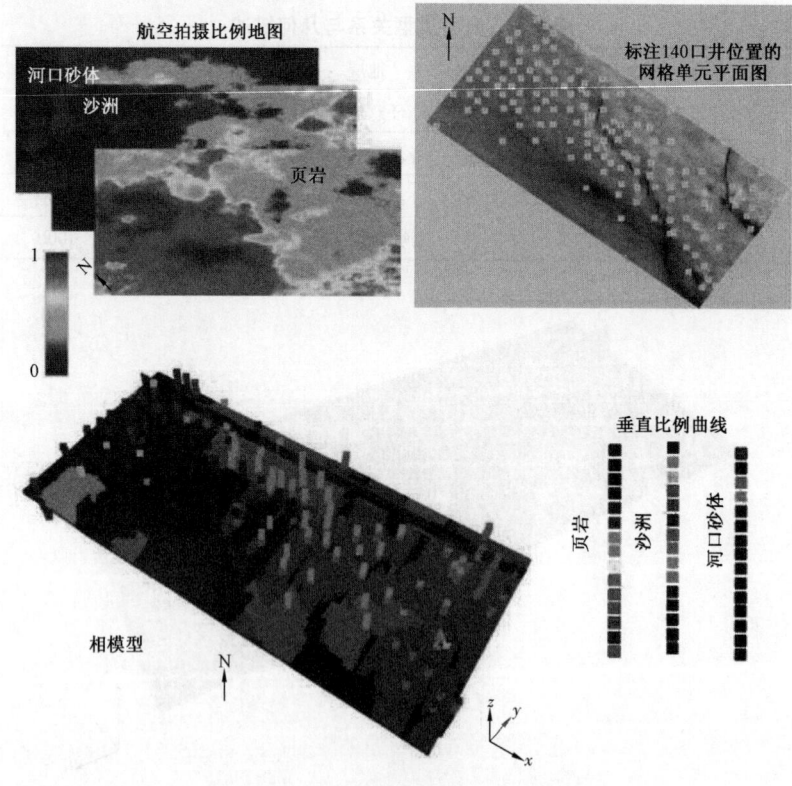

图6.6 三维地质模型训练过程案例

6.4 基于变异函数的方法

创建地质模型时使用布尔模型和基于训练图像的技术相对更容易解释和理解,使用变异函数产生的地质模型并不直观,并且需要许多理论支持,这些理论这里将不再讨论。但是其目的是相似的:建立一个地质模型,当计算产生单元值的变异函数时,可从数据或其他信息中获取近似的变异函数。显然,可以创建出许多这样的模型。现在首先讨论线性(空间)估算理论。

6.4.1 线性估算

线性估算的目标是估算一些未知量,通过对任何可以利用量值的线性组合来实现。一般使用权值 λ_α

$$z^*(u) = \sum_{\alpha=1}^{n} \lambda_\alpha z(u_\alpha)$$

式中 u 和 u_α ——在空间中的位置。

如果这是应用于空间的问题,那么它被称为空间估算。估算的目标是产生一个单一的、最优的对未知的猜测。估算值 z^* 的产生将取决于什么被认为是"最优的",此处不再进一步讨论这个概念,因为它是更高阶的统计书籍中的内容,也不是不确定性建模中最重要的,不确定性建模的目标不是去得到一个单一的、最优的猜测,而是选择研究方案。首先,对线性估算的一些老方法进行了讨论,实际上这是仅次于被称为克里金方法的一种技术。

6.4.2 平方反比距离

考虑要执行的空间估算,在此过程中,包含未知数据和样本数据是有意义的。考虑一个从3个采样点(图6.7,案例1)中估算未知数据的简单案例。案例2中,距离仍然是相同的,但数据发生了变化。

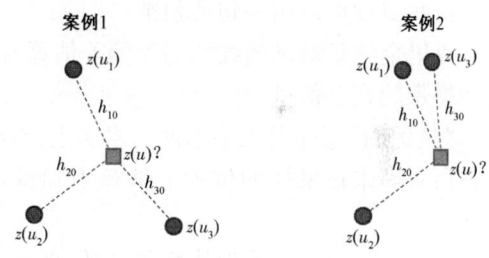

图 6.7 对两种不同数据配置情况的估算

从中可以直观看到,距离越大,获得的权值越小。关于 λ_α 的建议是:

$$\lambda_i = \frac{1/h_{i0}^2}{\sum_{j=1}^{3} 1/h_{j0}^2}$$

举例来说,

$$\lambda_3 = \frac{1/h_{30}^2}{(1/h_{10})^2 + (1/h_{20})^2 + (1/h_{30})^2}$$

或者,关于反比距离:

$$\lambda_i = \frac{1/h_{i0}}{\sum_{j=1}^{3} 1/h_{j0}}$$

欧几里得距离 h 对有关地质学本身没有太多意义,它只是一个距离(图 6.7)。因此,一个简单的改进可以得到地质距离:

$$\lambda_i = \frac{1/\gamma(h_{i0})}{\sum_{j=1}^{3} 1/\gamma(h_{j0})}$$

即使有这个改进的距离,反比距离法也不是最好的技术。考虑到在图 6.7(案例 2)中修改的情况,如果选择这两种情况(数据配置)来估算未知数,哪一种将被优先选择呢?直观来看案例 1 会更加有利,因为样品可以更均匀地分布,反比距离法在这两种情况下对样本 1 和样本 2 给予同样的权值。存在这样一个问题,因为在案例 2 中,由样本 1 和样本 2 所共享的信息估计大多是未知信息。事实上,如果两个样本相距很近,则它们是高度相关的。因此,一个样本可能足以为估算未知值提供信息。反比距离法没有考虑信息的冗余。在下一节中介绍的克里金法被作为一种技术,在分配权值时能够解释冗余信息。

6.4.3 普通克里金法

普通克里金法是一种空间插值技术,修正了许多反比距离法估算的问题。普通克里金法其实并不"普通"。这只是一个名字,目的是将其与许多其他形式的克里金法区分开来。在本节中,对克里金法的数学细节将不作讨论。相反,笔者将尝试概括克里金法的属性并了解其功能。这些属性可以用一句话归纳:

克里金法是最优的线性的无偏差估算器,能够说明数据与未知量之间的相互关系,以及数据所携带的冗余信息。

"最优的"意味着很多东西。事实上,有必要决定什么是"最优的"。在克里金法中,目标是在所有尚未被采样的位置上估算未知量。理想情况下,估算值应该尽可能接近真正的未知量。

克里金法是一个线性估算器,它使真正数值和估算值之间的均方差误差最小。例如,若应用反比距离法就会发现均方差误差会较大。这里的平均是指考虑到了所有未采样位置。

此外,克里金法提供了一种无偏差估算。也就是说,如果克里金法重复使用较多的次数,那么其平均误差将会接近于零。克里金法使用了数据和要估计的未知量间的相互关系,同时说明了数据间的相互关系。

为了计算估计值,需要找到权值 λ_α,克里金法在本质上求解了一个线性方程组。对于有 3 个数据值这样一个简单的问题(图 6.7),系统方程为:

$$\begin{bmatrix} Var(Z) & C(h_{12}) & C(h_{13}) \\ C(h_{12}) & Var(Z) & C(h_{23}) \\ C(h_{13}) & C(h_{23}) & Var(Z) \end{bmatrix} \begin{bmatrix} \lambda_1 \\ \lambda_2 \\ \lambda_3 \end{bmatrix} = \begin{bmatrix} C(h_{01}) \\ C(h_{02}) \\ C(h_{03}) \end{bmatrix}$$

这个克里金法矩阵也可以称为冗余矩阵,因为它估量了数据点间的冗余。参照了在第5章定义的协方差函数。

6.4.4 克里金方差

每一个估计方法都会产生误差。最优的估计值也不会与真值相等,除非真实值可被采样。这个误差一定存在,但至少有一个平均误差值的概念。克里金方差提供了一个关于误差量级的想法。本质上,如果反复进行多次估算,那么克里金法方差将会估算真值和估计值之间差异的方差。无须费太大周折,就能够简单列出来自于普通克里金方差的方程:

$$\sigma_{OK}^2 = Var(Z) - \sum_{\alpha=1}^{n} \lambda_\alpha C(h_{0\alpha})$$

6.4.5 序列高斯模拟

6.4.5.1 创造一个不确定性模型的克里金法

克里金法的目标是为未采样位置的未知值提供一个最佳猜测。这并不是本书的目标,本书的目标是不确定性建模。不确定性需要对真正的未知值提供多个备选方案,或者提供一个反映对这个缺失信息的概率分布。这个概率分布需要以可用的数据为约束条件。回顾前面的三维训练图像方法,这个条件概率分布可直接从三维训练图像中得到。因此,这种概率值取决于在三维训练图像中看到的空间的变化。在基于变异函数的地质模型中,可以使用克里金法按照以下方法得到上述概论分布。

首先,有必要假设提供一个可供研究的空间变量的变异函数或协方差模型。假设(这是一个值得考虑的假设)任何未知位置的条件分布是高斯或正态分布函数。然后,如果知道高斯分布的均值和方程,那么根据高斯条件分布,可以得到未采样值的不确定性模型。克里金法是确定均值的一个很好的候选方法,可作为一个最佳猜测,它提供了在这个位置可期望的"平均"值。克里金法方差对于反映"平均"值周围的变化是一个最佳候选方法。注意,克里金法权值取决于变异函数(或协方差),所以不确定性分析中包含了空间连续性模型。如上文所述,一旦知道如何确定这个条件高斯分布,就可执行序列模拟。这种技术被称为"序列高斯模拟"。

6.4.5.2 使用克里金法实现(序列)高斯模拟

为了执行序列高斯模拟,需要假设所有分布都是标准高斯型。这也意味着边缘分布,也就是说,变量的直方图是(标准)高斯型。这种情况很少见;许多从现场获得的样本值不是高斯型的,为了克服这个问题,在随机模拟之前就把变量转换成高斯型变量。第2章中对数据转换技术进行了讨论。当模拟完成后,执行一次"循环",这与第一个循环完全相反。完整的序列高斯模拟算法概括如下:

(1)将任何样本(硬)数据转换为标准的高斯分布。
(2)将数据分配到网格单元中。
(3)对所有网格单元循环,定义一个随机路径。
(4)对于每个网格单元:

① 由克里金法决定每一个相邻数据值或以前的数据模拟值的权值分配;
② 以克里金法的均值和方差决定高斯型分布的均值和方差;
③ 从此分布中抽取一个值。
(5)将所有值转换为原始分布。

图 6.8 是一个序列模拟的示例。使用的输入变异函数在有 40 个网格单元范围的水平方向上和有 10 个网格单元范围的垂直方向上是各向同性的;没有块金效果。变量的样本(在这种情况下是多孔的介质)沿着井筒是有效的。图中 3 个模拟的地质模型反映这个变异函数,也将其约束到样本数据值中。

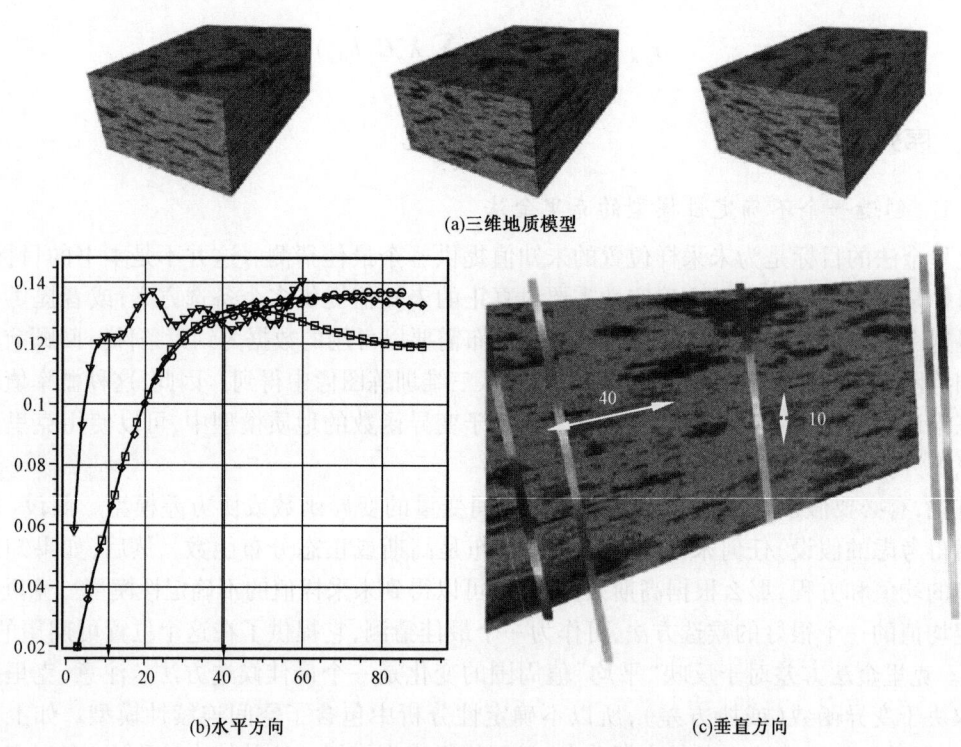

图 6.8 使用序列高斯模拟产生 3 个三维地质模型(a),
从一个模型中计算变异函数,为两条水平方向(b)和垂直方向(c)

【参考文献】

[1] Chiles J P and Delfiner P. 1999. Geostatistics:Modeling Spatial Uncertainty,John Wiley&Sons,Inc.
[2] Daly C and Caers J. 2010. Multiple – point geostatistics:an introductory overview. First Break,28,39 – 47.
[3] Hu L Y and Chugunova T. 2008. Multiple – point geostatistics for modeling subsurface heterogeneity:A comprehensive review. Water Resources Research,44,W11413. doi:10. 1029/2008WR006993.
[4] Lantuejoul C. 2002. Geostatistical Simulation,Springer Verlag.

7 用数据约束空间模型的不确定性

在建立地质模型和约束模型不确定性时存在一个常见的问题,该问题在于将数据源与数据结合起来,数据源并不是直接的,而且它的尺度与建模尺度不同。而数据则可以提供更直接的信息,如可通过抽样获取数据。

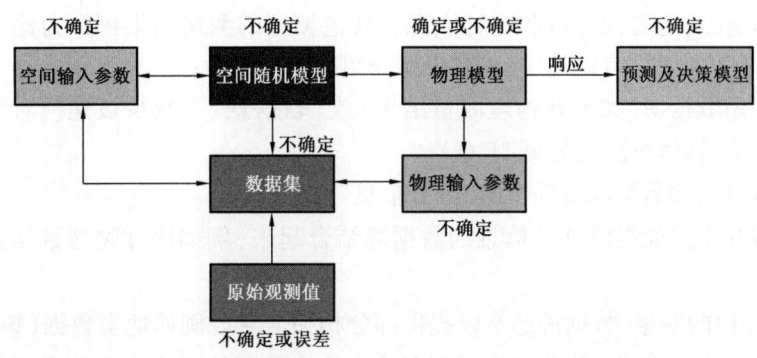

7.1 数据集成

数据集成的概念是:在对有用的属性或变量建模时有许多不同的数据源可以利用。接下来的问题是如何将这些数据源结合起来对有用的空间变量建模。理想的情况下,获得的数据越多,变量的不确定性就越小。变量的不确定性取决于每个数据源所携带的未知信息量的多少,以及决定未知量时某一数据源关于其余数据源的冗余度。本书到目前为止已处理了两种类型的信息:(1)硬数据或在建模尺度上的变量直接测量数据;(2)空间连续性信息。也就是说,它是在有用的并以空间方式分布的特性之上的信息,就像在变异函数、布尔模型或三维训练图像模型中建模的一样。在本章中将考虑其他所有的数据源。地学建模中的常见例子是遥感数据或地球物理测量数据。在建立地质模型和约束条件模型不确定性时存在一个常见的问题,该问题在于将数据源与数据结合起来,数据源并不是直接的,而且它的尺度与建模尺度不同。数据可以提供更直接的信息,如可通过抽样获取数据。下面将介绍两种方法:(1)概率方法,该方法相对直观并且易于应用,但可能忽略了用来建模的属性和数据之间的某些确定的联系;(2)逆向建模方法,该方法可以获得更多的信息,但往往对计算机要求很高,或从根本上说,"过度破坏"了正在努力解决的问题。在本章中可认为原始测量值已被转换为适合建模的数据集。但也应当理解,在这样的转换过程中可能需要大量的处理和解释过程,因此,数据集本身是不确定的。若要表示这种不确定性,可以生成多个替代数据集。本章的剩余部分将就其中一个替代数据集的处理方法进行讨论。

7.2 基于概率的方法

假设试着建模的三维地球现象中有各种类型的数据,这些数据通常可分为两组:样本数据和地球物理测量结果。通过样本数据可在小范围内得到一个详细的分析(尽管这里的范围是相对建模问题而言的);这些可能是土壤样本、岩心样本、井壁采样、测井采样、压力及空气污染测量等。通过地球物理测量数据可了解到各种遥感技术,应用这些遥感技术可以获得地球或被建模表示的"图像"(例如合成孔径雷达、地震和地面穿透雷达)。也许有各种各样的地球物理数据源(如电磁、地震、重力)和各种点源。其他类型的测量结果可作为建模对象的指示器;一般此类信息称为"软信息"。在本节中将介绍以下几方面:

(1)如何使用数据源(如地球物理测量结果)或"软信息"来减少被建模对象的不确定性(并产生最佳决策,具体方法同见第11章)。

(2)如何解释这些数据源所提供的"部分信息"。

(3)如何将几个只能提供部分信息的数据源结合起来(例如地球物理数据源或其数据点样本)。

对于试图建模的对象,数据源通常仅提供部分相关信息。例如地震数据(第八章)未提供孔隙度或渗透性的测量数据,这些特性对于多孔介质中的流体而言是十分重要的;反之,地震数据提供了孔隙度等级指标的测量值。卫星数据在气候建模中并不直接提供精确的温度信息,仅提供温度变化指标。根据这些标准,可分两个步骤来将这些数据包含在不确定性模型中:

(1)校准:每个数据源包含多少信息?或者每个数据源中的信息内容是什么?

(2)集成:如何将这些不同来源的信息内容整合到同一个不确定性模型中去呢?

7.2.1 信息内容的校准

数据源中所包含的信息量依赖许多因素,例如测量布局、测量误差、测量值的物理特征、建模的规模等。

首先应对数据源的信息内容进行量化建模。在概率方法中使用条件分布(第2章)。回顾一下,条件概率分布 $P(A|B)$ 建模了给定一些信息 B 时某些目标变量 A 的不确定性。在本案例中,变量 B 为数据源,变量 A 则将被用来建立模型。如果 $P(A|B) = P(A)$ 则表明变量 B 不包含任何有关变量 A 的信息。现在的问题是 $P(A|B)$ 如何确定。

确定这样的条件概率需要更多的信息,更确切地说是需要数据对 (a_i, b_i),这是由试图建模的对象和数据源联合观测得到的。这意味着在限定区域中必须对真实的地质模型以及它的数据源进行观察。在应用案例中,在样本的位置上获取 A 以及 B 的信息是有可能的。

例如,从测井数据中可能得到孔隙度测量值,从地震数据中则可能得到用三维模型显示的地震波阻抗的测量值(或其他地震属性)(图7.1)。这些数据提供了孔隙度和地震波阻抗的测量值,可以用来绘制一个散点图(图7.2)。由此散点图便可以计算概率 $P(A|B)$,在事件"$A = (孔隙度 < t)$"中,对于一些阈值 t 和"$B = (s < 阻抗 < s + \Delta s)$"(图7.2)。这样将会产生

一个新的概率函数：

$$P(A\mid B) = \varphi(t,s)$$

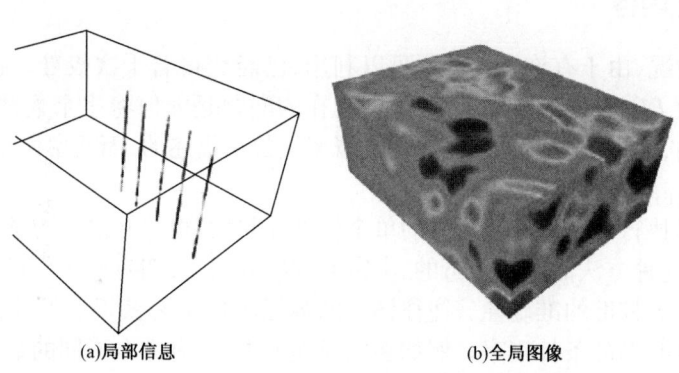

(a)局部信息　　　　(b)全局图像

图7.1　校准数据集图像

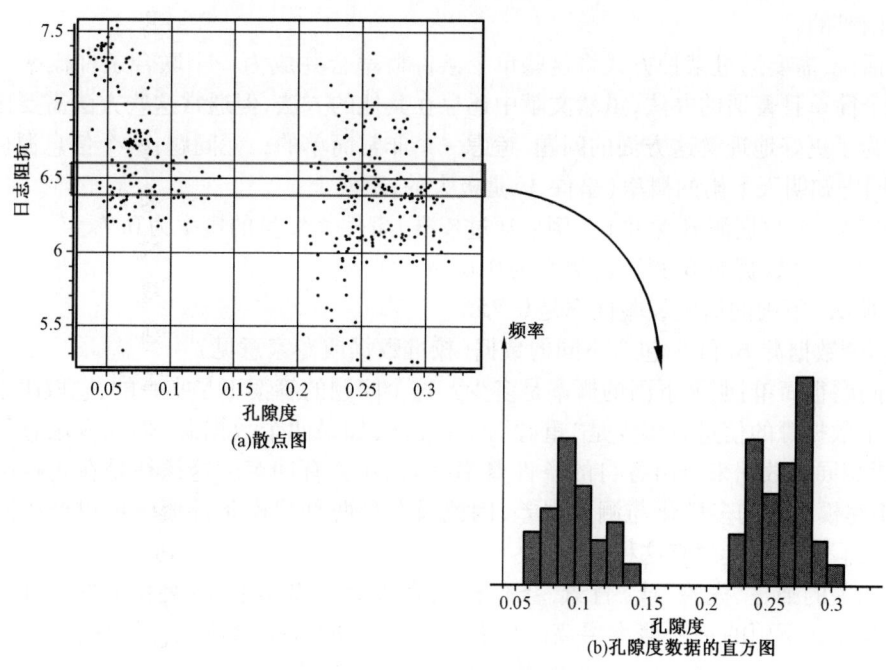

图7.2　通过使用散点图(a)来校正从地震所得出的孔隙度(b)

一旦有了此函数，关于任何 t 和 s 的条件概率都可以求解；这个函数被称为"校准函数"，即测量地震波阻抗信息中携带了关于孔隙度信息的数量。也有许多其他方法获取此函数。物理方法如岩石物理学可能获得该函数，或者如果在其他领域也是类似的情况的话，便选择使用统计技术从属于其他领域的数据集中提取出该函数（例如回归方法中的神经网络）。

图7.1中，样本提供详细信息，但只有局部信息(a)；陆地的地质学图像提供了一个模糊的但可以纵览全局的图像(b)。在采样地点一般采取这两种观测方式。

通过给定窗口范围的地震波阻抗数据来考虑孔隙度,从图7.2(b)中可以看出,计算小于一定阈值的孔隙度的频率是可行的。

7.2.2 集成信息内容

考虑到这种情况,由于有许多数据源可以利用,已经获得若干次校准。换句话说,已经获得了几个概率函数 $P(A|B_1)$、$P(A|B_2)$,…。现在的问题是如何将多个数据源的信息结合进同一个概率模型内,数据源的信息是通过条件概率函数来描述的,而概率模型则是基于所有数据源的,即:$P(A|B_1,B_2,…)$是什么?

另一种方法是执行涉及所有数据源的单个校准,同时获得合并之后的条件概率,但此方法难以实现,或者说这种方法需要高质量的、丰富的校准数据集;拥有许多变量的单个校准,需要大量的数据以确保此校准的准确性。往往详尽的数据集也不易获得。另外,来自不同领域的专家有可能提供这些局部条件概率。例如在气候建模中,具有完全不同的数据源,如树木年轮增长、冰芯、花粉和海床沉积物,使用这些数据源来预测气候变化,其中每个数据源都需要不同领域的专业知识。将所有的数据源集中在一起,然后希望能直接准确地预测气候的变化,这显然是十分困难的。

换句话说,需要通过某种方式将这些单个条件概率合并成为一个联合条件概率。在这里仅提供一个简单且普通的办法,虽然文献中还存在其他的方法,但通常这些方法需要作出类似的假设。为了更好地理解这方面的问题,考虑一个非常简单的二元问题:两个信息源(事件 B_1 和 B_2)共同告知明天下雨的概率(事件 A)是极大的,事实上:

(1)从第一个数据源 B_1 来推论(例如通过校准)事件 A 发生的概率为0.7。

(2)从第二个数据源 B_2 得到的概率为0.6。

(3)"明天"下雨的历史经验概率是0.25。

(4)两个数据源 B_1 和 B_2 包含不同的数据(校准数据或专家意见)。

这个问题很简单:明天下雨的概率是多少?这个问题的答案不是唯一的,它取决于确定事件 A 时每个数据源的信息有多少是"重叠"的。显然,如果两个数据源(例如专家意见和校准数据)使用相同的数据来得出各自的条件概率,那么就会有冲突。这往往是在实践中遇到的情形,由于建模方式的多样化与测量误差,因此没有哪两种建模条件概率可以产生同样的结果。但此处假设理论上没有这种冲突。

与之相关的则是"先验"或"背景"条件概率为0.25。事实上,与之相关的是这两个数据源的预测概率比下雨的一般概率要高。要获取"重叠"的数据源信息,需要引进一个新的术语,即数据冗余。数据冗余衡量了在预测某个事件中所使用的信息源有多少"重叠"信息。如果完全"重叠",则有信息源是多余的(可以把其中一个去掉)。冗余与依赖性不能相混淆。数据冗余总是与一个目标事件有关(A = "明天下雨")。依赖性则是信息源 B_1 与 B_2 之间的相关度,与目标 A 无关。因此,数据冗余会随目标事件 A 的改变而改变。有时数据源信息是完全多余的。例如,如果将相同内容的《纽约时报》买上100份(100个信息源),也不会比只买一份获得更多的有关新闻的信息。但是,购买两份不同的报纸与购买一份相比,在获取特定信息上则可以提供更多不同的见解(如果它们没有共享相同的信息源)。如果你让100名专家独立地观察一些数据来为某些现象做出结论,则这些专家将会比将所有专家集中同一处产生更少的数据冗余,因为他们可能会对正在发生的事情持同样的观点,从而互相影响,或求助"羊群效应",这样最后可能就只有一个专家的声音,因此数据冗余更多。

数据冗余是很难"被测量"或量化的,它需要对未知目标的信息源的本质作出假设。如果其本质很难确定,那么可以从一个假设开始,再检查得到的结果是否合理。可以作出如下假设:

无论是否获得信息源 B_1,信息源 B_2 对事件 A 的相对贡献是相同的。

此声明确实包含了一些数据冗余假设,即无论是否知道信息源 B_1(它并没有说明未使用信息源 B_1!),我们如何使用信息源 B_2 来确定事件 A 是相同的。然后,下面是此语句的概率量化。首先考虑如下由条件概率导出的量化:

$$b_1 = \frac{1 - P(A|B_1)}{P(A|B_1)}, b_2 = \frac{1 - P(A|B_2)}{P(A|B_2)}, a = \frac{1 - P(A)}{P(A)}$$

每个这种标量值可以被视为一个距离,即如果 $b_1 = 0$,则 $P(A|B_1) = 1$,因此信息源 B_1 可以确定关于事件 A 的一切,同时如果 $b_1 = $ 无限,那么信息源 B_1 可确保事件 A 不会发生。求:

$$x = \frac{1 - P(A|B_1, B_2)}{P(A|B_1, B_2)} \Rightarrow P(A|B_1, B_2) = \frac{1}{1 + x}$$

如果仔细观察该假设,那么可以等同以下内容:

$$\frac{b_2 - a}{a} = 当没有信息源 B_1 时,信息源 B_2 的相对贡献$$

注意这是一个怎样的相对贡献,即在知道信息源 B_1 前相对于已知的贡献。在知道信息源 B_1 之前已知先验概率 $P(A)$,或根据距离化简 a。

$$\frac{x - b_1}{b_1} = 当信息源 B_1 已知时,信息源 B_2 的相对贡献$$

现在即为信息源 B_1 的相对贡献,因此,可以使用如下方程公式化假设:

$$\frac{b_2 - a}{a} = \frac{x - b_1}{b_1} \Rightarrow x = \frac{b_1 b_2}{a} \text{ 或 } P(A|B_1, B_2) = \frac{a}{a + b_1 b_2}$$

如果回到本示例中,然后可使用上述公式来计算概率:

$$P(A|B_1, B_2) = 0.91$$

这表明,对于明天是否下雨,从这两个数据源来考虑要比单独使用数据源更有把握。换句话说,模型的假设将两个数据源的信息强制"混合"在一起(或重新加强)。

7.2.3 不确定性空间建模的应用

接下来考虑如何在空间的不确定性中使用数据冗余模型。回顾一下,空间的不确定性是通过生成若干个反映空间模型连续性的地质模型来表示的。利用上述思想便可以建立一个替代的地质模型集,这些模型集除了是空间连续性模型外,也是其他数据源的反映。考虑地球物理数据的例子,确定地质模型中每个网格单元中砂岩是否存在。可使用概率函数 $P(A=$砂岩 $|B_2)$;B_2 是地球物理的信息。这意味着网格单元中每个位置都拥有地球物理测量数据,这种测量数据可以通过校准功能替换为条件概率。图 7.3 中列出了一些实际案例,给定的地球物理

信息中表示了砂岩分布的概率(在此情况下,没有显示地震数据)。图7.3(a)是用训练图像所表达的空间连续性。可在这里建立一个地质学模型,其具有较多河道砂体,并且该河道砂体含有砂岩的概率较大。这可以通过对序列模型方法的简单扩充来实现。

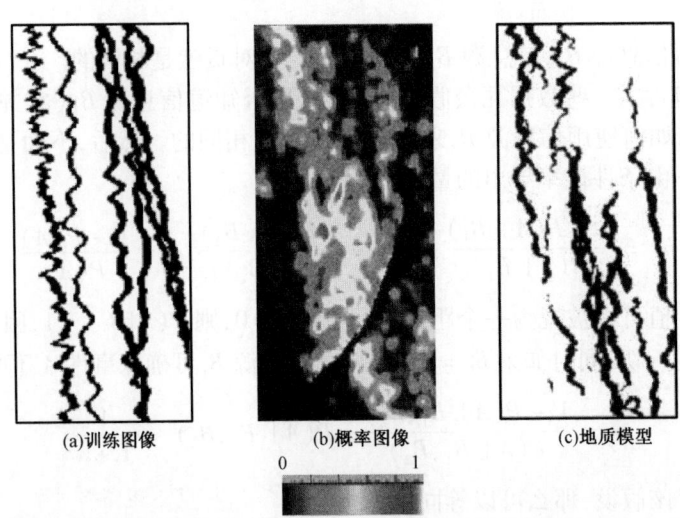

(a)训练图像　　(b)概率图像　　(c)地质模型

图7.3　训练图像(a),由地震产生的概率(b)和地质模型(c)

回顾序列模拟算法:
(1)将任意样本(硬)数据分配给模拟网格单元。
(2)定义一个可以在所有网格单元上循环的随机路径。
(3)在每个网格单元中:
① 给定数据及前一个模拟网格值,确定未采样网格值的不确定性,用条件概率描述。
② 通过蒙特卡罗模拟从该概率分布中取出一个样本值,并将其分配到网格单元中。
在这个算法中的步骤①现在包括以下3个步骤:
a. 通过扫描,由三维训练图像确定概率 $P(A|B_1)$。
b. 由砂岩概率立方体(在该网格单元位置)来确定概率 $P(A|B_2)$。
c. 使用上述公式来确定 $P(A|B_1、B_2)$(请注意概率 $P(A)$ 是砂岩的比例)。
在步骤②使用 $P(A|B_1、B_2)$ 来执行蒙特卡罗模拟法。图7.3(c)显示了使用该算法创建的地质模型范例。

7.3　基于变异函数的方法

当处理没有明显的空间变化的连续属性时,第5章中讨论的连续性空间变异函数模型是一个合适的选择。事实上,三维训练图像和空间连续性的布尔模型都假设了一个有明显且具体的空间变化,需要通过对象或概念化三维图像进行建模。

现在的问题是如何用额外数据源条件约束这些基于变异函数的地质模型,例如图7.1中的三维地球物理图像。回顾一下,变异函数模型是基于数据值之间的相关度。事实上,从相关函数开始讨论变异函数,从散点图及散点图之间的相关系数计算推导出这样的相关函数。对另一个数据源也将遵循同样的原则来对模型进行额外的约束。在传统地质统计学中，这个"另一个数据源"也被称为软数据。

考虑一个类似于引入克里金概念时所讨论的数据配置（图7.4）。然而，额外的软数据是有效且详尽的，就像地球物理学数据或遥感数据一样。由于统计这些数据是十分困难的，因此通常只保留同地协作（或至少一个更有限的量）的数据值来加以简化数据的统计。如果软数据的变化曲线确实更加平滑（例如图7.1和7.3），那么这就是一个合理的假设。软数据中平滑的变化使得用这样的数据估计未知量时属于数据冗余。现在可以简单地将线性估算进行扩展，以便包含这个额外的数值（注意，软数据和硬数据可能有不同的计量单位）：

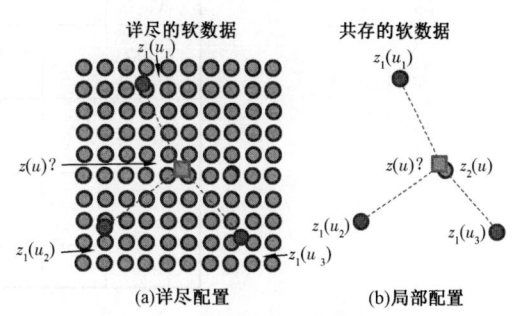

图7.4　软数据的两种配置

$$z_1^*(u) = \sum_{\alpha=1}^{n} \lambda_\alpha z_1(u_\alpha) + \lambda_{n+1} z_2(u)$$

这额外的权值取决于在 u 点的软数据 z_2 的测量和建模变量之间的相关程度。通过创建一个如图7.2的散点图并计算硬数据 z_1 和软数据 z_2 之间的相关系数，便可以很容易地获得这些信息。这在直观上是可以理解的：由于软数据并不提供信息，如果这种相关性为0，则权值 λ_{n+1} 不为0；同样的，如果相关性为1，则软数据可获取所有的权值，其余获取的权值则为0。这里并不给出权值的实际推导和计算过程；这是地质统计学书中的内容。重要的是记住除变异函数模型外，还需要额外知道相关系数。

一旦知道了如何使用克里金法来将额外数据源包含进来，则序列高斯模拟算法可叙述如下：

（1）将样本（硬）数据转换成为一个标准的高斯分布。

（2）将软数据转换成为一个标准的高斯分布。

（3）将数据分配到网格单元中。

（4）定义一个可以在所有网格单元上循环的随机路径。

（5）对于每个网格单元：

① 通过克里金法确定给每个相邻的数据值或之前的模拟值的权值，包括软数据相关的权值。

② 用克里金法求得的均值和方差确定高斯分布的均值和方差。

③ 从分布函数中抽取一个值。

（6）将所有值反向变换至原来的分布函数。

图7.5为一个案例，案例中有5口有孔隙度测量值的井（图7.1）。图7.1显示了散点图并计算了 -0.49 的相关系数。然后将这个相关系数包含在序列模拟算法中产生了一个地质模型（图7.5）。如果相关系数变为 -0.85，则会获得另一个地质模型（图7.5），与使用较低的相关性相比，此方法可以与软数据共享更多的特征值（出现高值、低值）。

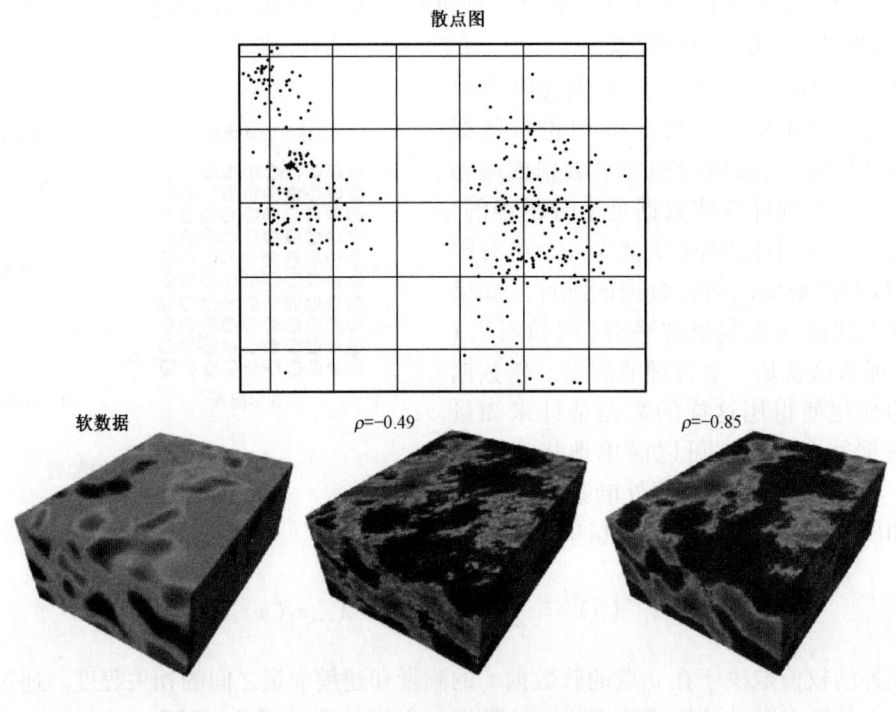

图7.5 软数据序贯模拟案例

7.4 逆向建模方法

在上述概率方法中,当用校准的数据集建模时,每个数据源的信息内容都可在条件概率中描述。如果这样的校准数据集对于建模变量(例如温度)与数据源(例如卫星数据)之间的关系是可靠并包含大量信息的,那么对于给定的数据集,这种方法就是有用的,可以快速地得到不确定性模型。校准数据集有时也可能是无效的,这样的数据集能提供的关于那些关系的信息并不完整。以一个简单的例子来说明,假设有一个校准数据集(图7.6)建模变量是A,数据源是B。如果采用图7.2中概率方法,那么在这些方法中,倾向于假设关系是线性的,没有理由假设其他关系(或至少没有数据建议这样的假设)。考虑到现在有更多关于A和B之间关系的信息,即存在一个物理定律适用于变量A和B;此外,物理定律规定它们之间的关系是周期性的(以一定的频率来变化)。假设这个物理定律会导致如图7.6所示的关系,这是完全不同于概率方法的假设。

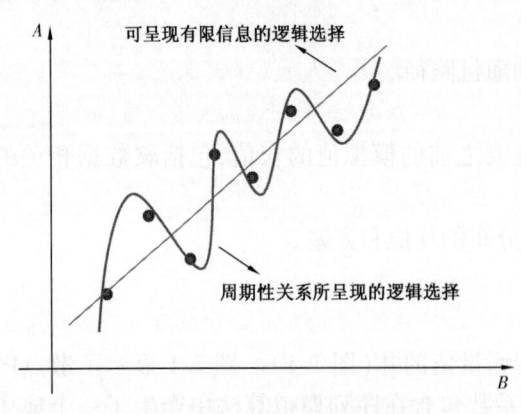

图7.6 A和B之间关系的两种建模方法

逆向建模的目的是为了包括模型和数据

之间概率(不确定性)以及物理(本书中视作确定性)关系,达到用数据条件约束模型不确定性的目的。逆向建模与应用概率方法相比更加困难且耗时,但可能会获得更真实的不确定性模型。然而这样的真实模型只和特定的决策问题有关(第 3 章物理学和确定性之间的建模)。第 11 章信息价值提供了作出该判断的方法。

7.4.1 贝叶斯法则在逆向建模方案中所扮演的角色

图 7.7 介绍了逆向建模所涉及的各种要素(图 3.2)。包含所有相关变量的空间模型已经建立;这需要空间中输入参数(第 5 章和第 6 章)。由于应用了一些测试,因此数据被认为是一个从地球上发出的"物理响应"(如地震信号、压力脉冲、随时间变化的温度)。例如可以在 X 位置用物体撞击地面并测量 Y 位置随时间变化的振动情况。这些振动提供了 X 和 Y 之间地下区域的一些数据。一个正演模型由建模(例如通过偏微分方程)或模拟(在电脑上)这些振动是如何由 X 位置到 Y 位置,这是针对在地球中所有属性空间变化的一个假想来说的(例如地质模型中的建模)。从正演模型中得到的响应是正演响应。此正演响应可以同数据进行比较。如果不匹配(Δ),那么就需要调整和改变,即可以改变许多情况(图 7.7)。

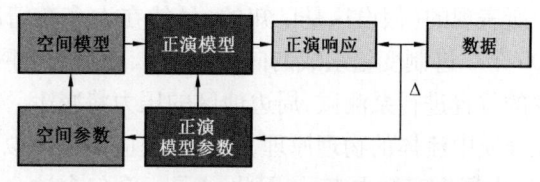

图 7.7　反演建模的元素

可改变的条件如下:
(1)用于生成地质模型的随机种子(或一组均匀分布的随机数)。
(2)用来产生地质模型的输入参数。
(3)正演模型及响应相关的物理参数。
(4)正演模型及响应相关的初始条件和边界条件。
(5)正演模型遵循的物理定律。
(6)数据可能不正确或容易出错,所以并不需要精确地匹配数据。

这些改变条件可以迭代很多次,也就是说这些改变可以被应用到地质模型中,可以计算正演响应和更新模型的不匹配误差。在这样做时,应当考虑两个问题:
(1)需要改变什么?
(2)需要如何改变这些(参数、条件、定律)?

没有任何一种方法可以完美地解决这些问题;通常这是基于专家的判断和在这些领域建模的专业知识水平,需要多种技术的组合。在这本书中(第 4 章),问题(1)已经得到了解决,在解决问题(1)时,应考虑以下两个准则:
(1)应该改变能够使数据更好匹配的事物。
(2)应该改变能够影响已构建模型的决策问题的事物。

传统观点认为逆向建模只考虑问题(1),即建立与数据相匹配的参数或变量。然而,如果不影响决策问题或如果改变不影响决策问题时,该变量或参数就不必完全与数据相匹配。在第 11 章——信息价值中,提供了一些在这两个问题的解决方法之间取得平衡的建议。

要弄清楚最"敏感"的是什么(无论是数据还是决策问题),同样参考了本书第 10 章和第 11 章关于响应的不确定性和信息价值,以获得在确定敏感度上的更多相关技术。第二个问题有很多的答案,也就是说有很多方法可以应用,但这些方法大多都限定在概率论和贝叶斯法则的框架内。在这样做之前,应考虑一个典型例子。

考虑一个地质模型 m,假设有多个属性的三维网格单元。考虑数据集 d,即,观察列表(比如代表上述振动的时间序列振幅);观察值是精确的,没有测量误差。如果取 $A = M$ 和 $B = D$(大写表示随机变量,加粗表示矢量),那么贝叶斯法则可简化为:

$$P(M = m \mid D = d) = \frac{P(D = d \mid M = m)P(M = m)}{P(D = d)}$$

下面将进一步探讨如图 7.8 所示的一个复合建模(即构建)的例子。此例为一个抽水实验被应用于水力传导率的复合生成区域(在一个多孔介质中测试每个流体流动的程度),这个区域有一个二进制类型的空间变化(通道与背景),相比较于背景和已知的数值而言,这个通道拥有更高的传导率。但并不知道通道的位置,只知道通道的"样式",如图 7.8(c)训练图像中所表现的(假设这是已知的,虽然在大多数情况下是不确定的)。因此,M 是一个由 100 × 100 个二进制变量组成的向量(1/0),表示每个网格单元间是否存在通道。在图 7.8 中的中心井的位置进行泵测试,周边地区的压力将减少。模拟这种压力下降的"压力模拟器"是基于多孔介质中流体的物理原理,其将会被应用以模拟压力下降。9 个位置的 9 个压力读数在图 7.8(a)中用十字标志表示;因此,d 是一个包含这 9 个压力读数的九维向量。现在的问题是找出所有通道空间分布的可能的变化来匹配这 9 个数据。

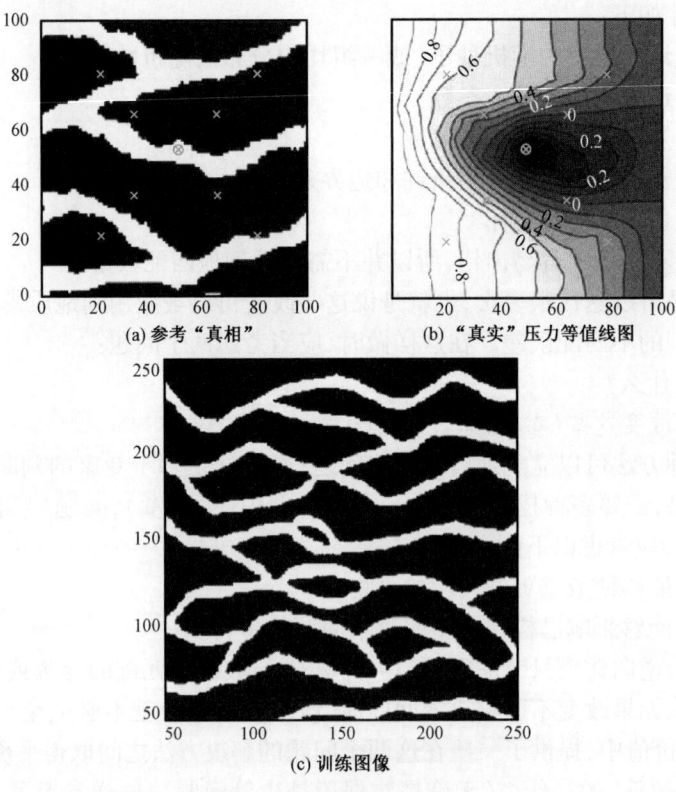

(a) 参考"真相"   (b) "真实"压力等值线图

(c) 训练图像

图 7.8 反演建模的案例研究

以一个简单的例子来解释贝叶斯法则所起的作用,其中 m 和 d 是离散单变量,这可以很容易地建立概率模型。考虑到 d 已经被测量,其值为 $d=1$。m 有 10 种可能的结果:$0,10,20,\ldots,100$;但是,甚至在考虑其他任何数据之前,m 的值也比其他的变量更容易获得。例如 m 可以是在一个三角洲的含水系统中的砂岩比例。在世界各地,人们可能已经检查了许多类似的含水层系统,并从已经检查的含水层中得出先验概率表(表 7.1)。

表 7.1 含水层系先验概率表

m	先验概率 $P(M=m)$
0	0
10	5%
20	20%
30	30%
40	25%
50	10%
60	10%
>60	0

假设 d 是物理测量值(单位并不重要),有一个用于提供应用了 g 的 m 的正演响应的物理规则表(表 7.2)。

表 7.2 正演响应的物理规则表

m	$g(m)$
0	1
10	1
20	1
30	2
40	2
50	2
60	3
>60	4

显然,如果 $d=1$,只有三种解决方案是可行的,即 $M=0,10$ 和 20。每个解决方案的概率是多少?它们是相等吗?如果考虑贝叶斯法则,则取决于这 3 种解决方案的先验概率,即 $P(M=m)=0,5\%$ 和 20% 以及 d 的先验概率。但无须知道 d 的先验概率(不需要),因为所有的 m 值和概率 $P(M=m|D=d)$ 必须等于 1,因此可以简单地重新标准化 5% 和 20% 使得其和等于 1(根据先验概率 $M=0$ 的情况不可能出现):

$$P(M=10\mid D=1)=20\%$$

$$P(M=20\mid D=1)=80\%$$

$P(D)$ 可以用如下方法确定（第2章）：

$$P(D = d) = \sum_{m=0}^{100} P(D = d | M = m) P(M = m)$$

请注意，在这种情况下，如果 $m = 0,10$ 和 20，则 $P(D = d | M = m)$ 为 1，其他概率为零；因此：

$$P(D = 1) = 100\% \times 0 + 100\% \times 5\% + 100\% \times 20\% = 25\%$$

现在假设有测量误差的情况。测量误差到底是什么？用概率术语说明，如果重复多次相同测量，会得到不同的结果，这可以在实例 $d = 1$ 中测量，但测量值可能是不正确的；例如，如果再次进行测量可以使用 $d = 2$ 来代替。然而，测量值（$d = 1$）并没有说明什么是测量误差。那么怎样才能使用一个通用的方法来量化这个误差？首先，测量误差是测量对象函数，是有意义的：一些数值（m）比其他数值更容易测量。例如，测量一个大的数值可能比一个非常小的数值更容易。为了模拟这种依赖性，可以利用如 $P(D = d | M = m)$ 这样的条件概率来表示测量误差，即如果 M 是一个给定值 m，那么测量特定值出现的概率是多少？如果定一个特定的值 d，这种概率是 1，那么就意味着没有误差；这个概率被称为似然概率，如果对多个 m 值进行多次重复测量，这个概率才可以被确定。在实践中却不能这么做（成本太高），因此可以依靠过去的经验或实验并建立误差模型（为测量值和模型 g），并假设一些似然概率，（本书中不介绍）。假设这些似然概率已经确定：

$$P(D = 1 | M = 10) = 75\% \text{ 和 } P(D = 1 | M = 20) = 25\%$$

如果应用贝叶斯法则，在测量出 $D = 1$ 的情况下，可以得到：

$$P(M = 10 | D = 1) = \frac{75 \times 5}{75 \times 5 + 25 \times 20} = 0.428$$

$$P(M = 20 | D = 1) = \frac{25 \times 20}{75 \times 5 + 25 \times 20} = 0.572$$

请注意，分别独立地定义一个先验概率和一个似然概率是存在风险的：在似然概率中对于条件为 $M = m$ 的所有事件来说，所有的先验概率为零（或者非常小）；此情况在实践中经常发生。

现实中的地质模型 $\boldsymbol{M}$ 和 $\boldsymbol{D}$ 是多维的，但是它们适用于相同的概率规则。如同前面章节中所讨论的一样，其目的是建立一些地质模型来代表模型不确定性。首先，考虑建立没有数据 $\boldsymbol{d}$ 的地质模型。在第 6 至第 8 章中介绍的技术都可用于生成这些地质模型，称这些地质模型为 $\boldsymbol{m}^{(1)}, \boldsymbol{m}^{(2)}, \dots, \boldsymbol{m}^{(L)}$，并考虑将它们从一些先验模型 $P(\boldsymbol{M})$ 中抽样得到。然而，这种先验概率没有被明确的确定，由于 m 的高维度使得确定先验概率变得十分困难，这组模型被称为"先验地质模型"。图 7.9 中为 9 个这样的先验地质模型 $\boldsymbol{m}^{(j)}$，这些模型是使用第 6 章讨论的训练图像技术生成的。接下来，在这个可能很大的数据集中（远远超过 9 个不存在），必须去寻找与数据相匹配的地质模型：

$$\boldsymbol{m}^{(i)} \text{ 即 } g[\boldsymbol{m}^{(i)}] = \boldsymbol{d}$$

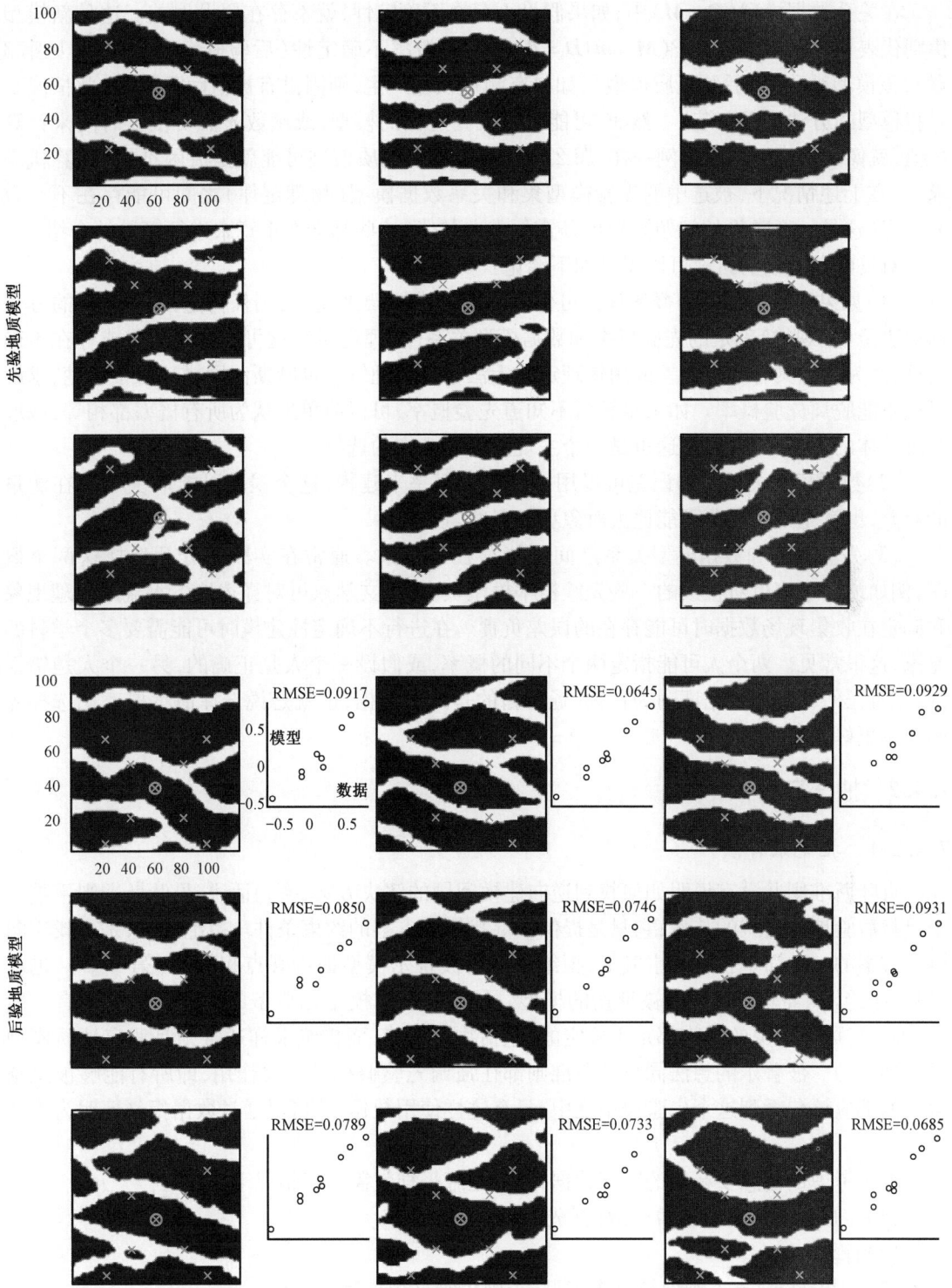

图 7.9 9 个先验地质模型和 9 个后验地质模型

均方根误差(RMSE)表示在 9 个观测地点它们如何匹配数据;每个图右边的小十字圆点显示了 9 个压力测量值的不匹配

在关系数据模型($D—M$)中,如果假设不存在不确定性,就不存在假设误差。这种新模型集则代表了后验概率分布 $P(M=m|D=d)$ 或后验概率不确定性(后验概率包含数据;见第3章);该模型被称为"后验地质模型",如果有测量误差产生,则因没有被精确匹配(在此情况下寻找模型的方法见下一节)。然而,可能没有找到这样的模型,或函数 g 需要很长时间来计算数值;就像数值模拟器的示例一样,那么发现多个后验地质模型可能就是极困难的(计算机需求)。在上述情况下,被选中的先验模型集和关系数据模型(物理定律)之间可能存在不一致的情况(这是一个常见的问题);可能还需要专业技术,这些都会在本章末进行简单的介绍。

对贝叶斯准则的讨论可以得到如下结论:

(1)如果贝叶斯准则和概率理论可作为一个建模框架来使用,则任何逆向求解 m 的方法都取决于(主观的)确定的先验概率和数据模型关系(物理定律),这可能容易出错或存在不确定性,因为数据具有测量误差或用物理定律无法很好地理解。贝叶斯法则描述得很清楚,求解过程不能脱离先验概率。如果求解时不知道先验概率,可以简单地认为所有概率都相等,或取非常具体的高斯分布,同样这也是一个主观的先验概率的选择。

(2)数据模型关系中的误差可以用一个条件概率来建模,这个误差可能取决于正在测量的对象,也就是说小对象可能比大对象更难以衡量。

(3)先验概率和数据模型关系之间可能存在不一致。通常在实践中分开选择这两个概率;例如地质学家可对生成的一些先验概率模型负责,水文学家可对详述地下水流的物理现象和确定在收集现场数据时可能存在的误差负责。在进行不确定性建模时可能需要多个学科的专家,这很常见。两个人可能指定两个不同的概率,或假设一个人是正确的,另一个人是错误的,没有任何明确的证据证明为什么(通常指的是此类数据,也就是说选择似然概率比选择先验概率更好)。

7.4.2 抽样方法

7.4.2.1 拒绝采样法

贝叶斯准则并没有说明如何找到逆向建模问题的解决方案,换句话说,贝叶斯准则不是一个寻找后验地质模型的技术;它只是提供了寻找解决方案的约束条件。拒绝采样,是寻找逆向解决方案的一个简单技术。事实上,拒绝采样与波普尔模型证伪观点一致(第3章),也就是只"拒绝"从经验数据上已被证伪的模型。虽然波普尔模型比典型的拒绝抽样更具有一般性,即一切可以想象的事物都是不确定的,包括物理定律,而拒绝采样通常则是假定地质模型是不确定的。波普尔的想法同贝叶斯准则都在强调先验概率的重要作用,即所有能够被想象得到的都应该包括到这个先验概率之中,只有这样使用数据,才可以通过数据拒绝证明为伪的事物。

首先考虑的是想要精确的匹配数据,那么拒绝采样就需要包括以下操作:

(1)生成与任何先验信息一致的(先验)地质模型 m。

(2)计算 $g(m)$。

(3)如果 $g(m)=d$,则保持这个模型,否则拒绝这个模型。

(4)转到步骤(1),直到发现所需数量的模型。

在这种简单的拒绝采样形式中,没有与数据精确匹配的模型[定义为 $g(m)=d$]都被拒绝。建立地质模型遵循贝叶斯法则，因为只有从先验模型中建立的模型才是有效的模型。如果先验模型与 g 不一致，也就是说，没有发现任何模型可匹配，那么就应该改变 g 或先验模型的生成方式。通常情况下，选择哪一个模型来改变并没有客观唯一的标准。需要注意的是，为了生成一个先验模型，可以考虑以下几个不确定性的参数：训练图像、随机数种子、变异函数、平均值等，这些"参数"都是可以改变的。在步骤(1)中的参数是随机变化的，例如，如果对训练图像不确定，并已经指定了两个可能的训练图像，一个概率为35%，另一个概率为65%，那么地质模型的35%应使用训练图像1来生成。这就是说地质模型与先验概率模型保持一致。如果更多的参数是不确定的，那么至少应当将所有的参数都视为独立变量并进行随机抽取(第2章)。

在大多数情况下，没有必要达到与数据的完美匹配，因为在指定的数据与模型关系中存在许多误差。这种不确定性可通过条件概率 $P(D|M)$ 来指定。在这种情况下，下面改变过的拒绝采样(此处不给出证明过程)已经被证明是符合贝叶斯准则的：

(1) 生成与任何先验信息一致(先验)地质模型 $\boldsymbol{m}$。
(2) 计算 $g(\boldsymbol{m})$。
(3) 接受概率为 $p = P(\boldsymbol{D} = \boldsymbol{d}|\boldsymbol{M} = \boldsymbol{m})/P^{\max}$ 的模型 $\boldsymbol{m}$。
(4) 转到步骤(1)，直到发现所需数量的模型。

第(3)步需要多一点的阐述。$P^{\max}$ 是条件概率 $P(\boldsymbol{D} = \boldsymbol{d}|\boldsymbol{M} = \boldsymbol{m})$ 的最大值。按给定概率 p 接受一个模型的步骤如下：

① 从均匀分布抽取 p^* (第2章)。
② 如果 $p^* \leq p$，则接受模型，否则拒绝。

将拒绝采样应用于图7.8的复合案例研究。唯一未知的是通道的位置，因此仅仅只有空间不确定性，没有参数不确定性(假设已知训练图像和任何其他参数)。按如下方式指定似然概率：

$$P(\boldsymbol{D} = \boldsymbol{d} | \boldsymbol{M} = \boldsymbol{m}) \simeq \exp\left[-\frac{RMSE(\boldsymbol{m}, \boldsymbol{d})^2}{2\sigma^2}\right]$$

其中 $\sigma = 0.03$，以及

$$RMSE = \sqrt{\frac{1}{9}\sum_{k=1}^{9}[g_i(m) - d_i]^2}$$

图7.10中，$RMSE$ 是均方根误差，该函数被称为高斯似然函数，当数据与正演响应之间的不匹配性变大时此函数值会变小，即在9个压力数据 d_i 和9个正演模拟压力响应 $g_i(m)$ 之间误差会变小。在图7.9中，显示了150个地质模型中与数据匹配的9个模型，这些被称为后验地质模型。要获得这150个地质模型，就必须进行重复拒绝采样大约10万次，也就是说，生成10万个模型并按上述步骤进行测试。这些模型的概要如图7.11所示。为了概括这些模型需要计算总体均值(EA)，这是图像集中所有图像的均值：

$$EA = \frac{1}{L}\sum_{\ell=1}^{L} m^{(\ell)}$$

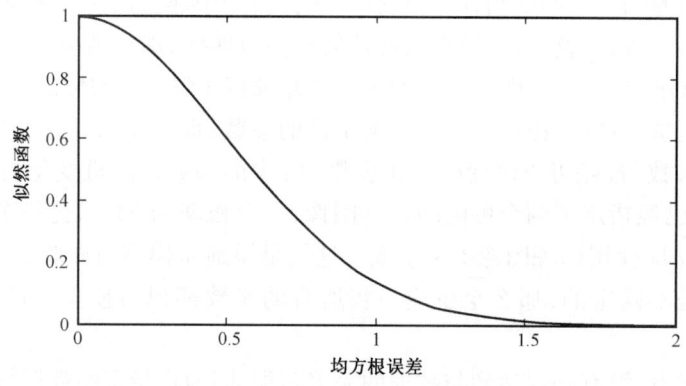

图 7.10 似然函数示例

在本例中为高斯似然函数,注意概率 $P_{max}=1$

接着,计算总体标准偏差:

$$ESD = \sqrt{\frac{1}{L-1}\sum_{l=1}^{L}\left[m^{(l)} - EA\right]^2}$$

这也被视为图像之间的局部变化的一些度量。如果把二进制的图像进行叠加,就可以获得通道出现(在案例中指的是河道)的概率。图 7.11 显示了 150 个先验地质模型和 150 个后验地质模型的压力图的总体均值。显然,先验模型与后验模型之间的压力不同,这意味着数据源的信息是关于正在建模对象的信息。因此,后验模型的标准偏差比先验模型小,其大多数发生在中央地区抽水井的位置附近。同时也要注意先验模型不包含所有通道的具体位置的有关信息(因此左下角是灰色)。先验模型只是给出了通道分布的"样式"。

7.4.2.2 Metropolis 采样

拒绝采样完全遵循贝叶斯准则,在这个意义上被称为"精确"的采样器。然而,这种精确性需要代价:为了在总体中获得足够多的后验地质模型,以便得到一个适当的不确定性模型,这可能需要花费大量的计算机计算时间。有人可能会认为,没有必要完全遵循贝叶斯准则。这是一个有效的论点,因为不确定性建模框架中的许多数据都是不确定的,如先验概率、数据和物理定律(第 3 章),并没有客观的标准来检验和验证这些是正确的。就像任何法律、原则和规则一样,贝叶斯准则只会导致"内部一致性"(第 3 章)。因此,贝叶斯准则应该看作是一个模板或框架,而不是一个真理,它可以解决很多问题,而且通过一个较好的概率原理解决了一致性问题。完全放弃这项准则可能(但不一定)导致人为地降低不确定性,这将在下一节讨论。

与拒绝采样略有不同,但更有效(需要少量迭代)的采样器是 Metropolis 采样。此采样有许多形式,其最简单的过程步骤如下(这里没有证明过程):

(1)生成与任何先验信息一致的(先验)地质模型 *m*。

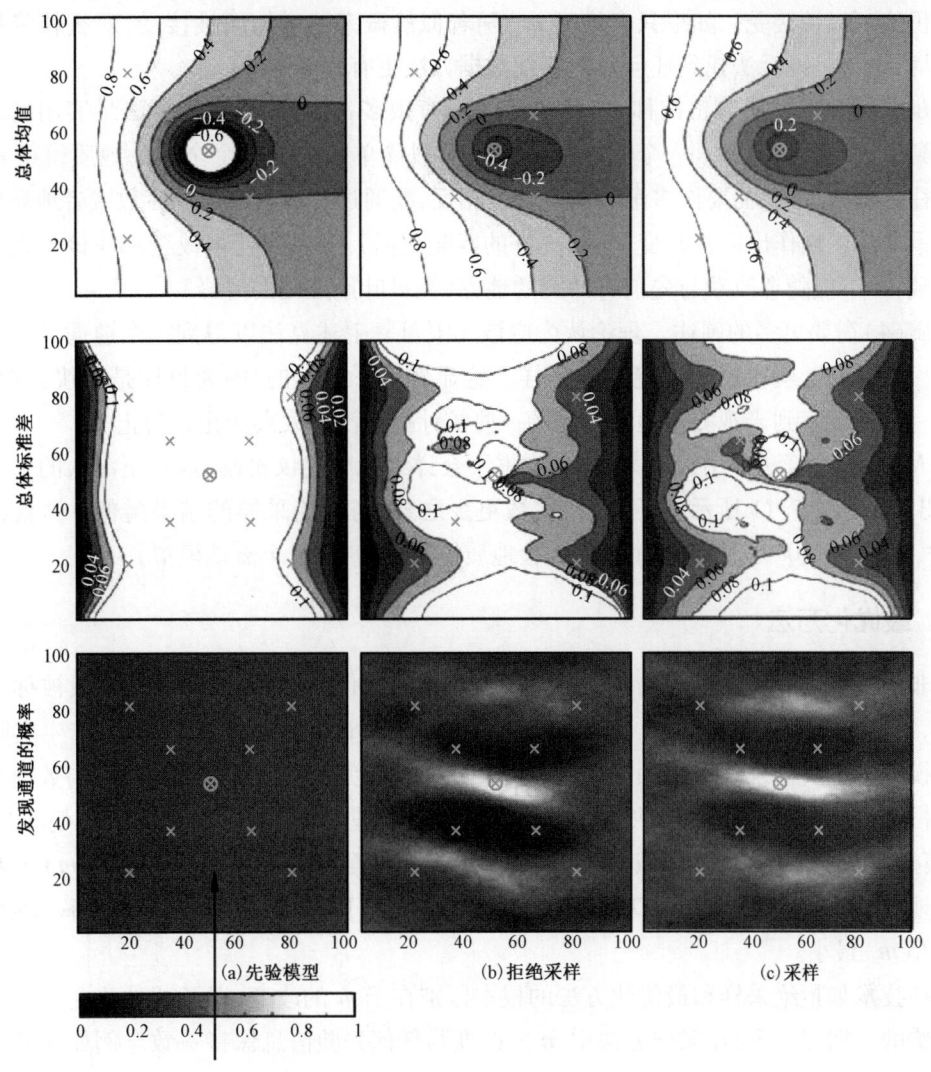

图 7.11 统计均值、标准偏差和在无数据(a)、拒绝采样(b)
以及 Metropolis – Hastings 采样(c)情况下发现通道的概率

(2) 建议改变 m,但应确保这种变化与任何先验信息是一致的,将此变化称为 m^*。

(3) 如果 $P(D=d|M=m) < P(D=d|M=m^*)$,则接受 m^*(把 m 现在称为 m^*);或者接受 m^* 的概率:$p = \dfrac{P(D=d|M=m^*)}{P(D=d|M=m)}$。

(4) 回到步骤(2),迭代多次直到"收敛"。

(5) 保留"收敛"后仍存在的地质模型。

此机制的原理是,随着似然概率的增加,模型便一直都能被接受,但即使模型有较低的似然概率仍然可以被接受。如果只有模型 m^* 随着似然概率的增加而被接受,那么就将很快地陷入困境,也就是说无法找到任何对与匹配数据方法更有效的改善。

在步骤(2)中,此步骤也被称为"建议步骤",有很多自由度,并且该算法最实用的地方是在于找到更好的变化机制。一个例子"变化"就可以简单地建立一个全新的地质模型 m^*,但是这往往是低效率的,需要许多渐进的变化。相反,要通过考虑最敏感的参数或者地质模型中认为更重要的区域作出一些改变(例如更好的匹配数据)。然而,任何改变都应该与先验信息保持一致,即不能随意改动与先前有冲突的地方(见贝叶斯准则的注释)。

步骤(4)需要更多的阐述。理论认为应该无限重复上述算法以得到一个遵循贝叶斯准则的地质模型,因此,就相当于拒绝抽样一样。这显然是不实际的,因为目标是尽快获取模型。相反应一直迭代直到未观测到地质模型的一些统计摘要没有太大变化时为止。

将 Metropolis 算法应用到本案例中(本书不会详细说明建议机制,这是更深入的书中的内容)给出结果如图 7.11 所示,除了迭代次数更少之外,与拒绝采样的结果类似。迭代次数约 8000 次,可产生 150 个地质模型(每个后验地质模型大约有 50 个流动模拟)。

7.4.3 最优化方法

并非所有的求逆解决方案的技术都使用贝叶斯准则作为指导,这些技术一般被称为最优化方法,它们往往比采样技术更有效,如拒绝采样和 Metropolis 采样,但一般不产生实际的不确定性模型。事实上,优化技术的目的不是模型的不确定性,它仅仅是找到一个与数据相匹配的地质模型,并拥有一些其他可取的特性。优化技术,如基于梯度的优化、总体卡尔曼滤波、遗传算法、模拟退火或搜寻方法如邻域算法直接致力于数据匹配问题:寻找 m,使得 $G(m)=d$;或者更一般地,找出 m,使得概率 $P(D=d|M=m)$ 最大;或上下文中的高斯型似然概率:寻找 m 使得 $RMSE(m)$ 最小。

采样技术如拒绝采样和最优化方法的根本区别在于 m 的改变,以及这种改变是如何被接受或拒绝的。回想一下,在采样方法中 m 的改变与任何先验信息保持一致。例如在基于梯度的优化方法中,变化即为从每个迭代步骤中都可以使均方根误差减少或似然概率的增加(这里不讨论如何做到这一点的,这是优化方法的专门书籍所阐述的)。然而,由优化方法确定的减少取决于使用的特定优化方法(例如使用梯度法),及并不一定使用先验信息(例如训练图像所表示的)。换句话说,优化方法将产生一个逆解方案 m,甚至不是初始先验数据集的一部分,因此违背了上述的贝叶斯准则。还应该意识到,简单地获得相关问题的逆向解决方案,并不意味着有了一个真实的不确定性模型。例如,可以应用相同的算法但具有不同的初始模式,然后观察多个从这些不同的出发点获得的不同解决方案。观察表明有许多解决方案,但是这些解决方案并不一定(其实很少)是贝叶斯准则下的现实的不确定性模型。

在这本书中,先验信息被认为在不确定性建模上是非常有价值的,特别是在对于决策问题十分敏感的参数上有较大的不确定性的情况下。如果不确定性较小,那么不确定性模型可能并不会排在待解决问题的首位。在这种情况下,优先选择最优化方法。

【参 考 文 献】

[1] Dubrule, O. 2003. Geostatistics for seismic data integration in Earth models. SEG 2003 Distinguished Instructors Short Course.
[2] Strebelle S, Payrazyan K, Caers J. 2003. Modeling of a deepwater turbidite reservoir conditional to seismic data using multiple – point geostatistics. SPE Journal, 8(3), 227 – 235.
[3] Tarantola A. 2005. Inverse Problem Theory and Method for Model Parameter Estimation, SIAM publications.

8 结构不确定性建模

本书的主要论题是不确定性建模,所提出的明确的问题是:如何建立多个结构模型来作为不确定性的表达或模型?这不是诸如规则网格单元上建模性能的一个小问题。各种各样的地质一致性约束条件以及自动化建立结构模型的难度,使建模成为一项艰巨的任务。

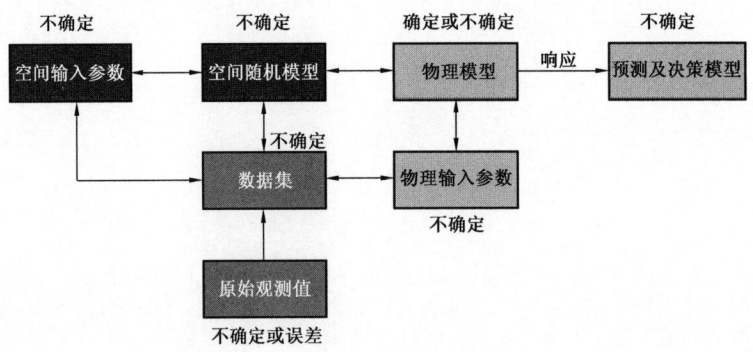

8.1 概述

前面的章节中介绍了可以在简单笛卡儿网格单元上表示属性和变量的空间模型。提及的各种空间连续性模型,这些空间连续性模型用来产生可能由数据约束的替代地质模型,替代模型忽略了模拟这些属性的结构框架和网格单元。在某些情况下,该框架是一个简单的网格单元、表面或体积,例如代表地球大气层中分层的网格单元。但是,在许多情况下,尤其是在对地表下岩石层建模时,被建模的地下结构非常复杂(图 8.1),需要将感兴趣的区域划分单位,这是基于地质学上的考虑(计划过程、年代、岩石类型)。这些单元被三维地层表面(如断层、水平面)所限制,这些三维地层表面可以用已有的观测数据来建模,然后作为一个结构框架以创建一致的网格单元。此外,还可能要对地质历史上地表的变化建模,因此网格单元会随着时间发生变化。

结构框架可由经典 CAD 技术来表现,比如参数线、表面和网格单元。此外,地质表面建模需要用特殊方法来实现典型的地下数据建模,并保证模型与地质过程的一致性。

当涉及地质表面建模,并考虑相关的不确定性,区分以下三个特点是很重要的:

(1)拓扑结构,它可描述表面的类型(球形、圆环形、开放形状、孔等)和地层间的连通性,例如一个断层与另一个断层的关系。当对象经历了连续变形,对象的拓扑结构不会改变(图 8.2)。

(2)几何形状,即在空间中的三维位置和形状。在数字化地质模型中,它一般由一些节点的位置和节点之间的插值方法给出(直线、样条曲线等)。

(3)对象的特性或者属性,可以是岩石性质(孔隙度、土壤类型等),物理变量(温度、压力)或几何性质(例如局部斜率或曲率)。

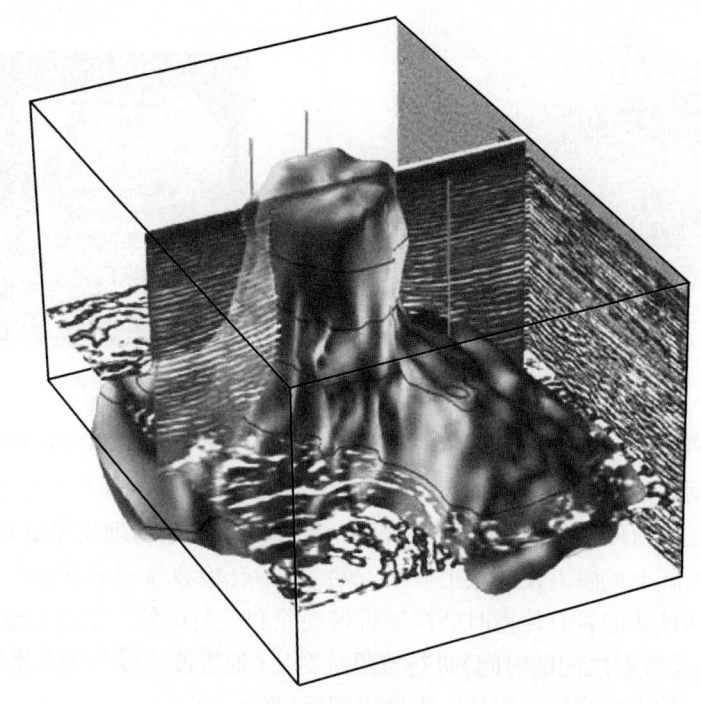

图 8.1 地震数据所代表的复杂结构(盐丘)

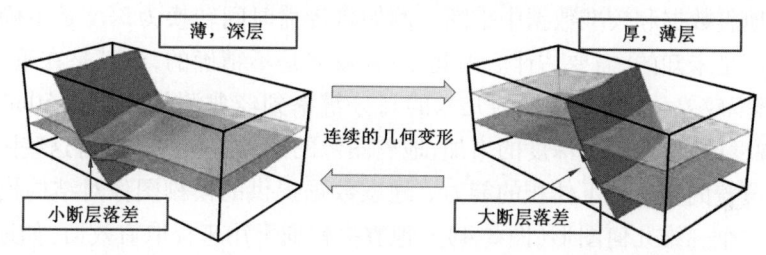

图 8.2 具有不同几何形状相同拓扑结构特点的两个地质学表面模型邻接关系

本章的重点是为地下岩层(局部或全局规模)建立结构模型,并处理与地质构造相关的不确定性。因为关于各属性的不确定性在前面的章节中已讨论,本章主要讨论的是相关的几何形状和拓扑结构模型的不确定性。所以本章具体针对有关地下岩层建模中的数据和问题的;当然,这些技术也可用于其他地球科学应用,比如化石的分类和从遥感数据映射到地球表面的数据。本章不对建立模型结构提供详细论述,而是介绍分类结构建模中的不确定性元素,因此在三维地质模型的不确定性建模中起到关键作用。

8.2 地下结构建模数据

结构建模中最常用的数据是通过地球物理调查如地震调查(图 8.3)或电磁(EM)来获得地球物理图像。这些可以是基于陆上或者空中的测量值,甚至使用卫星数据(合成孔径雷达数据)检测地面运动。

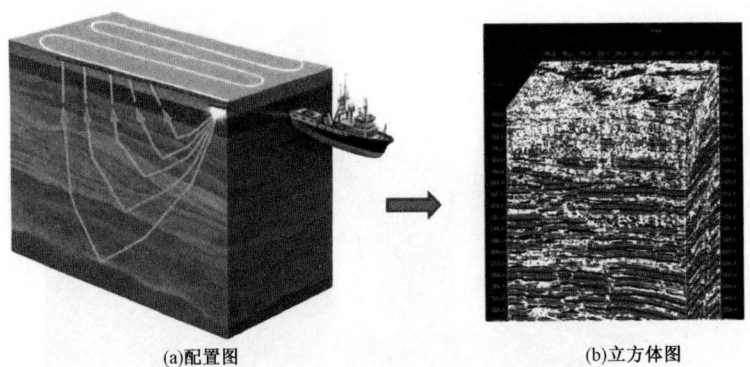

(a)配置图　　　　　　　　(b)立方体图

图8.3　在海上地震勘探的震源和接收器的配置(a)以及由此产生的三维处理的地震数据立方体图像(b)

地球物理数据对一个地下岩层切面(例如二维地震)或整体的体积(例如三维地震)提供了完整的地下覆盖。所使用的地球物理数据是一系列复杂地球物理现象处理的结果。例如，地震数据是基于在陆上或海上发射人工振动(源)，用一套检波器记录其回声。由振动源发射的地震波经过不同性质的岩石传播时会产生折射现象和反射现象。把这个地震波信号作为时间函数(发射源和检波器之间的时间)进行波阻抗对比(地震波速度与岩石密度的乘积对比)。震波图分析将原始数据变成了可用的三维地震图像(图8.3)。

地震数据处理过程是非常复杂的，其计算要求很高，需要进行更正和过滤操作，其参数一般从测井原始地震数据和校准数据中推断。例如将传播时间转换为深度是不确定的，因为地震波的传播速度是未知的，需要估计。因此，地震数据是不精确的，尤其是在垂直方向上的数据。此外，分辨率较差(从用于浅处的几米的高分辨率到经典测量的20~50m分辨率)。最后，由于信号幅度的衰减，随着深度的增加，地震图像的意义变弱。尽管有这些限制，地震数据的价值在于它覆盖的整个地下体积的能力。地震数据提供的模糊图像对结构模型极为重要，因为它提供了一个三维几何图形(图8.4)。地震振幅通常用来提取有效面(如地平线、不整合面、断层等)。由于地震数据图像是模糊的，这种提取需要通过人工方式进行繁琐的解释。换句话说，就是需要地震解释员花费数小时坐在电脑屏幕前，使用软件来选择与地质特征相对应的点，这些点可帮助创建地表面直至生成一个建模结构的框架。

8.3　地质表面建模

结构建模的典型输入值是一个表示该表面最可能存在的位置的三维样本集。在考虑如何处理不确定性时，将首先提供一些如何表示被这些数据约束的可能的结构模型细节。

结构模型是主要岩石边界的理想化结果，一般由每个表面的离散数据集合表示。例如，一个连续的表面通常由形成三维空间中二维网格单元中的平面多边形集近似。从解释点到创造一个表面需要经过图8.5中的几个步骤：

(a)建立工作点集。

(b)—(c)确定表面的横向范围，例如数据点的凸包(数据点周围的伸展可想象成松紧

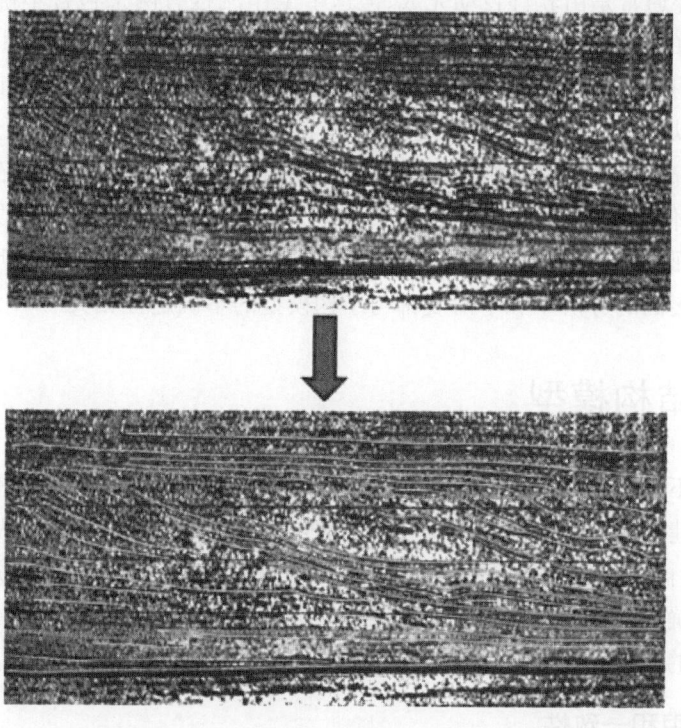

图 8.4 三维地震数据立体建模中的一个二维切片

带),或者研究域的平均平面的交集。

(d)用点轮廓和平均平面创建一个具有特定水平细节的平面模型。

(e)—(f)平面模型变形使其更接近数据。

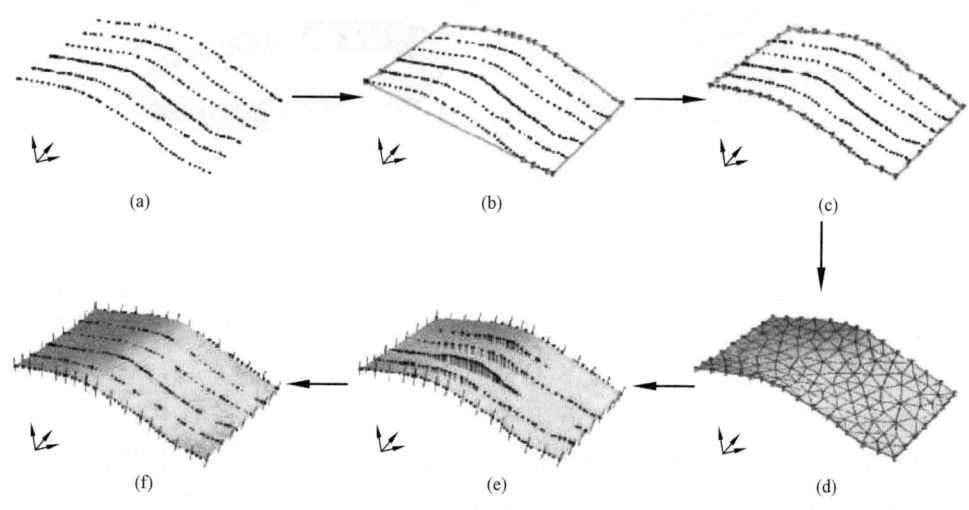

图 8.5 拟合曲面步骤

虽然这些步骤通常是由软件自动完成,但这个工作流程有两个包含不确定性建模主要的决策。首先,表面的分辨率说明在最终的表面中展示了多少几何细节。理想情况下,模型应该是一个能反映可用数据并且不丢失信息的最小规模(例如平滑变化区域有较少的三角形和点,而高分辨率区域密度较高)。然后,通过选择比数据间隔更粗糙的表面分辨率,将细节信息作为噪声,平滑高分辨率,是很合理的。其次,当岩石被埋在地下时,在岩石变形和破裂的过程中,为了反映最低能量原则(或热力学第二定律)远离这些点的表面一般设置为光滑的。建模者可以控制表面的平滑度和数据拟合之间的平衡,并用简单物理原理分析有多少点的解释是可信的。最终表面的分辨率和平滑度都与结构模型的不确定性相关。

8.4 构建结构模型

地下岩层的不连续性是由于沉积条件、侵蚀、构造事件的变化,如断层、褶皱或地下流体的晚运动。前面构建三维表面以描述三维几何形状不连续性,如对水平线和断层的描述。在构建结构模型时,不再一次只处理一个表面,但需要考虑表面之间是如何相互关联的。对地质表面之间关系的正确建模对确保数值模型的一致性非常重要。这里数值模型由地质有效性条件和加强这些条件的几何形状和地质约束。

8.4.1 地质约束和一致性

三维空间的数值模拟可以产生数学上正确但并不能代表任何有效自然对象的形状(图 8.6)。由于地学建模数据往往是稀疏且带有噪声的,三维建模依赖于自动化和交互式的一致性检查,使得能够产生有效的结构模型。

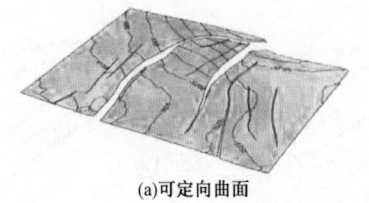 

(a)可定向曲面　　　　　　　　　　(b)不可定向曲面

图 8.6　可定向曲面和不可定向曲面(莫比斯环)

前文,介绍了创建三维数据点约束的表面。这些数据点通常标记出了两个不同性质自然体的共同边界,例如属性的差异或某个不连续性的存在。正因如此,地质界面可以被看作是一个磁铁,其两侧有着不同的极化。这样两个界面是可定向的。一个著名的非可定向曲面的示例是莫比斯环[图 8.6(b)],它不能被自然创建。表面的侧界确定了一个特定的层或块(断层)。由于体积一致性表面不能自相交;由一组表面定义的体积不能重叠。例如,在图 8.7 中阴影线的部分属于两个层,而这个层是没有任何地质意义的。一系列的地质过程可对地质对象进行层次结构划分。产生的结果是两个岩石体之间的交界面由其他面界定。例如,代表地平线的面不能浮在空中,其界面必须依赖于其他自然表面,如断层面或边界面。此规则的唯一例外是断层,因断层表面的边界可以浮在空中,这就是所谓的"无效投掷"(图8.7)。

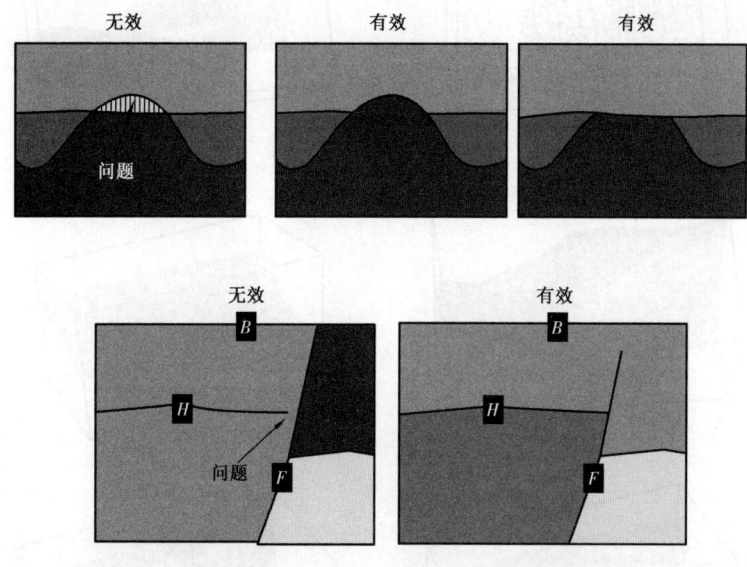

图8.7 地下断层和层面的有效和无效组合

上文定义的标准是执行地质有效性的唯一必要条件。定义充分条件将更加困难,需要构造地质学和沉积学中更高层次的概念。在建模过程中,执行这样的条件在本质上既不容易也不适用,而且需要所研究领域的详细的地质学预分析。或者,用一些建模类型数据或者物理定律对模型进行一致性检测;这个后验检查通常需要大量的计算。

8.4.2 建立结构模型

关于建立表面的相关知识和建立一个一致结构模型所需要的各种条件,建立模型可以分为以下基本步骤(图8.8):

(a)收集断层和地表上的数据集(如基于地震数据的解释)。
(b)用数据独立地创建断层面。
(c)根据以上地质一致性规则合理地连接断层。在这个阶段存在不确定性(值得注意),因为地下数据很难在不连续处提供清晰图像。建模者应该在类比推理和详细分析数据(例如区域构造演化历史、井间水力连通性等)的基础上决定对断层的连接模式。
(d)根据数据点构建地平线表面。
(e)通过断层网络单元和更新每个断块内部的水平几何形状,对地平线进行切割。
(f)合并断层和水平表面。

这些步骤背后的逻辑定律遵循大部分地下表面结构的演变规则,也就是说首先创造出水平线(层),然后是水平层的变形和断层创建。因此断层在时间上出现比较晚,应该首先加以建构。

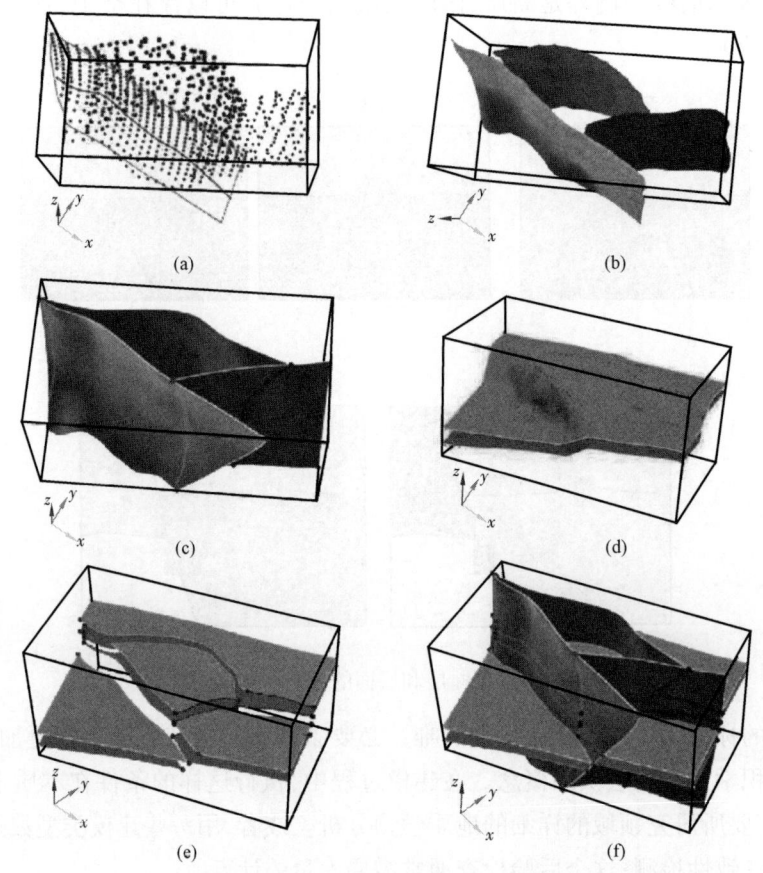

图 8.8 结构建模中的序列步骤

8.5 结构模型网格化

8.5.1 地层网格

大部分的地质模型由一个结构框架或模型以及某属性组成。为了分配属性和解决由地下物理定律支配的偏微分方程,在此结构模型中需要建立一个网格。

例如,地层网格(图8.9)就像是三维笛卡儿网格,但它们为了匹配地表下的地层(分层)而有所变形。这些地层网格单元由每个六面体单元的八个角点坐标集(一个变形的立方体)唯一定义。在不被任何断层分割的两个表面之间创建地层网格的最简单的方法是笛卡儿网格与这两个表面对齐。当地层边界受断层影响时,通过沿着靠近一些断层的线性柱体扫描相关的地层体积来创建网格。其他断层可根据阶梯步骤来近似获得。当建模地质体物理属性和物理过程时,这种几何形状上的不确定可能是不确定性的来源。在地下水流体模拟中,为了限制数值误差,在网格中保持垂直单元是非常重要的(图8.9)。

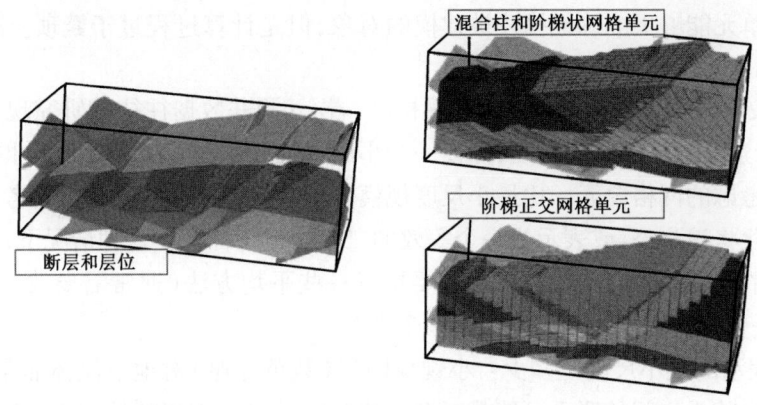

图 8.9 两个可能的地层学网格和结构模型示例

在地层的网格内,属性建模可以通过将断层复原后的网格加入到三维笛卡儿网格中(图 8.10),这样的模型也叫作沉积领域,因为沉积物的原始沉积模型还没有建立,结构框架受较晚的构造时间影响(除非在同沉积构造事件的情况下)。一旦这种沉积环境映射完成,第 5~7 章讨论的空间建模就可以建立。这也意味着任何数据都需要映射到这个沉积域。建模后(图 8.8),这些特性再映射回物理领域。

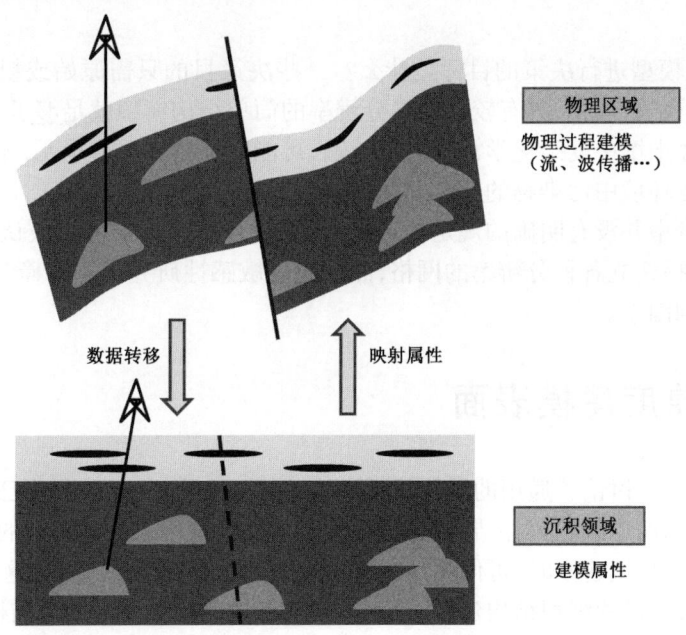

图 8.10 通过创建"沉积域"在一个地层学网格中分配属性

在岩浆岩和变质岩中无法映射,所以结构框架是用来识别和统计同质区域,也可用于定义岩石物理学建模中各向异性的局部方向。

8.5.2 网格分辨率

创建一个网格时,需要决定网格分辨率,也就是在地质模型中平均网格单元的大小。一个

高分辨率网格单元能够更准确地描述被建模的对象,但是计算过程过于繁琐。决定网格分辨率时,应考虑以下几个因素:

(1)规模最小的可用数据是什么?土壤样品、岩心、测井数据往往是研究现象的直接测量值。然而,鉴于这些数据的量和尺度,即使一个小的地质模型也需要数十亿个网格单元,才能包含所有需要考虑的网格单元。比最小尺度规模大得多的网格尺寸通常需要考虑。这意味着更小尺度的变化将被忽略,或表示为一个等效的二阶张量特征。在这种情况下,假定最小尺度数据代表它所在的整个网格单元,或者需要执行一些平均方法(通常需要改变4~5个数量级)。这种损失信息应被视为不确定性的一个来源。

(2)需要表示的最小尺度是多少?小规模障碍(数英寸厚)对地下流体非常重要,本案例中盐湖和新鲜大陆水之间的联系可能是对海洋建模的关键。理想的情况下,这种现象应在地质模型的各自尺度中出现。然而,这并不总是可以实现的,因为它们的规模对现在的计算能力来说太小。同样,某种形式的平均或隐含表示(第3章),也是导致另外一个不确定性的来源。

(3)应用于地质模型的物理模型应用的计算时间是多少?物理模型往往需要用不随计算时间扩展(大约是单元数量的平方或立方)的有限元或有限差分来编码。此外,在模型响应不确定性(第10章)方面,一个物理模型可能需要在几个替代地质模型上运行。通常需要某些形式的提升(减少单元数量或者对较大单元取放大/平均属性)来使得计算时间降低到实际水平。

(4)使用地质模型进行决策的目标是什么?一些决策目的只需原始或粗糙模型,例如,用粗略模型估计地下矿石体积,具有较低网格分辨率的简单结构模型就足够了。另一方面,为了预测在高度异构性土壤中复杂化学污染物的运输,可能需要更多网格单元,才能准确地捕捉空间变化以及高可变环境中污染物的化学和物理的相互作用。

选择网格分辨率并没有明确的规定。事实上,网格分辨率本身可以被认为是不确定性的一个来源,可以选择建立各种分辨率的网格,然后通过敏感性研究(第10章)确定这是否是决策目标的一个影响因素。

8.6 通过厚度建模表面

在前面的章节中,讨论了通用的结构建模方法。传统上来说,这种方法已适用于地下结构建模,如果要求用几何形状和拓扑结构表示,则可以适用于任何表面建模中的应用。在某些应用中,如对特定沉积环境建模时,可使用定制于特定应用的更专业的建模,这种建模形式一般不太复杂。未经历变形的沉积结构建模,或变形部分已被非褶皱或非断层结构说明,就是这样一种情况。沉积物堆积在彼此顶部,即在一个具有周期性腐蚀的沉积平面上的序列沉积层。描述一个面的简单的方法是从二维厚度图开始(图8.11)。厚度变量是一个可以简单地在笛卡儿网格表示的二维变量。通过沉积事件形成的表面可以很容易地用这个方式表示。结果不同厚度堆叠在彼此的顶部上形成一个三维空间(图8.11)。侵蚀仅仅是一个反向厚度。这样,表面可以使用第5章至第7章中描述的笛卡儿网格为基础技术来进行模拟。

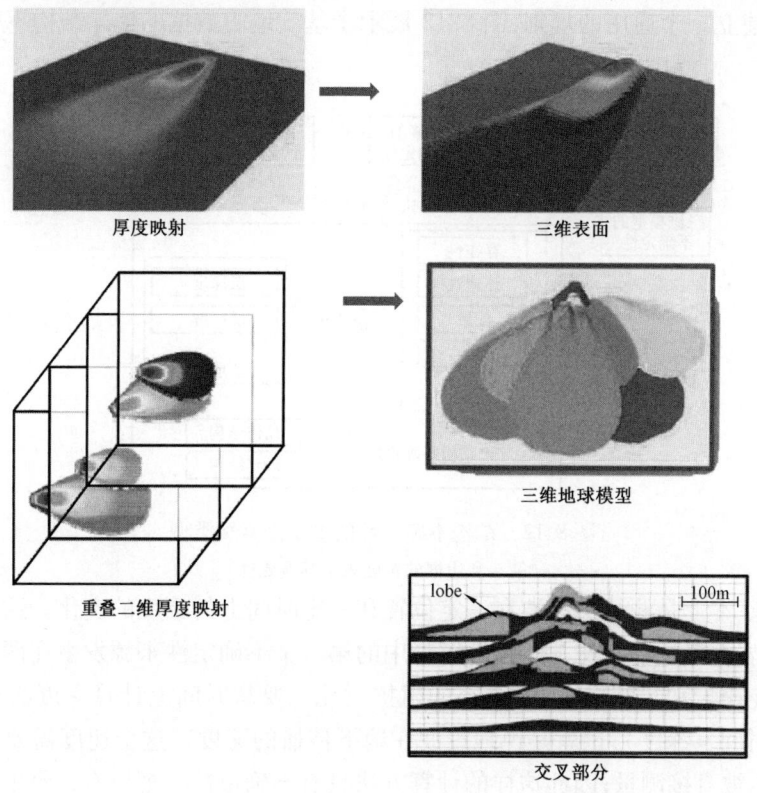

图 8.11 将厚度映射到立方体上，由堆叠在彼此顶部的表面限制，
这些数据表明在页岩背景下裂缝砂体是怎样堆积起来的

8.7 结构不确定性建模

到目前为止，本书中注重于建立单一的结构模型。往往这类模型需要大量的人工干预，才可使模型与建模者的思想一致。本书主要讨论不确定性建模带来的显著的问题：作为一个不确定性描述或模型，如何建立多个结构模型？这不是规则网格上属性建模的一个小问题。各地质一致性约束条件以及自动化建立结构模型的难度使其成为一项艰巨的任务。截至目前，在一些参考资料中，有些软件是用来扰动模型的几何结构，但是，在构建数百个具有不同的拓扑结构的结构模型时，没有任何可用的商业软件，只有一定的研究思路和实验存在。虽然如此，在本节中，首先对这种建模相关的不确定性来源进行了概述；然后，在下一节中，简略的提及了不确定性模型是如何生成的。

8.7.1 不确定性的来源

主要的不确定性来源在于结构建模使用的数据源（地震）和建模者对这些数据的解释。下面对这两个方面进行简要介绍。不确定性的级别可能是不同的，这主要取决于数据采集条件（如土地数据或海洋数据，二维或三维地震等），地下情况异构性，结构几何形状的复杂性。例如陆上数据提供的地震数据一般比海上数据更难得到。

虽然难以建立一个通用的规则,图 8.12 展示了基于地震数据的地下结构不确定性的一个典型分层示例。

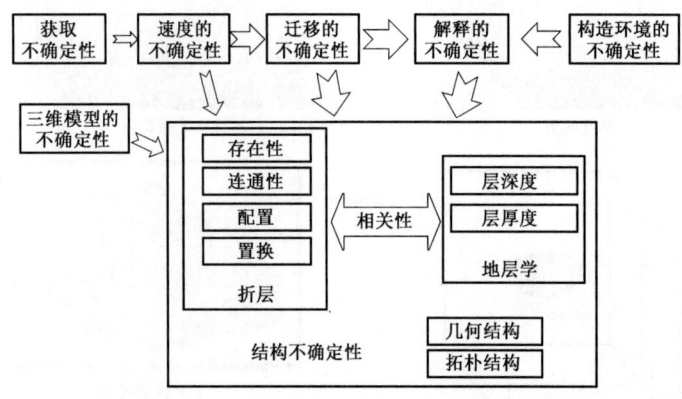

图 8.12　结构不确定性的主要因素和类型
（箭头和边框的宽度表示其重要性）

地震数据基本上是测量地震波在一定位置和一定时间上的幅度的变化。这个信号表明在一定地层深度岩石阻抗的对比。结构性解释中的第一个不确定性来源发生在两个不同岩石单位之间(例如花岗岩和片麻岩)的一个小的阻抗对比。要从时间上计算深度必须知道地震波速度(速度×时间=深度)，也就是说地震波在地下传播的速度。这个速度需要用某种方式确定,因为它不能被直接测量;因此这样的计算方法具有不确定性。把所有记录地震信号移动到"正确的位置"(把它们从一个位置移动到另一个位置)的整个过程称为"迁移"。特别是当地震数据质量较差时(如由于地下异构性在速度测定时有较大的不确定性)，不确定性迁移产生的结构不确定性(信号解释放置的不正确)，可以看作是一级结构不确定性。

在这种情况下,使用不同速度模型进行多重地震图像迁移可产生明显不同的结构解释,这些解释表现出不同的断层模式和断层的出现或消失(这取决于所参考的地震图像)。因此,建模者执行其解释时所使用的图像解释是不确定的(图 8.13)。

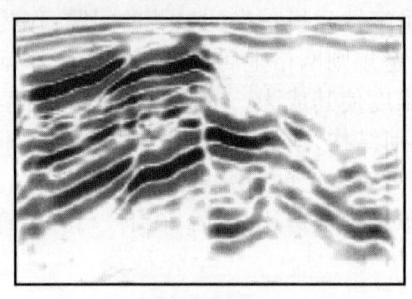
(a)地震图像1

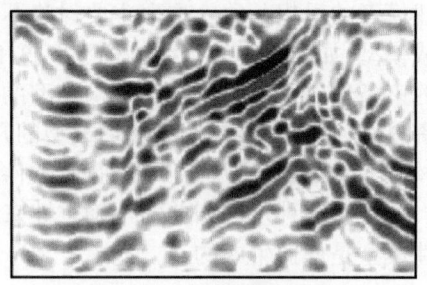
(b)地震图像2

图 8.13　迁移的不确定性导致的几种可供选择的地震数据集

当地震数据位置较差时,根据水平线和断层识别中作出的不同决策,地震数据较差的单一的地震图像可以产生不同的结构性解释。来自构造解释的不确定性,可以是第一级不确定性,尤其是当结构的几何形状很复杂时,因为多重解释产生不同数量的断层和断层模式(可能存在解释者的偏见)。这种不确定性可以通过建立多种可能的替代模型来建模(如图8.14)。这些可能被定义在一个或多个构造情景中(如地质时期一系列构造事件和岩石变形机制的假设)。

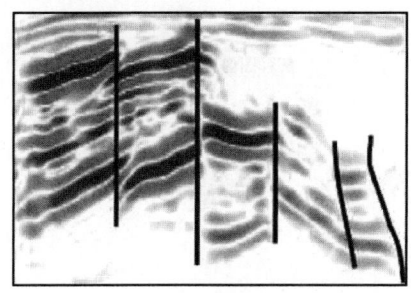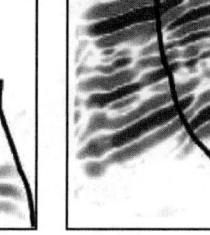

(a)地震图像解释图1　　　　　　(b)地震图像解释图2

图8.14　基于地震图像的多断层解释

跨断层关联是很困难的,除非在断层两侧都有井,因为一对"错误"的反射可以表示相同的水平(图8.15)。地平线识别错误会导致断层落差解释错误(断层滑动的垂直分量)。

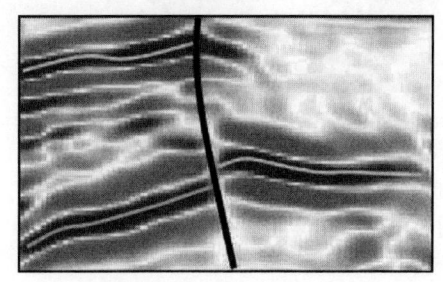　或　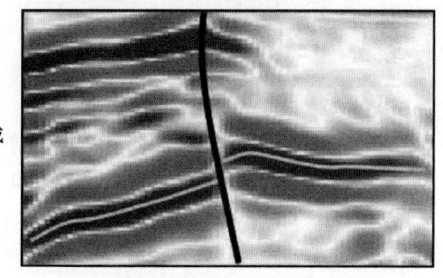

图8.15　"反射"可以与不同的断层有关,可导致断层位移不同的解释

地平线位置的不确定性(图8.16)归因于低分辨率地震数据(较差)导致反射的选择错误,及时间深度转换的不确定性。因为地层厚度不确定性一般小于深度的不确定性,因此对水平线的不确定性只采样一次而不是每个水平线不确定性都分别采样。

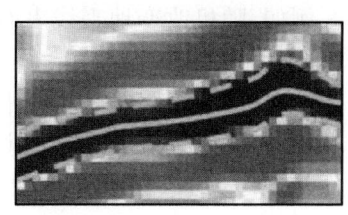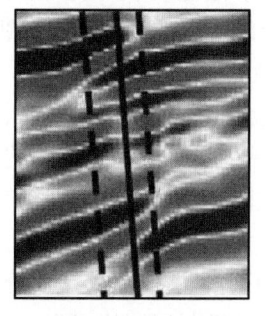

(a)视野深度的不确定性　　　　　(b)故障位置的不确定性

图8.16　水平和断层位置的不确定性

断层定位不确定性的大小取决于用来解释的地震图像质量,因此对其大小的评估可通过对地震图像的目测实现(图 8.16)。相比于断层识别不确定性或断层连接不确定性,这种不确定性的重要性级别较低。不确定性通常随深度增加,如果断层沿钻孔方向确定,则不确定性可能在局部较小(图 8.17)。

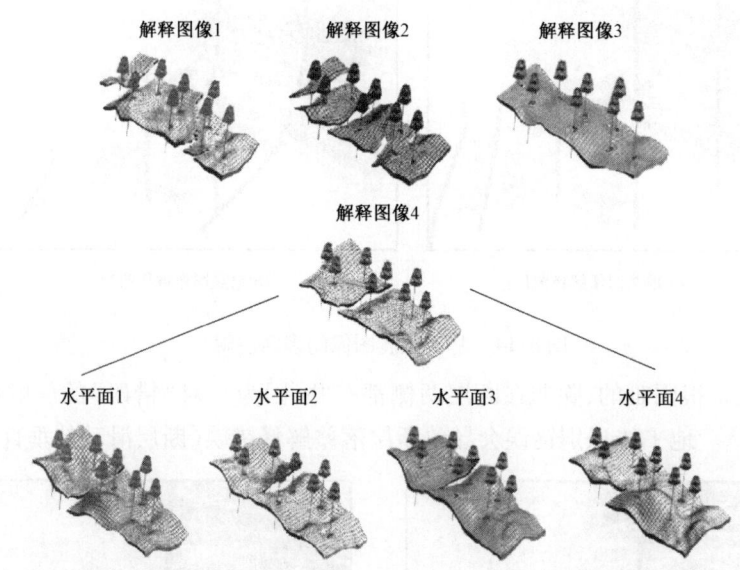

图 8.17 油藏案例研究中,代表结构模型不确定性的 400 种结构模型中选出的 8 个结构模型。4 个模型有相同的解释图像,但每个展示了不同的顶部水平线

8.7.2 结构不确定性模型

结构不确定性模型很像本书中其他大多数的不确定性模型:可以基于已确定的各种不确定性来源生成一组替代的结构模型(图 8.17)。在自然界中,一些不确定性的数据来源是离散的,例如所使用的地震图像(可能选择几个)或构造解释(可以选择一些断层场景),而其他数据是连续的,如一个特定水平线或断层位置的建模方法可能是:可通过在表面附近指定一个间隔,在间隔内位置以特定的方式变动(图 8.18)。例如,随机改变地平线表面的一个简单方法是改变代表此表面的厚度。

然而,在建立结构不确定性模型时,会出现各种实际问题,阻止了软件平台上的广泛可用性。主要原因之一是很难自动生成结构模型,特别是当模型结构比较复杂时。因此,大多数现有的工具都是通过直接干扰地层网格单元来操作,而不是直接干扰或模拟结构模型,从而减少不确定性。

抽样拓扑的不确定性仍然处于研究中,因为在结构建模时它要求通过辅助专家手工编辑替换信息。例如,随机断层网格可以由断层方向和形状的统计信息、断层尺寸和位移之间关系以及断层之间的截断规则生成(图 8.19)。

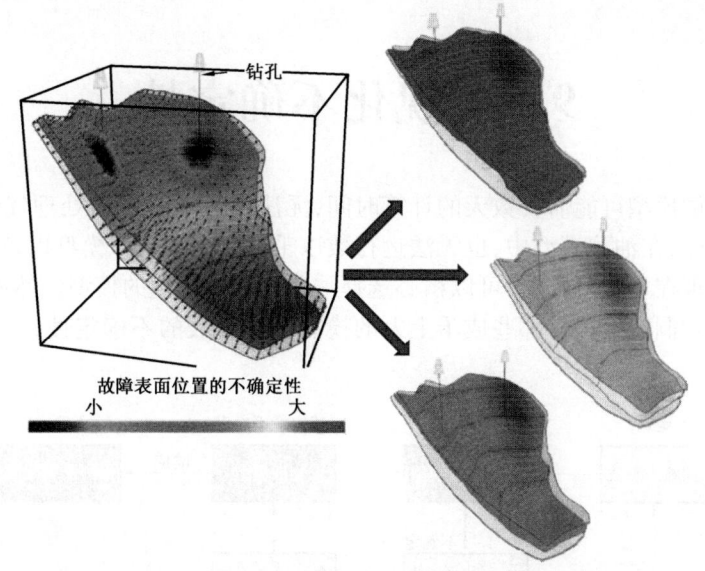

图 8.18　关于断层表面的不确定性包络和此表面 3 种可能的几何形状

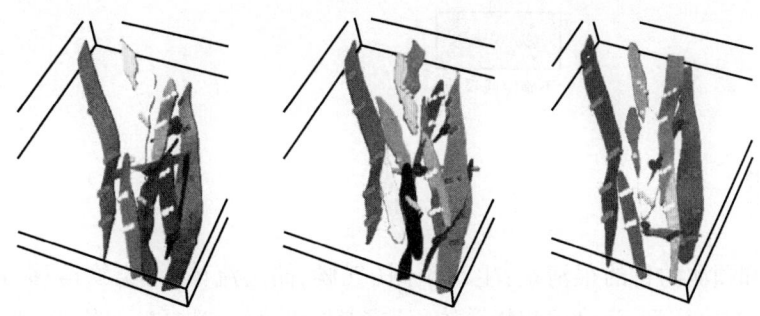

图 8.19　约束二维地震解释的 3 种可能的断层网格
显示了与之前统计相同的大小和方向位移比

【参 考 文 献】

[1] Bond C E, Gibbs A D, Shipton Z K, et al. 2007. What do you think this is? "Conceptual Uncertainty" in geoscience interpretation. GSA Today, 17, 4 – 10.

[2] Caumon G. 2010. Towards stochastic time – varying geological modeling. Mathematical Geosciences, 42(5), 555 – 569.

[3] Cherpeau N, Caumon G, Levy B. 2010. Stochastic simulation of fault networks from 2D seismic lines. SEG Expanded Abstracts, 29, 2366 – 2370.

[4] Holden L, Mostad P, Nielsen B F, et al. 2003. Stochastic structural modeling. Mathematical Geology, 35(8), 899 – 914.

[5] Suzuki S, Caumon G, Caers J. 2008. Dynamic data integration into structural modeling: model screening approach using a distance – based model parameterization. Computational Geosciences, 12, 105 – 119.

[6] Thore P, Shtuka A, Lecour M, et al. 2002. Structural uncertainties: Determination, management, and applications. Geophysics, 67, 840 – 852.

9 可视化不确定性

处理一个气候模型可能需要数天的计算时间,无法在有限时间内处理气候建模系统中的上百个模型。同样,在油藏模型中,也无法运行数以千计的流动模拟模型以评估钻新井的成本费用是否值得。现在不必这样做,可以精心选择一些可用来处理的模型。然而,这就要求建模者具有更好的视觉洞察力辨析那些成千上万的模型中所代表的不确定性,本章将会讨论一些重要的可用工具。

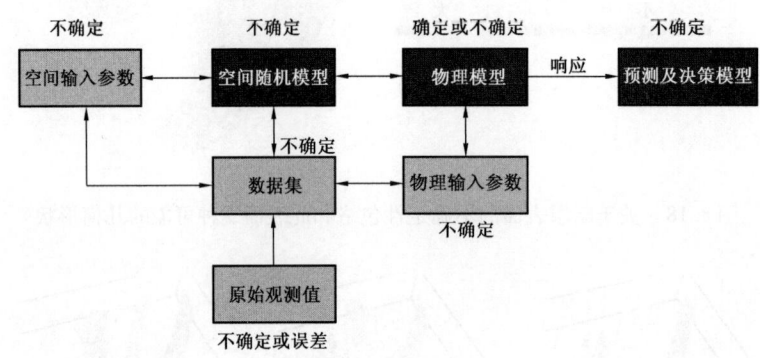

9.1 概述

地质建模和预测的目的很清楚:生产预测(气候、储层流体、污染物运移、地下水补给效率),估计储量(矿产资源、污染沉积物总体积)或者作出决策(选择钻井位置,决定是否需要更多的数据、决定是否清理、改变政策)。到目前为止,许多专业领域建模必须完成这项任务:空间建模、结构建模、过程建模、地质解释、数据处理和解释、偏微分方程建模、逆建模、决策理论等。在许多应用中,对不确定性的严格评估是至关重要的,因为对任何地球工程模型的制作过程来说这是最基本的。

本书对地质性质和结构的不确定性建模的技术进行了讨论。通过生成许多替代的地质模型(可能是几百或几千个),可代表这种不确定性。现在要对这些模型做些什么?如何将其纳入决策过程?为了预测如何处理它们?关于最后一个问题,"传递函数的应用"一词已经被杜撰,目的是采用单一模型并计算该模型所需的数据或者"目标"响应。如果创建了许多的地质模型,传递函数可应用于每个地质模型,形成一套可选择响应来模拟或映射目标响应的不确定性。这是一种常见的蒙特卡罗模拟法。在储层或含水层中,这种反应可能是新井位置的水分或油分含量;在采矿业中,可以通过运行一个优化代码得到一个矿山的开采计划;在环境应用中,这可能是饮用水中污染物的含量;在气候模型中,这可能是海水温度在特定的地方变化指数,或二氧化碳含量在大气中随时间增加的量。基于这种响应预测,可以采取各种行动或作出某些决策。收集更多数据,可进一步减少决策目标的不确定性,或加以对系统控制(采水率、控制数值、二氧化碳减排)或作出决策(例如政策的改变、清理干净与否)。

9.2 距离的概念

理解不确定性问题需要重点注意的是,输入数据和模型的复杂性和维数(变量数)远远超过所需目标响应的复杂性和维数。事实上,所需的输出响应可以是简单的二元决策问题:钻还是不钻,清理还是不清理? 同时,输入数据和模型的复杂性可以是巨大的,比如包含不同类型变量、物理成分的复杂关系(例如渗流或波动方程),此外,在空间上复杂的变化方式。例如,如果用3个变量(土壤类型、渗透率和孔隙度)模拟一个一百万的细胞网格单元,所需要的是位于坐标(x,y)处的10年内地下水井的污染浓度变化,然后生成一个单一的输入模式有3×10^6的维数,而目标响应是一个单变量。

这个简单但关键的观察表明,如果考虑到地质模型的目的性,这些地质模型可以用一个简单的方法代表不确定性。事实上,许多因素对可能会影响污染物浓度在10年所能到达的程度都很重要。如果一个单一的输入变量[在坐标(x,y,z)处的孔隙度]值的差异,会导致目标响应产生相当大的差异,则该变量是决策过程的关键。此中包含一个"距离"(各种各样的差异)的概念。但是,因为地质模型的维数大、还存在复杂时空的相应变化,它不可能轻松地辨别出对决策关键的变量。为使不确定性的问题简单化,在此介绍距离的概念。距离是一个单一的正值,是用来量化任意两个对象之间的区别的概念。在本示例中,对象是指两个地质模型。如果有L个地质模型,那么将产生$L \times L$的距离表。数学文献中提供了许多可供选择的距离;欧几里得距离是很常见的距离(在二维空间中这是一个平面上两个地理位置之间距离的度量值),这个稍后将作介绍。距离之间的选择提供了一个机会去选择距离,这与模型之间的差异有关。这将允许构建一个特定反应的不确定性,并更好地洞察哪个不确定性对结果的影响最大。地质模型可以被视为是"拼图碎片":如果两个"拼图碎片"被视为是相似的,就可以对它们进行归类并用一些平均"拼图碎片"(如天空、草等)表示。但是,这需要一个对相似的定义,即距离。让这个距离成为所需要的响应的函数时,那些对决策问题或对正在努力解决的响应不确定性问题归类是有效的。例如,如果目标是将污染物从源头运输到特定的地点,那么测量任何两个地质模型之间的连接差异(从源头到目的地)将是一个合适的距离。

在下一节中定义的是关于距离的基本概念,这可以让不确定性的大量模型更快地加以分析。距离如何简单地呈现复杂的现象,图9.1中作了一个初步的图解说明。在第8章所讨论的结构几何形状中的不确定性是复杂的,可归因于各种来源。图9.2展示了一个实例研究中的结构模型,其中总共建立了400个结构性地质模型。正如第8章中所讨论的,一个结构模型由表面被断层切开的水平面组成。为了区分任意两个结构模型,将结构模型的相应表面之间的联合差异作为一个距离,记为d_H。图9.1说明了如何准确地做到。一个表面由具有一定深度z的点x,y组成(至少在非悬结构表面)。模型k的每一个表面和模型l的相同的表面之间的深度值z的联合距离是结构模型差异的测量值。这个距离是如何计算的并不是本书要讨论的内容。图9.1表明,这种差异取决于在断裂构造上的差异以及水平面上的差异(第8章)。

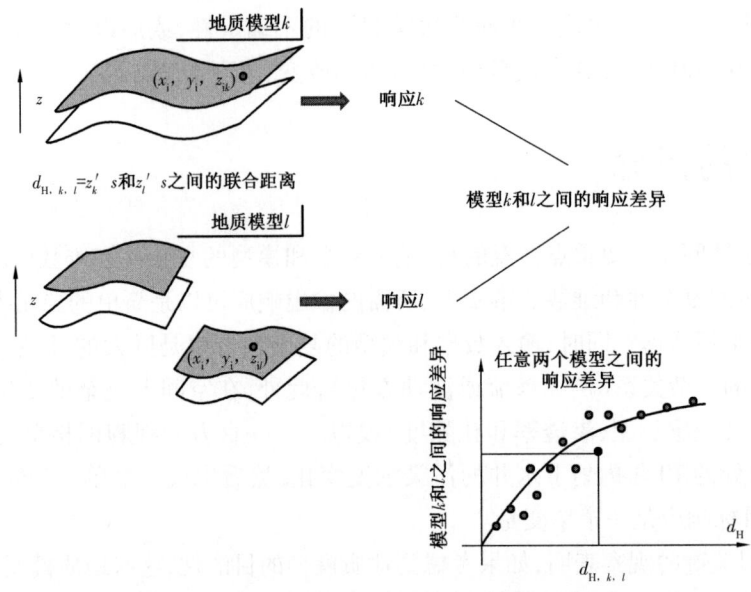

图 9.1 计算并比较两个结构模型之间的响应差异

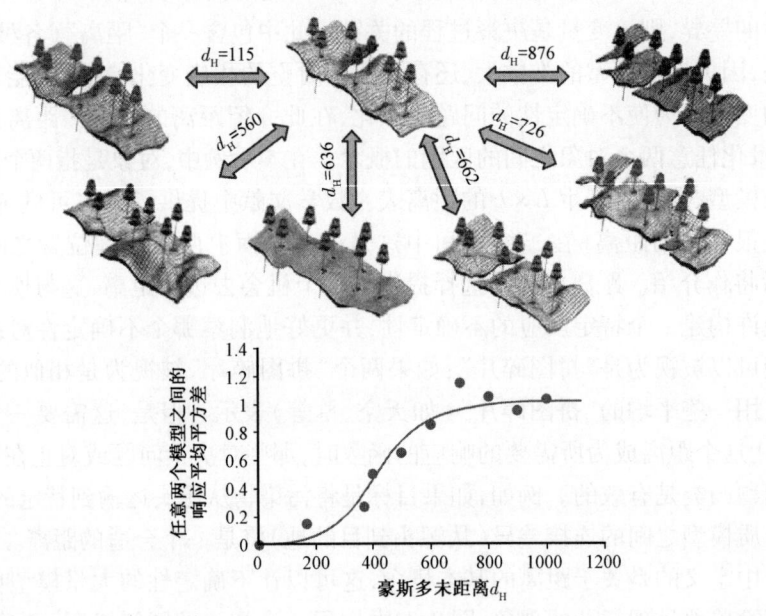

图 9.2 显示了 400 个示例中的 7 个典型结构地质模型(顶部)
标绘了单个模型和其他六个之间的距离 d_H；(底部)生产响应的变异函数是距离 d_H 的函数

为了评估这个距离是否可以更好地分析任意两个模型累计石油生产响应之间的差异,计算了响应的平方差并将这种相对于 d_H 的差异绘制成图(图 9.1)。如果对所有模型两两之间进行上述操作,然后进行移动平均,可得到如图 9.1 所示的流畅线条。注意,后面的图只不过是变异函数的生成反应,正如在第 5 章中的定义,然而,任何两种模型之间的几何距离为该变异函数图在 x 轴上的距离。变异函数是一个不相似性测量,所以小的变异值意味着靠近的样品(在距离定义)彼此相关。如果距离不是关于不同信息的生产反应,将是一个好的变异函数。显然,实际当中并无此种情况存在(图9.2)。距离就生成响应的差异信息提供了从复杂的结构模型到简单结构之间的一种结构变化方式。

9.3 可视化不确定性

9.3.1 距离、度量空间和多维尺度

距离的概念多放于数学背景中。本示例已经给出了方程来描述,但是重要的是由此得到的图形表达。

一个单一的(输入)地质模型 i 用向量 $\boldsymbol{x}_i$ 表示,这包含了每个网格单元特性(连续的、分类的、混合)的列表或唯一的变量,该变量量化模型的一个详尽的列表。"大小"或"维度" N 则是这个向量的长度,例如,在网格模型中网格单元数目。N 通常是非常大的,L 表示替代模型的数量,通常 $L \ll N$,所有模型都包含于矩阵 $\boldsymbol{X}$:

$$\boldsymbol{X} = [\boldsymbol{x}_1 \boldsymbol{x}_2 \ldots \boldsymbol{x}_L]^T \quad (L \times N) \tag{9.1}$$

其中研究最多的距离是欧几里得距离,其定义为

$$d_{ij} = \sqrt{(\boldsymbol{x}_i - \boldsymbol{x}_j)^T (\boldsymbol{x}_i - \boldsymbol{x}_j)} \tag{9.2}$$

如果这个距离被应用到一对 $(\boldsymbol{x}_i, \boldsymbol{x}_j)$ 的模型中。从数学角度来讲,一个模型中存在一个 N 维笛卡儿空间 D(空间定义为一个直角坐标轴系统),在笛卡儿空间中每个轴代表一个网格单元值。距离(比如欧几里得距离),定义了一个度量空间 M,这个空间只定义了一个距离,因此它没有任何坐标轴、原点,也没有方向,例如一个笛卡儿空间。这意味着,任何在此空间的 $\boldsymbol{x}$ 的位置不能被唯一定义,只能定义每个 $\boldsymbol{x}_i$ 距离其他 $\boldsymbol{x}_j$ 有多远,因为它们的距离是已知的。即使点 $\boldsymbol{x}$ 的位置在 M 中不能被唯一定义,但是这些点映射或投影在低维笛卡儿空间中是存在的。事实上,知道一组城市之间的距离表,就可以生成这些城市的二维地图,这些城市在地图上的位置具有旋转性、反射性和平移不变性。构建这样的地图,需要一个传统的称为多维尺度(MDS)统计技术。MDS 的过程如下,由于距离是相对的,这样的话可以为地图的原点就是 $\boldsymbol{0}$。可以证明,这可以由以下的距离 d_{ij} 转变成一个新的变量 b_{ij}。

$$b_{ij} = -\frac{1}{2} \left(d_{ij}^2 - \frac{1}{L} \sum_{l=1}^{L} d_{ik}^2 - \frac{1}{L} \sum_{l=1}^{L} d_{lj}^2 - \frac{1}{L^2} \sum_{k=1}^{L} \sum_{l=1}^{L} d_{kl}^2 \right)$$

这个标量表达式可以表示为如下矩阵形式。首先,构造一个矩阵 A,其元素为

$$a_{ij} = -\frac{1}{2} d_{ij}^2 \tag{9.3}$$

然后,将矩阵 A 放在中间得:

$$B = HAN \text{ 且 } H = I - \frac{1}{L} \boldsymbol{l} \boldsymbol{l}^T \tag{9.4}$$

其中 $\boldsymbol{l} = [1, 1, 1 \ldots 1]^T$,$L$ 个 1,I 是 L 维的单位矩阵,B 也可以写成:

$$B = (HX)(HX)^T \quad (L \times L) \tag{9.5}$$

现在考虑 B 的特征值分解为：

$$B = V_B \Lambda_B V_B^T \tag{9.6}$$

在本示例中，$L \ll N$，距离是欧几里得距离，因此所有特征值都是正的。现在可以在 X 中重建（映射到笛卡儿空间中的位置）任何 x，从一维这样的最小量到 L 维这样的最大量，考虑到

$$B = (HX)(HX)^T = V_B \Lambda_B V_B^T \Rightarrow X = V_B \Lambda_B^{\frac{1}{2}} \Rightarrow X_d = V_{B,d} \Lambda_{B,d}^{\frac{1}{2}} ; X \xrightarrow{MDS} X_d \tag{9.7}$$

若采取 d 的最大特征值。$V_{B,d}$ 包含属于对角矩阵 $\Lambda_{B,d}$ 的 d 个最大值特征值。

MDS 中的解决方案是：包含在矩阵 X_d 中的映射位置将质心作为原点，并将 X 的主轴作为轴（这里没有给出证明）。

$$X_d = [x_{1,d} x_{2,d} \cdots x_{L,d}]^T$$

每个向量 $x_{i,d}$ 的长度是 d，即选择的映射维度。传统的 MDS 使用的是欧几里得距离，但作为一个扩展，可以在任何距离矩阵中作相同的操作。

图 9.3 中，1000 个地质模型 $x_i, i = 1, \cdots, 1000$，由序列高斯模拟产生（N 维 $= 10000 = 100 \times 100$，见第 7 章），使用球形的各向异性变异模型和标准高斯直方图。计算任何两个模型的欧几里得距离得到 1000×1000 的距离矩阵。二维映射（$d = 2$）被保留在图 9.3 中的地质模型中。重要的是，在图 9.2 中的二维欧几里得距离，是模型之间（ND）欧几里得距离的一个很好的近似值。每一个点 i 在该图中有两个坐标，等于：

$$x_{i,d=2} = (v_{1,i}\sqrt{\lambda_1}, v_{2,i}\sqrt{\lambda_2})$$

式中 $v_{1,i}$——第一特征向量的第 i 个元素。

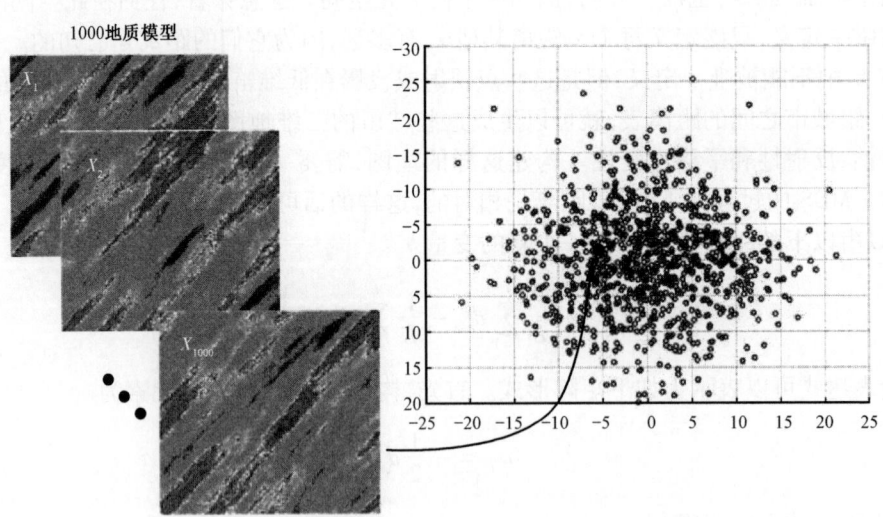

图 9.3 径 MDS 投影后，欧几里得距离图示例

然而，坐标轴的实际值是没有任何关联的。它是地点的相对位置（这是很重要的），因为这反映了地质模型之间的差异。

所以,在本书随后的内容中,为了强调只有点的相对位置是最重要的,任何轴值都没有显示。注意上图中的云状物如何集中于中心 $\mathbf{0} = (0,0)$,就像通过前面的中心操作一样。预测模型 MDS 很少需要五维或更高维度,地图中由 MDS 创建的欧几里得距离与指定的实际距离具有很好的相关性。

现在考虑任何两种模型之间的距离的定义。使用前面同样的模型,对每一个地质模型计算两点 A 和 B(图 9.4)连通性的测量(这里不给出这种测量的计算细节)。这种测量描述两个位置的连接路径,距离只是两种模型连接的差异。使用这个距离,可产生出同一模型的等效二维映射图(图 9.4)。注意区别图 9.3 和图 9.4,尽管两组标示点在模型的相同的位置。如果研究基于预测地质模型位置(图 9.5)的连接性,需要注意最左边那组的地质模型是怎样断开的,而右边的模型间是连接的。然而,任何两个模型在图上看起来是接近的,但实际上可能是完全不同的。

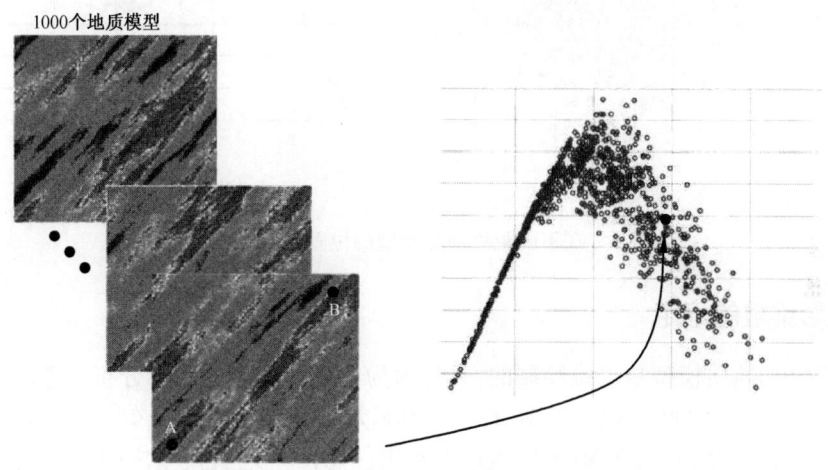

图 9.4 MDS 投影后 1000 个(高斯)地质模型和它们在连通性距离下的位置

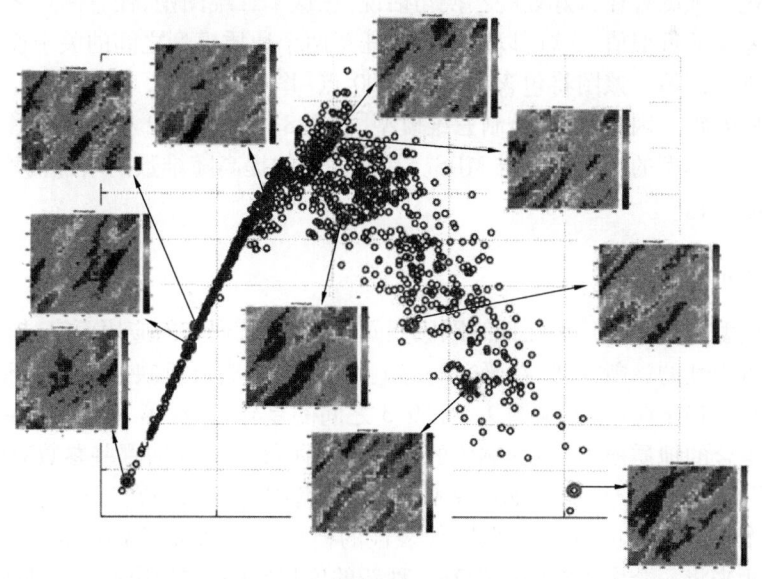

图 9.5 选定的地质模型位置

考虑到现在的情形,这些模型是用来评估移动污染物从源头 A 到井位 B 的不确定性。假设要得到这些污染物的到达时间,图 9.6 中清楚显示,连通性距离在低维空间能够对模型进行很好的分类,但是模型中基于欧几里得距离的投影不能被很好地分类。当试图选择随时间移动的地质模型(或任何其他的非线性响应)时,这将会变得很重要。

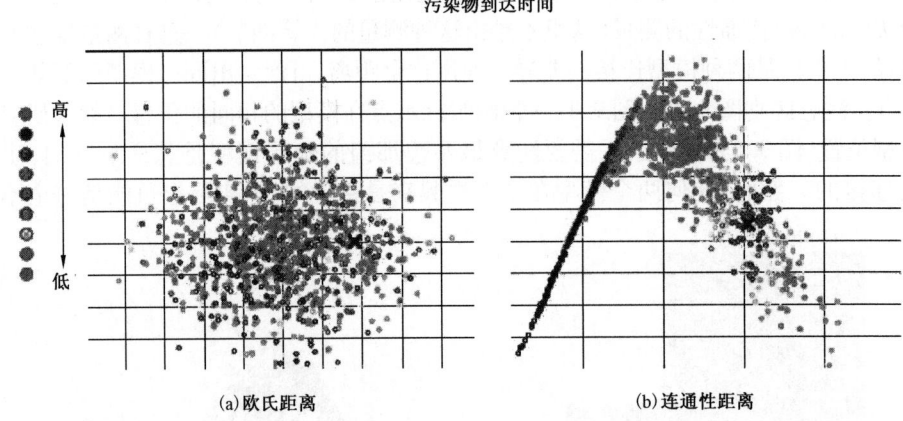

图 9.6　在不同距离预测模型的位置绘制响应函数

9.3.2　投影维数的确定

上述例子中,地质模型是二维绘制的,只是因为容易看到点的二维分布。考虑另外一种情况(图 9.7)。建立了 1000 个地质模型,每一个都显示了带状通道的分布。图 9.6 中显示的是一些地质模型以及它们的二维 MDS 投影。再次用任意两个地质模型之间的连通性差异表示距离。连通性是从网格单元的左下角到右上角测量的。显然,图 9.6(a)中绘制的模型具有很好的连通性。这一预测有什么好处呢？换句话说,在这个二维图中,任意两点之间的欧几里得距离是连通性差异的近似值？这可以通过绘制任意两个地质模型之间的关于连通性差异的欧几里得距离来进行评估。该图将包含 1000×1000 点[图 9.8(a)]。图中表明,对一些小的距离仍然有一些差距。因此,可以绘制三维模型[图 9.8(b)]。图 9.9 比较了具有相同连通性距离的相同的地质模型的二维和三维 MDS。其相关性的提高随维数的增加而增加[五维已足够准确;图 9.8(c)]。

9.3.3　核和特征空间

定义地质模型的距离并且可在低维欧氏空间中映射,就现有的应用而言,提供了一个简单而强大的模型可变性的诊断方法,在研究响应上,选择的距离可反映差异性。显然,如何看待模型的不确定性依赖于应用(参见图 9.2 和 9.3 之间的差异)。在第 10 章,这些图被用于选择一些代表整个集合的地质模型(目标响应的不确定性评价),并评估哪些参数对响应的影响最大(敏感性或影响分析)。然而,正如图 9.9 所示,模型中的云状物在二维或三维欧氏空间的投影可能是一个复杂的形状,使得选取有代表性的模型有些困难(第 10 章)。在计算机科学中的核技术被用来将一个度量空间映射到一种新的度量空间,如投影后在二维空间、三维空间等,显示出一个更简单的排列。

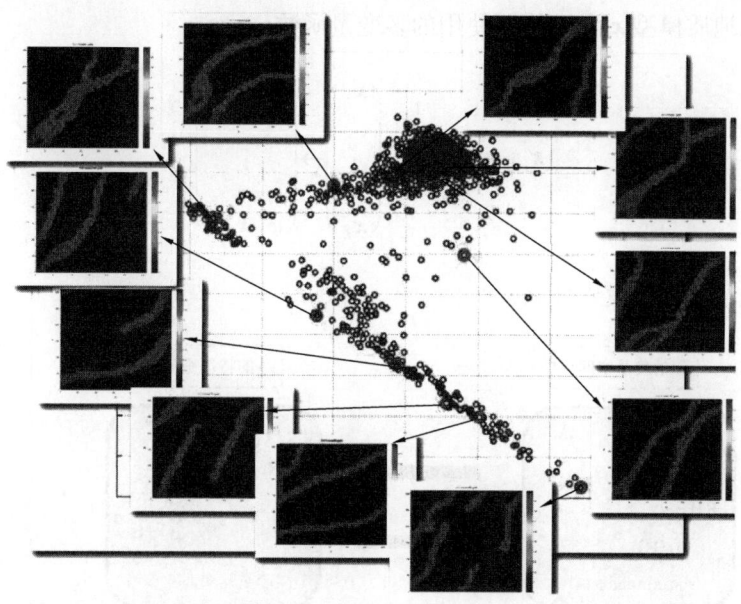

图 9.7 带状地质模型及其二维 MDS 投影

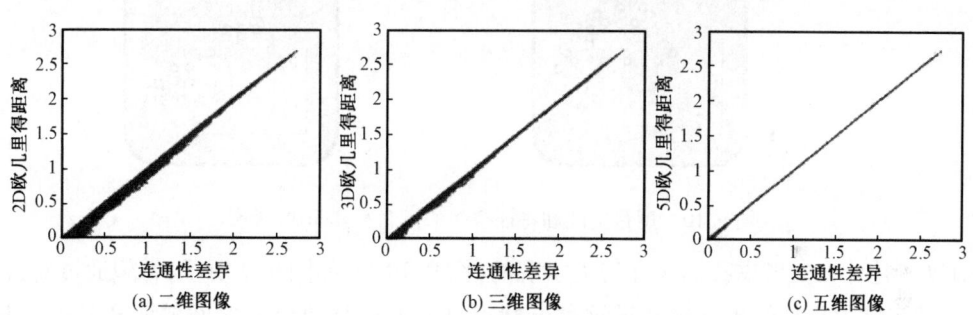

图 9.8 二维,三维和五维欧氏距离和连通性差异对比图

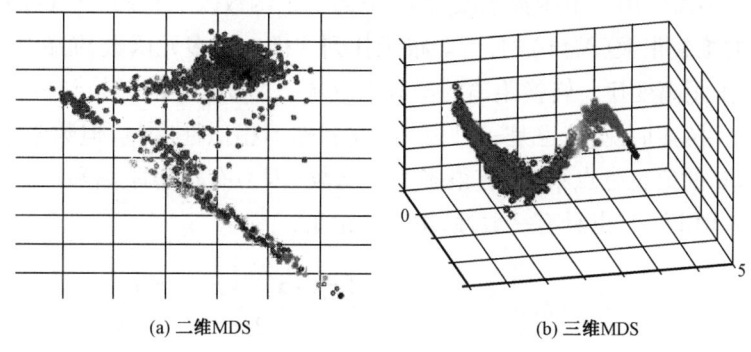

图 9.9 图 9.6 所示地质模型二维(a)和三维(b)MDS 图

因此，目标是变换(改变)地质模型，它们也可以用更简单的样式排列在 MDS 图中。要做到这一点，考虑地质模型 x_i 和变换所使用的多变量函数 φ：

$$x_i \mapsto \varphi(x_i) \text{ 或 } \begin{pmatrix} x_1 \\ \vdots \\ x_L \end{pmatrix} \mapsto \begin{pmatrix} \varphi(x_1) \\ \vdots \\ \varphi(x_L) \end{pmatrix}$$

图 9.10 描绘了正在发生什么。

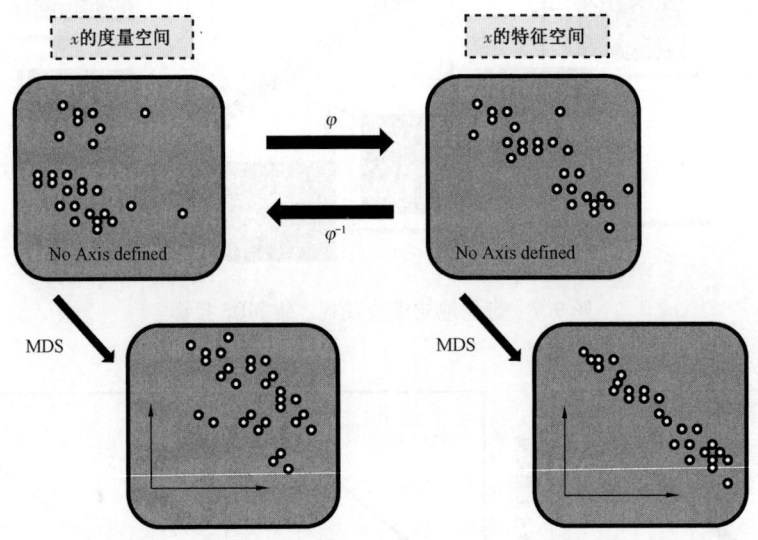

图 9.10　度量空间和特征空间的概念及其 MDS 投影

函数 φ 是什么？考虑我们正在努力实现的(图 9.10)。如图 9.9 所示，希望通过对云状点拉伸，云状点能够更加简单。也知道这种云状点是通过任意两个 x_i 之间的距离且唯一量化。因此，想要改变这种云状物，并不需要单独改变 x_i，只需要改变 x_i 之间的距离，因此，想要重新排列云状物，也并不需要用一个函数来改变 x_i，只需一个函数改变它们之间的距离。这是一个好消息，因为 x_i 的维数很大(N 维)的，可能很难找到这样一个多元函数，而距离是一个简单的标量，只有 $L \times L$ 个距离变换。转换距离的函数以及从一个度量空间转换到另一个度量空间的函数称为核函数。换句话说，核也是一种距离(或者称不相似性度量，但数学家称之为点乘。在等式 9.5 矩阵 B 的值也是点乘)。有很多类核函数(因为有很多距离和点乘)，这里只讨论实用的径向基核(RBF)，它也具有一般性，由下式给出：

$$K_{ij} = k(x_i, x_j) = \exp\left[-\frac{(x_i - x_j)^T(x_i - x_j)}{2\sigma^2}\right]$$

RBF 是 x_i 和 x_j 两个地质模型的函数(一个标量)，参数 σ 称为带宽，需要由建模者来选择。带宽就像一个标量长度。当 $i \neq j$ 时，如果 σ 非常大，那么 K_{ij} 将为零，这就意味着所有 x_i 趋向于不同;相反,如果 σ 接近于零,那么所有的 x_i 可视为是相似的。因此,有必要选择一个 σ,代表各种 x_i 之间的差异。实践中发现,带宽等于 $L \times L$ 矩阵中的距离的标准差是一个合理的选择。

RBF 是欧几里得距离 $(x_i - x_j)^T(x_i - x_j)$ 的函数。要使这个 RBF 核更一般,也就是,使它成为任何距离的函数,并不只是欧几里得距离的函数。可通过 MDS 方法按如下步骤实现:

(1)指定任何距离 $d(x_i, x_j)$。

(2)在低的维度里(例如二维或三维)使用 MDS 绘制的位置,这些点的位置称为 $x_{d,i}$ 和 $x_{d,j}$,d 是 MDS 图的维数。

(3)计算 $x_{d,i}$ 和 $x_{d,j}$ 之间的欧几里得距离。

(4)给定 σ,计算核函数:

$$K_{ij} = k(x_i, x_j) = \exp\left[-\frac{(x_{d,i} - x_{d,j})^T(x_{d,i} - x_{d,j})}{2\sigma^2}\right]$$

因为有一个新的指标"距离" K_{ij},即也有一个新的"度量空间",传统上称为"特征空间"(图9.6)。现在,同样的 MDS 操作可应用于矩阵 K。计算 K 的特征值分解,并且投影可以是任何维度的(图9.9),例如在二维空间中:

$$\Phi_{f=2} = V_{K,f=2} \Lambda_{K,f=2}^{\frac{1}{2}}$$

$V_{K,f=2}$ 包含 K 的两个最大特征值的特征向量,特征值包含于 $\Lambda_{K,f=2}^{\frac{1}{2}}$。

图9.11 是一个说明性的例子。将1000个地质模型绘制到二维笛卡儿空间(和图9.6相同)。图9.11(b)所示的是特征空间中模型的二维投影。请注意表示地质模型位置的复杂的云状地质模型的位置如何被"延伸"[图9.11(a)]。在下一章中将会提供一种较好的选择模型和量化不确定性响应的方法。

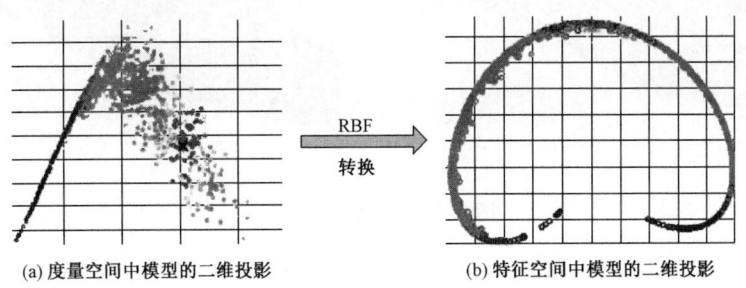

(a) 度量空间中模型的二维投影　　　　(b) 特征空间中模型的二维投影

图9.11　模型位置和响应函数值经度量空间和特征空间的 MDS 投影后的对比图

9.3.4　可视化数据模型关系

上述 MDS 的应用表明,描述复杂的不确定性的许多替代的地质模型是如何通过简单的二维或三维散点图描绘。在许多应用中,数据可用来约束模型的不确定性(第7章和第8章)。在一些应用中,随时间推移会产生新的数据,当前不确定性模型需要更新。在贝叶斯框架下,这意味着当前的后验模型,也就是匹配数据和反应当前先验信息的模型集,现在已经成为先验模型。

因此,研究任何先验模型的不确定性和现有数据的关系是有相当有益的。第 7 章中讨论了先验和数据模型的关系之间可能有冲突(可能性),因为它们常常是由不同的建模者指定的。那么,可不可以创建一个简单的情形来比较数据和先验模型的不确定性?

为了说明其可能性,现给出一个现实的案例。以一个人造的储层为例,被称为"布鲁日数据集",弗拉芒镇举行会议后就命名了此数据集以作为实例。由于先验模型的不确定性,模型的许多输入参数是未知的:

(1)该模型要么是二进制的岩石类型(砂岩与背景),每个类型岩石具有不同渗透率和孔隙度特性,要么直接使用连续的渗透率和孔隙度变量建模。在任何情况下,空间的不确定性是存在的。

(2)地质情况的不确定性:在二进制的背景中,无论是系统内包含砂河流的通道物体(二进制)还是系统地使用变异函数技术模拟。但是,布尔模型和变异函数也是确定性的。

(3)在给定的概率分布下,储层中砂岩类型的比例是不确定的。

图 9.12 显示了一个地质模型示例。所有模型由一些硬数据约束,这些数据从储层中得到。这些模型描述了先验模型的不确定性。

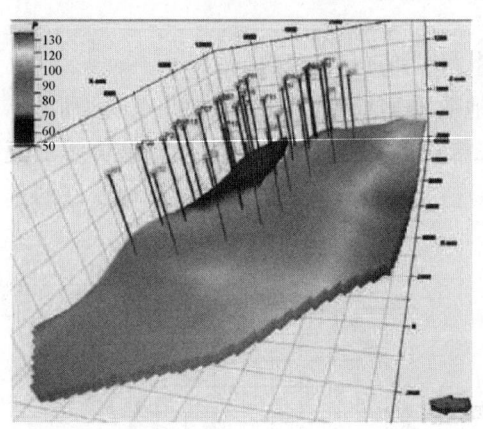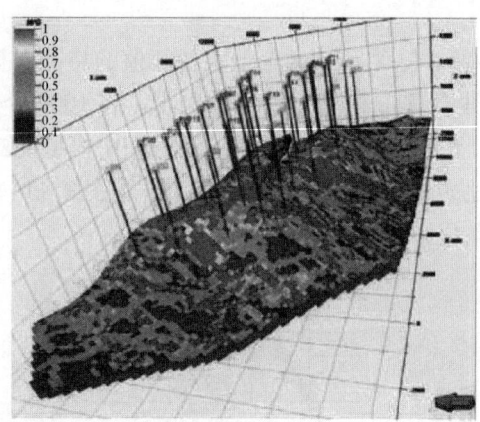

图 9.12 地质模型示例

现场数据包含 10 年历史数据中每月的含水率,含油率和 20 个生产井的压力测量值。正向模型(有限差分)是地下流体的模拟模型流。和许多流体性质一样,假设初始条件和边界条件已知。图 9.12(a)显示了模型中前向模型得到的压力变化。

可以按照如下步骤可视化先验不确定性和历史生产数据。首先,将前向模型 g 应用到 L 个地质模型中的每一个模型 m_i,得出前向模型响应 $g_i = g(m_i)$,这是一个向量,包含油水率和压力的生产响应的时间序列。图 9.13 显示了 20 口生产井中之一口井的响应。每个模型的前向模型响应的距离等义如下:

$$d(\boldsymbol{m}_i, \boldsymbol{m}_j) = d_g[g(\boldsymbol{m}_i), g(\boldsymbol{m}_j)] \text{ 例}: d_g[g(\boldsymbol{m}_i), g(\boldsymbol{m}_j)] = \sqrt{(\boldsymbol{g}_i - \boldsymbol{g}_j)^T (\boldsymbol{g}_i - \boldsymbol{g}_j)}$$

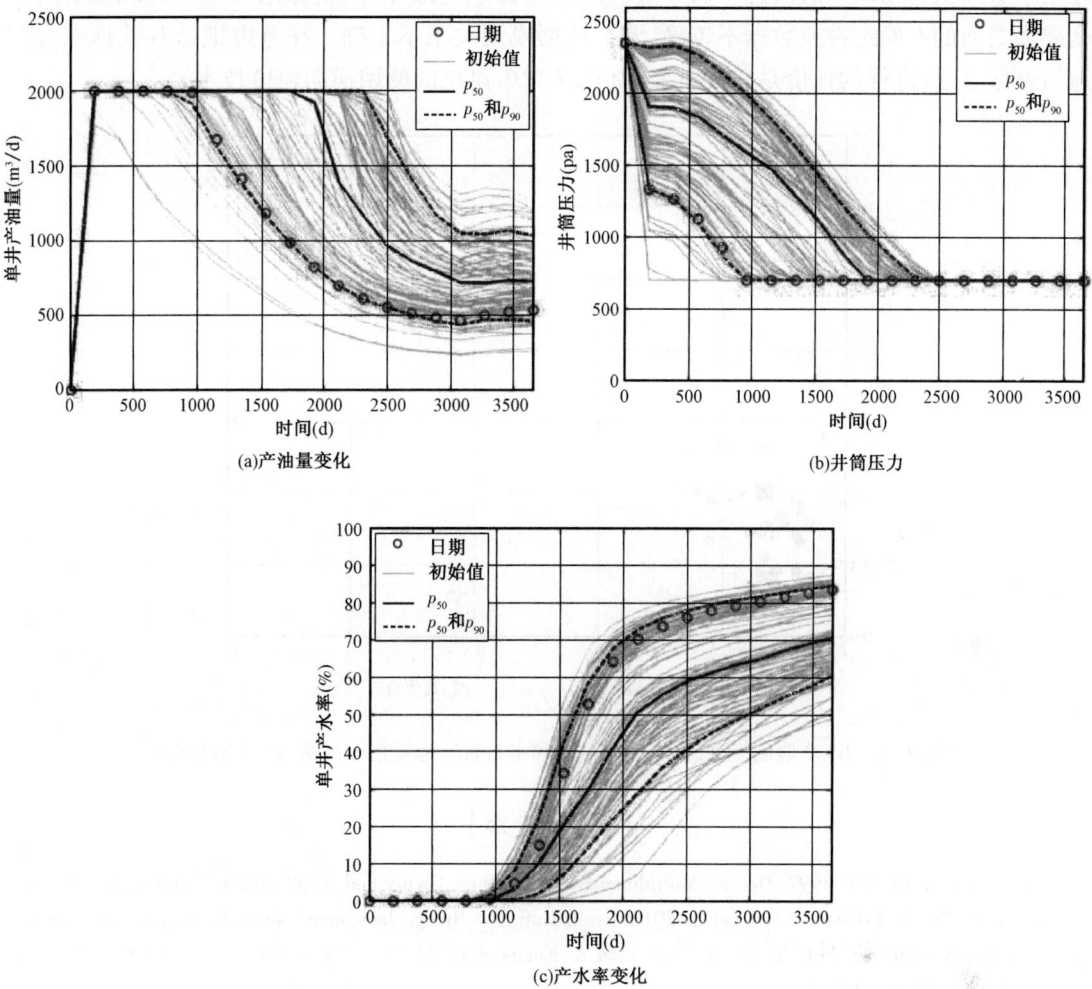

图9.13 单井产油量随着时间的推移(a)及井筒压力(b)和产水率变化(c)

现场的实测数据 d 已知。事实上，这些数据可以被看作是"真实"地质模型 m_{ture} 的响应：

$$d = g(m_{\text{true}})$$

如之前的假设，前向模型正确地反映了地质模型的响应，并且地质模型 m 可反应现实的真实地质情况。这意味着也可以计算出数据代表的真实地质和模型 m_i 响应之间的距离：

$$d_g[g(m_i), d] = \sqrt{(g_i - d)^T(g_i - d)}$$

这意味着，有一个距离为 $L+1$ 的矩阵可以使用 MDS 绘图，L 地质模型和 1 个真正的地质模型。图 9.14 显示的是布鲁日数据集的结果。在这种情况下就会发现，真正的地质模型(或它的更好的响应)可用各种各样的先验地质模型来绘制。这意味着，根据特定的响应，建模研究至少要捕获真正未知的信息。假如真实的地质在这些散点外,就像图9.14假设的那样,那么要么之前的不确定性或数据不正确,要么数据模型关系不正确。在考虑把这些数据综合到地质模型之前,这样的评价是非常重要的(第7章中讨论的使用逆向建模技术)。

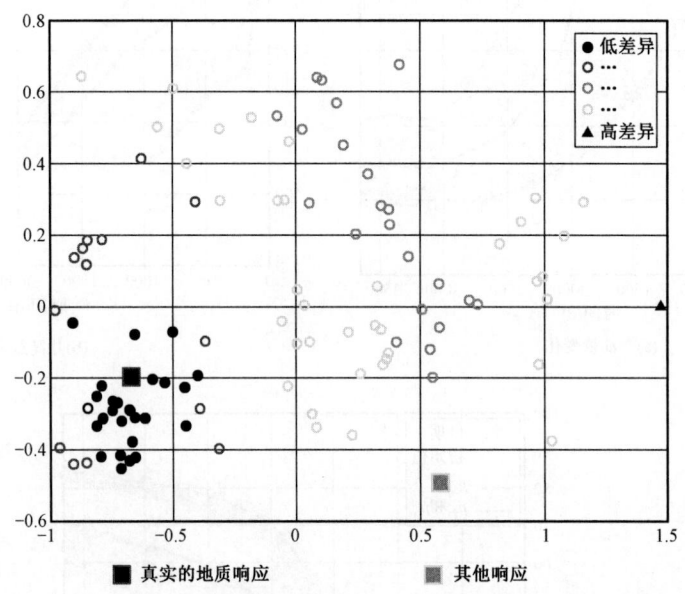

图9.14　65个地质模型的MDS响应图和来自真实地质模型的响应(现场数据)

【参　考　文　献】

[1] Borg I and Groenen P. 1997. Modern Multidimensional Scaling: Theory and Applications, Springer, New York.
[2] Peters L, Arts R J, Brouwer G K. et al. 2010. Results ofn the Brugge benchmark study for flooding optimization and history matching. SPE Reservoir Evaluation & Engineering, 13(3), 391 - 405. SPE - 119094 - PA. doi: 10. 2118/119094 - PA.
[3] Sch oelkopf B. and Smola A. 2002. Learning with Kernels, MIT Press, Cambridge, MA.

10 响应不确定性建模

不应该事后才考虑响应不确定性建模,例如,在实现单一预测目标的单个(确定)地质模型上进行简单的敏感性分析。相反,需要在多个替代地质模型响应的不确定性范围内全面探索以保持正确的应用。

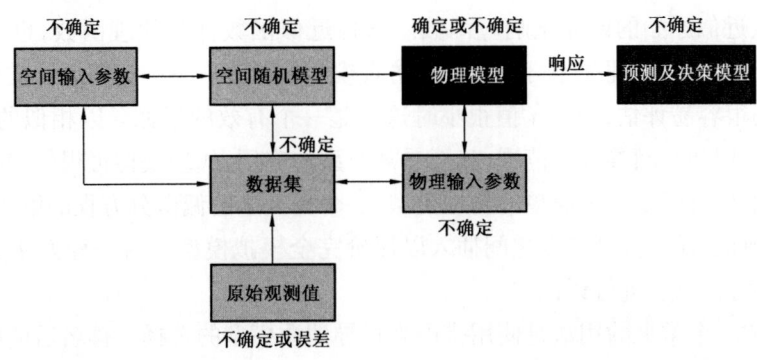

10.1 概述

前面章节中,对地球科学中的不确定性建模的各种 CPU 要求进行了讨论。发现在大多数实际案例中,为了评估响应的不确定性,在每一个地质模型上评估一个传递函数是不可能的。相反,需要选择有代表性的模型。通常情况下,多为三种模式:一种是典型的低反应(例如低预测污染指数)模型;另一种是典型的中值反应;还有高反应模型。可以作出一个更具有统计学意义的选择,10%的模型响应比选定的模型响应低,该选定模型记为 P_{10} 模型(最低十分位)。类似地,中间模型记为 P_{50} 模型,即 50%的模型相应比它高,50%的模型相应比它低。P_{90} 模型正好与 P_{10} 模型相反。例如,如果目标是计算出 P_{10}、P_{50} 和 P_{90} 的油田累计产油量,那么在理想情况下只需要选择 3 个正确的油藏模型,对它们进行流体模拟即可。

如果地质模型和响应函数的输出之间的关系是线性的,那么选择正确的地质模型将会很容易。由于在现实中这种关系是非线性的,所以选择哪个模型来评估响应函数十分重要。在本章中讨论了选择代表性模型的一些方法。按照本书中的概念,应该根据决策或应用来选择模型。事实上,一般不会选择 3 个相同的气候模型来探讨不同的假设,探讨有关详细的全球气候动态变化的区域性质、气候改变可观测到的模式成因、区域预测的结果、或者只是预测全球平均气温的变化。

不应该事后再考虑响应不确定性建模,例如,在实现单一预测(例如气候的变化)的单个(确定)地质模型上进行简单的敏感性分析。这并不意味着敏感性分析是无用的。与此相反,敏感性分析是不确定性建模的主要部分,可减轻计算负担。从这一方面来说,可以集中研究最重要的参数并停止研究哪些对应用或决策问题没有影响的情况。此外,如果这种减少与决策目标或者应用有关(第11章),那么敏感性分析可以揭示建模应该收集哪些额外数据,以减少这些参数的不确定性。减轻计算负担的另一种方式是代理模型(或简单模型)。接下来先讨论这一部分内容。

10.2 代理模型及排序

如果评估一个地质模型上的响应函数或仿真模型太昂贵的话,可使用较便宜(较少的CPU需求)函数近似原始的或完全响应函数。这种近似函数称为代理函数,也称代理模型或简单模式。代理函数或代理模型可模仿完整仿真模型的行为。举一个简单的类似例子,将 $\sin(x)$ 近似为 x 则很容易评估,但当 x 值很小时这才是一个有效的近似。以相似的方法,对某一类型的条件或物理和空间参数的范围,甚至是某类型的应用,代理模型可很好地接近于完整模型。这个代理模型可以是一个简单的物理模型、一个更复杂的偏微分方程的解析近似值,也可以是一个插入模型,插入模型在点之间插入以评价完全模拟模型。后一种方法的一个例子是响应面分析,这将在以后进行讨论。

代理函数的一个常见的用法是使用排序来指导地质模型的选择。排名后的中心原则是使用一些简单的测量,根据代理模型的定义,从最低到最高对地质模型进行排列,然后在选定的地质模型上运行一个完整的传递函数以进行评估,例如 P_{10}、P_{50} 和 P_{90} 模型的响应或其他任何需要的响应。如果创建了100个地质模型,那么根据代理函数,只需将第10个,第50个和第90个地质模型应用于全模拟模型。这将定义一个不确定性模型,且无须进行大量的相应评估。只要获得一个好的排名措施(或代理模型),该方法就会运行得很好,因为这种方法对代理模型和实际响应函数中的联系程度很敏感。这种技术通常比其他技术的运行效果差。然而,在许多情况下,这是一个简单且有用的技术。

10.3 实验设计和响应面分析

在统计学中,一个广泛使用的评估响应变化的方法是实验设计技术(ED)与响应面分析相结合。这些是通用的统计技术,可应用于许多科学领域,不仅仅是地球科学,也可用于民意调查、统计调查,但通常是指可控实验。一般情况下,在实验设计中,实验者(在案例中的建模者)对某些对象(试点单位)的过程(处理)的效果感兴趣,对象可能是人、植物、动物等。在本案例中,建模者关注一些参数对响应的影响。为了评估这种影响,可能会产生许多参数集并且评估它们对响应的影响。如果这些参数集是随机选择的,那么可以使用蒙特卡罗模拟,但这种方法对CPU要求较高。也可以更仔细地选择参数,并且设计较好的实验(比随机方法好),然后在设计的实验中(参数选择)估计响应。最后,数学函数称为"响应面",可以通过这些响应值拟合。这个功能可以被用来作为任何一组参数的真实响应的一种快速近似模型(替代模型)。要这样做,必须定义需关注的响应和一组不确定性参数之间的关系。这种关系往往是不确定性参数的一个简单的线性或二阶多项式函数。实验设计的目的是定义参数集的最小值以获得最适合的响应面。

10.3.1 实验设计

响应面分析的第一步是选择实验设计目的,也就是说选择什么样的参数组合来评估响应函数。理想情况下可以选择已知的对响应影响最大的参数组合,就可以针对这组参数来设计实验。问题就是无法提前知道这些。事实上,可找到的最有影响力的参数组合往往本身就是一个目标。实验设计文献中提供了各种各样的设计,这些设计在很多应用上进行了测试,获得了这些设计如何工作的理论上的知识。这是一个自身的领域,这里通过讨论一些相关的设计来解释这种方法的原理。

在实验设计中,参数被称为因子。通常情况下,这些因子都离散到 s 个水平,例如,在二级的设计中,需要确定每一个因子的高值和低值,这是由建模者来作决定的。在具有 k 个因子和 s 个水平的全因子设计中,需选择 s^k 实验(表10.1)。在 2^2 因子设计的情况下,响应函数可评估四组参数组合。考虑一个实际的测试岩石强度例子,强度 z 是(例如单向拉伸强度)温度 X(在 F 中)和砂岩/页岩比(Y)的函数。首先,为每个因子选择两个级别:温度:300(低)和500(高)。砂岩/页岩比为:1(低 = 更多的页岩)和9(高 = 更多的砂岩)。每一级编码成 -1(低)和1(高)(表10.1);所谓的相互作用术语 XY(温度和砂岩/页岩比如何共同影响强度)仅仅是两个数据的简单乘积。如果关注对抗张强度关于 X 的"影响",只需要用高温度处的平均响应值减去低温度处的平均响应值即:

$$影响设计\ X = \frac{7+9.5}{2} - \frac{9+5}{2} = 1.25$$

$$影响设计\ Y = \frac{5+9.5}{2} - \frac{9+7}{2} = -0.75$$

同样可以对相互作用术语进行计算,取 1 和 -1 的响应值,进行类似的计算:

$$影响设计\ XY = \frac{9+9.5}{2} - \frac{7+5}{2} = 3.25$$

表10.1 一个 2^2 全因子设计实例

因子		各级指标		相互作用	响应
X(temp)	Y(ratio)	A	B	AB	Z(压力,MPa)
300	1	-1	-1	1	9
500	1	-1	-1	-1	7
300	9	-1	1	-1	5
500	9	1	1	1	9.5

在本示例中,有四种基本的处理组合($+1$ 和 -1 的组合)和对每个处理组合的测量值。因此,假设没有测量误差即是一个很好的设计实验。如果有测量误差,就必须复制相同的处理组合来估计这个误差,响应影响的估计也会有误差。

通常影响被列举到帕累托的图中(图10.1),其中列出了每个效果由大至小的影响程度。

这可以让建模者把重点放在最重要的影响上,并进行进一步的分析(在此情况下,例如在 X 和 XY 的影响下)。在此帕累托图中,可见一个显著性水平,也就是说,影响大于某一水平即称为显著性的。一些统计技术可用来确定这一水平,但这不属于本书要讨论的内容。在大多数实际情况下,可以只保留那些明显大于其他水平的影响。

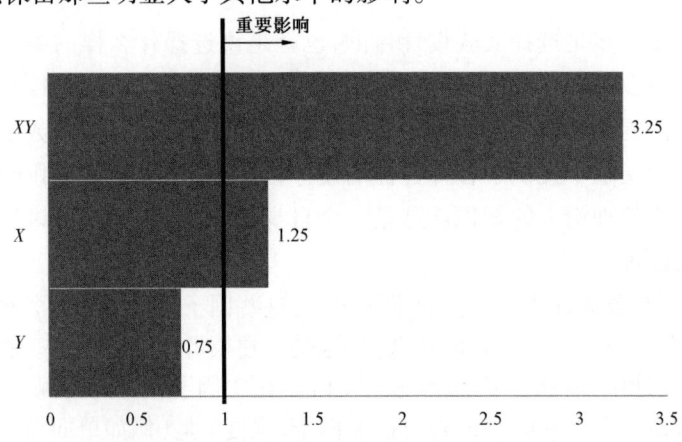

图 10.1　帕雷托图所列举的从大到小的影响

获得影响的另一种方式是用数据匹配一个表面:

$$Z = b_0 + b_1X + b_2Y + b_3XY$$

请再次注意,此时需要从 2^2 设计的 4 个数据点确定 4 个系数,从而得到一个理想的匹配结果(4 个未知数,4 个方程)。系数和影响的估计值之间存在一个简单的关系,即:

$$回归系数\ b_1 = X\ 响应估计的一半$$

其他系数与此类似。

当 k 因子的数量增加时,2^k 组合也迅速增加。例如研究 10 个参数时,要处理的组合数目为 1024,当 s 呈水平增加时,这个数目也会增加得更快。因此,只有处理组合的一小部分可供研究,专业术语称之为部分因子设计。两个级别的部分因子设计的一般形式写成 2^{k-p},p 的增加意味着被研究的处理组合将变少。因此处理部分与总数的比例为 $(1/2)^p$。接下来的问题是:哪些部分应保留,也就是说,应集中注意哪些影响,能把它们归类到一个部分设计中吗? 有些人可能希望把重点放在主要影响因素上,也有些人希望把重点放在各因素的相互影响上。例如在 2^{3-1} 设计中,建立 2 个设计,1/2 部分可用于每个设计。图 10.2 提供了一个合理的选择,其中一部分集中在主要影响因素,另一部分集中在它们的相互影响上。图 10.2 的理解如下:第一部分研究的影响用 $AB = C$[例如(+)(-) = (-)],或 $ABC = +1$。第二部分研究的影响用 $AB = -C$[例如(-)(-) = -(-)]或 $ABC = -1$。即,它的第一部分研究了 ABC 的积极作用,第二部分研究负面影响。当 k 增加时,可以作出类似的分离。

10.3.2　响应面设计

顾名思义,响应面是指用数据匹配某个面的工具。换句话说,存在一个"真正"的面可反应的是参数/因素和响应之间的真实关系。在估计或测量过程会产生一个不同于实际面的表面。这种方法的一个重要部分是响应面设计。一个经常被使用的设计是中心合成设计

第一部分			第二部分		
A	B	C	A	B	C
+	−	−	−	−	−
−	+	−	+	+	−
−	−	+	+	−	+
+	+	+	−	+	+
A、B、C、ABC			1、AB、AC、BC		

图 10.2　对 2^{3-1} 部分设计示例
A、B、C 是三个因子两个层次（− 和 +）

（CCD），它是前面讨论过的设计方法的简单扩展。基本 CCD（因为存在多个）由三部分组成：

(1) 部分或全部因子设计。
(2) 轴向点。
(3) 中央点。

图 10.3 显示了一个基本的中心合成设计，其中 $k=2$，$k=3$。项目 $\sqrt{\alpha}$ 决定轴点位置离其他设计点的距离，一般 $\alpha=2$ 或 $\alpha=1$。根据设计点的个数有：

$$k = 2 \text{ 时}: 4 + 4 + 1 = 9 \text{ 设计点}$$
$$k = 3 \text{ 时}: 8 + 6 + 1 = 15 \text{ 设计点}$$

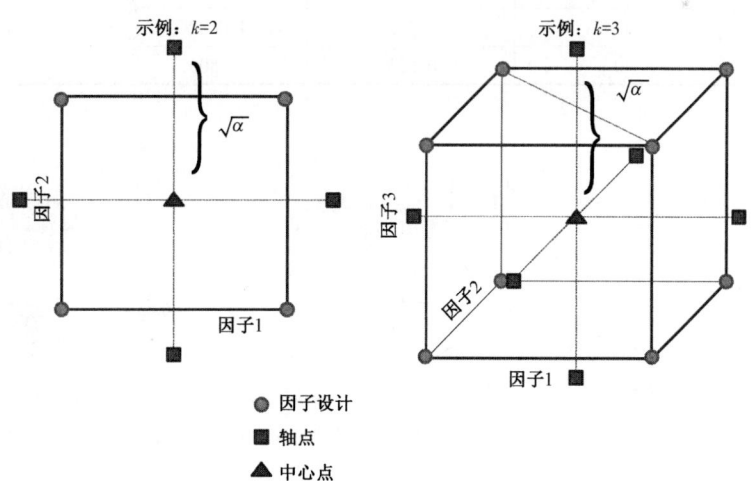

图 10.3　$k=2$ 和 $k=3$ 时，中心合成设计示例

10.3.3 示例说明

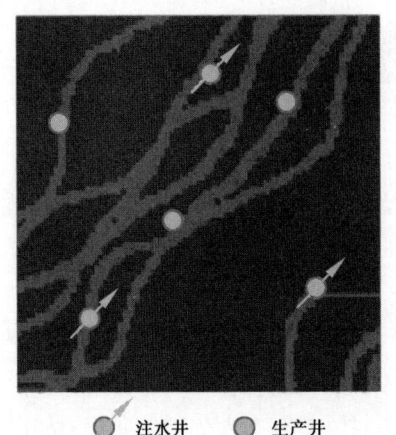

图10.4 由已知通道几何合成通道储层

举例说明响应面方法:一个已知通道位置的通道模型有两个不确定性参数:(常数)渗透率(通道传递流体的情况)和孔隙度(A 通道)。地质模型水井的位置如图 10.4 所示。在一些井注水,可将油推向生产井,目标是建立对三口生产井的产油率随时间变化的不确定性建模。

采用 $\alpha=2$ 的中心复合设计(表10.2、图10.5)。因为只有两个因素,可用九点法设计。对全部9个模型的响应值进行了评估(表10.2、图10.5)。根据这些评估的响应值,建立了一个二阶多项式来描述产油率(在给定的时间)内随这两个参数变化的关系。拟合的响应面也与通过做 $25×25=500$(个)响应评价得到的详尽评估作比较。拟合响应面优于真实的响应值,此处应注意两个表面都是光滑的。

表10.2 河道下情况实验设计表

因子1(孔隙度)	因子2(渗透率)	实际(孔隙度)	实际(渗透率)	响应值
-1	-1	0.15	250	4269.135
-1	1	0.15	750	4607.682
1	-1	0.3	250	4772.588
1	1	0.3	750	4800
-1.41421	0	0.1189	500	4260.636
1.41421	0	0.3311	500	4800
0	-1.41421	0.225	146.4466	4205.167
0	1.41421	0.225	853.5534	4771.403
0	0	0.225	500	4771.403

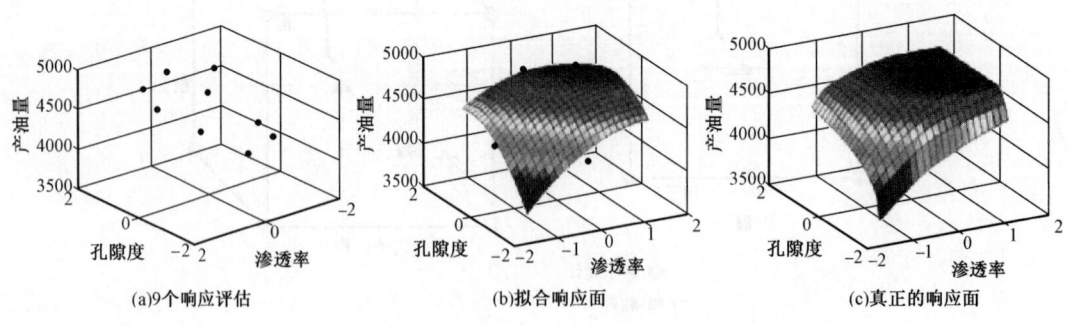

图10.5 对于河道下情况的响应面

综上所述,该方法确定了哪个因子的影响最大,即对响应最敏感。两个因子的帕累托图以及它们的相互影响如图10.6所示。显然,在估计石油生产时,孔隙度和渗透率之间的相互作用与主要的影响因素相比是微不足道的。

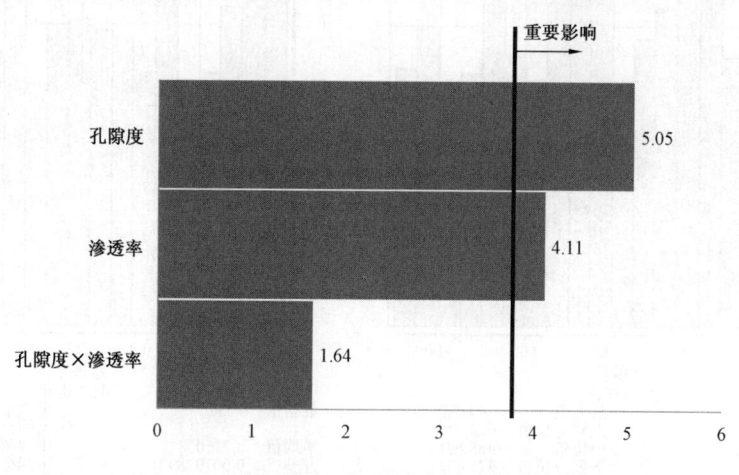

图 10.6　河道的帕雷托图

为了评估产油率的不确定性,现在假定响应表面是实际流体模拟的一个理想近似面。

根据均匀分布(任何其他分布模型也可以使用)对孔隙度和渗透率随机抽样(图 10.7)。通过对孔隙度和渗透率的每一对值进行简单计算,可得到采油率的直方图。该直方图也可看作是对采油率的描述或不确定性模型。

10.3.4　限制

如前所述,响应面不是响应值与参数值之间的真实关系,因为无法对响应进行完全评估,建模者需要选择某种类型的部分设计。这种不等体现在两个层面上,首先,响应面的精度在很大程度上依赖于选择部分设计的类型,无论是中心合成设计还是其他任何文献中可用的方法;如果错过了响应面的主要波动,就会出现错误。其次,响应面通过最小化面与响应值之间的误差来拟合(统计学中称为误差方差)。这必然导致响应面的平滑[RSM 与克里金法很相似(第 6 章),它产生了一个多变化面的平滑表示]。后者会产生以下几种结果。

首先,当响应值随输入参数平滑变化,且输入参数的变化可用几个层来表示时,响应面方法能够得到较好效果。因此,真正的反应是高度不确定的,即很多输入参数变化很大时,该方法可能低估了响应的不确定性。因此,当真实的响应具有高不确定性,即随输入参数变化较大时,该方法保守地描述了响应不确定性。

选择的参数水平有限会导致虚假的安全感,因为实际上的响应值可能会因为参数值的细微变化而不同,这些变化不能被实验设计的选定级别发现。结果,为了不错过重要的响应变化(真正的安全),进行实验设计时,可能需要大量响应评估。要提前知道(一个先验模型)需要多少响应评估是很难确定的。

其次,响应面法不适用于没有自然等级的参数(可分为低、中、高 3 个等级)。特别是用参数描述一个场景:如描述训练图像选择的参数、描述物理模型(或描述部分)选择的参数、表示各种各样解释的参数(例如第 8 章结构模型)。为了能够对任何类型的参数和变量进行实验设计,将再次依靠距离。

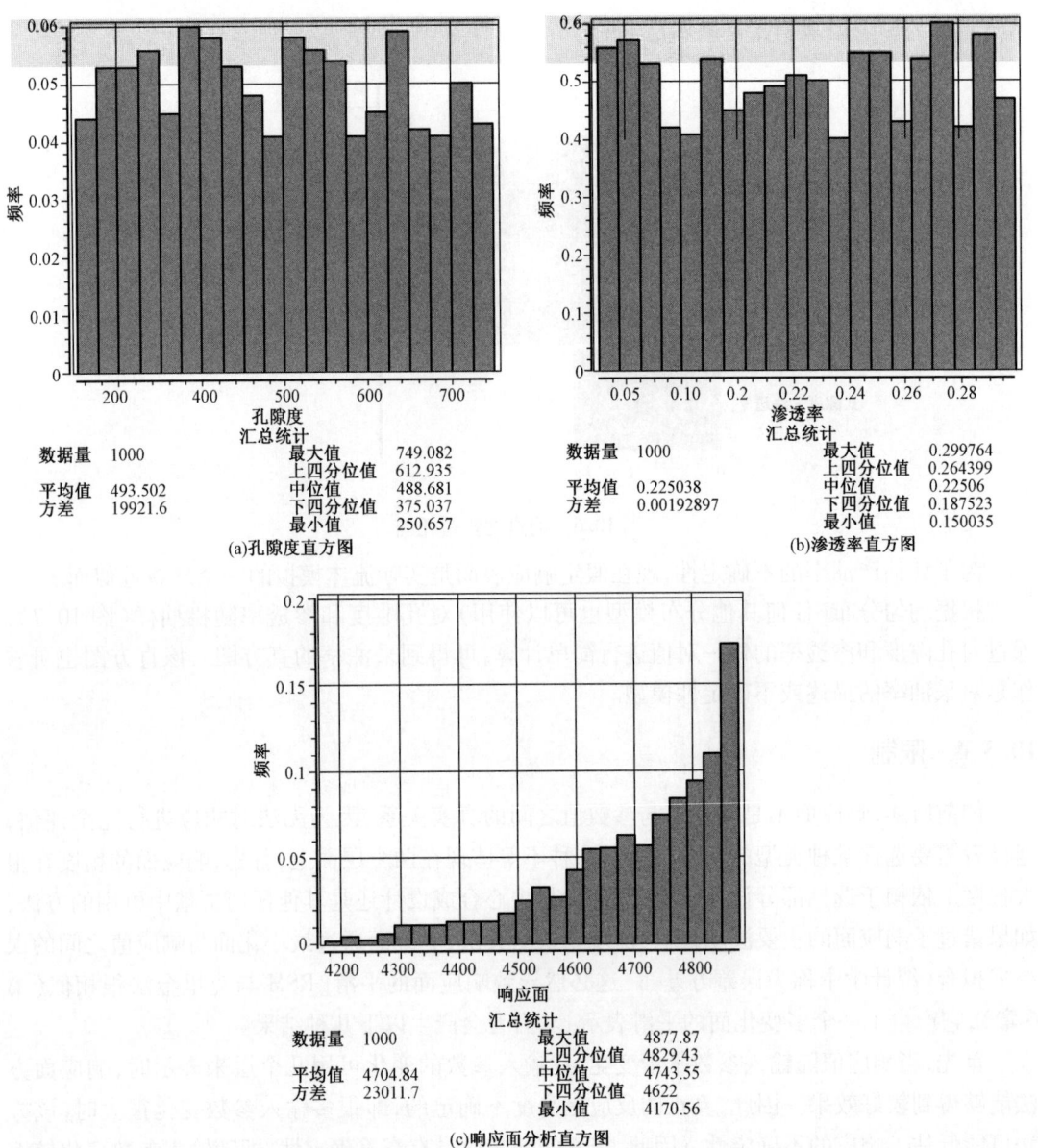

图10.7 样品的孔隙度(a)和渗透率(b)的直方图及响应面分析直方图(c)

因此,这项技术是一个有用的工具,例如使用它作为代理模型或替代模型,但对于地球科学中的不确定性建模还不能成为一种通用的方法。

10.4 响应不确定性建模的距离方法

在前一章中,介绍了用距离(一个标量值)的概念来定义一个实际的决策问题或响应评价的不确定性的函数。"距离"的目的是把一些结构(较小的不确定)引入由一组替代的地质模型所描述的大的不确定性中。距离可被用于选择模型,它是一种比排序更有效、比实验设计更好的方法。

一组替代的地质模型对所描述的不确定性本身往往并不关注(第3章):如果目标是基于建立的模型作决策,它是决策是影响变化和不确定性的那种不确定性。

在第4章中讨论了敏感性分析的各种技术,该技术是用来寻找对手边的特定决策问题以及实验设计(例如图10.2的帕雷托图)最重要的因素。在本章中重新回到敏感性问题,但现在涉及描述不确定性的地质模型。这比第4章讨论的简单的敏感性问题(例如成本或先验概率的敏感度)更具有挑战性。因此,两种挑战性问题将用距离来解决:即决策驱动的决策模型选择和响应对输入参数(物理的或空间)的敏感性。

10.4.1 基于聚类的地质模型选择

聚类技术是计算机科学用于地球科学以及其他科学领域非常熟悉的工具。聚类方法主要有两种:有监督和无监督,一般用后者。无监督聚类的目的是根据该目标提供的信息把一组目标分成互相排斥的类。目标的种类数是未知的,使用对象的什么特征或属性进行分类也是未知的。例如桌子上有100瓶酒(对象),但每个瓶子的标签是对专家不可见。通过品尝葡萄酒,葡萄酒专家可以根据葡萄品种或原产地归类这些酒。越熟练的专家越能精炼地分组并能分成更细的种类。决定使用何种属性也是分类的一个重要方面,在计算机科学里被称为"模式识别"。组合(葡萄的品种、产地)是模式的一个例子。在应用程序中,一个地质模型被看作是这样的对象,其目的是将这些地质模型分成各种各样的类,使得每一类具有相似的响应,则不需要计算每一个模型的响应。如果这个想法能够成功实现,那么可以选择某类或一组中的某个模型计算响应。类似地,葡萄酒专家可以拿出每个组中的一瓶酒来代表桌子上的各种葡萄酒,无须选择所有葡萄酒。每个瓶子上的标签相当于响应函数。

类的数目可以根据能够是否负担得起(CPU问题)的响应评估数来决定,也可以根据得到一个响应(一个准确性问题)的不确定性的现实评估所需要的响应评估数来决定。这个问题放在以后解决,现在要解决的问题是在不对每一个地质模型进行评估其响应的情况下来聚类,这可改变聚类自身的目标。

如果考虑计算机科学文献中大多数聚类方法(如 k-均值聚类、决策树方法等),然后发现这些方法之后的数学问题则需要对距离定义。实际上,距离定义了每个对象与允许归类的其他对象的相似性。然而,响应函数本身不能被用来定义这样的距离,这个距离要能够相对容易且快速地计算。葡萄酒专家可以根据葡萄酒的颜色不同、气味和瓶身玻璃涂层上的差异来区分葡萄酒,甚至不需要品尝它们(或者看标签)。同样,对于地质模型,定义一个有意义的距离将使聚类更有效和高效。为了分类模型,这里只需要定义一个距离,而不需要属性或特征的详细说明,要能够迅速地计算这个距离。为此,可以使用标准距离,如欧几里得距离、曼哈顿距离,或代理模型(替代模型)都可以使用。在使用代理模型时,将使用代理函数简单计算每一个"地质模型"的响应值,然后计算出代理模型响应之间的差异(例如最小平方距离)。使用代理模型(替代模型)通常是一个专业领域,也就是说如果目的是流动模拟,油藏工程领域将提供许多快速的近似流体模拟器(如流线模拟),包括可以用来计算距离的解析解。还可以创造出许多小尺度模型(可能数百万个单元),通过一些平均方法(尺度上升)粗化这些模型,然后使用这些大尺度模型的反应来计算距离。或者可以使用响应面方法作代理定义。注意代理模型不是用来计算近似响应值,而是用来估计在响应中的差别(距离),这是一个微妙但重要的区别。

10.4.1.1　k-均值聚类

计算机科学与统计文献中提供了许多的聚类技术。一个简单的技术是k-均值聚类。k-均值聚类方法的目标是将n个对象聚成k类;k值由建模者确定。在传统的k-均值聚类方法中,这种对象由m个属性描述(例如给定长度和宽度的化石)。描绘在m维笛卡儿空间中(图10.8)。下面的算法总结了k-均值聚类方法:

(1)通过随机选择m个聚类中心对算法初始化。
(2)计算每个对象和聚类中心之间的距离。
(3)把对象分配到离它最近的中心。
(4)根据分配对象计算出每个类的新平均值(聚类中心)。
(5)转到第(2)步直到观察不到类均值和中心的变化。

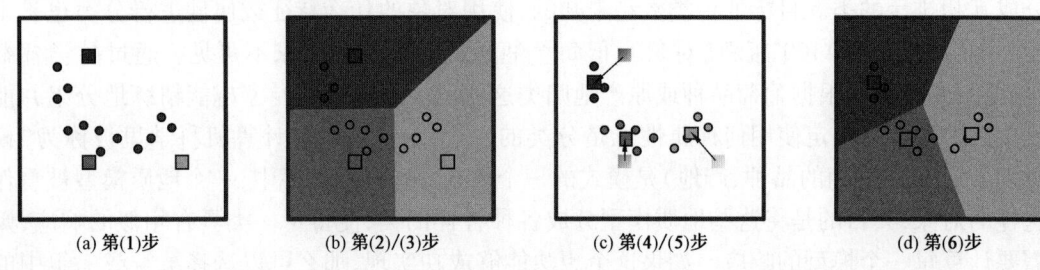

(a) 第(1)步　　(b) 第(2)/(3)步　　(c) 第(4)/(5)步　　(d) 第(6)步

图10.8　k-均值聚类方法的步骤
在此例中,迭代收敛

现在这个聚类方法的含义变得很明显。k类由类的中心定义,类的中心通过计算对象属性的均值得到。注意k的值需要指定,可能是一个不容易得到的先验条件,特别是对象数目比较多时。k-均值聚类方法不一定需要规范的属性;只需要知道对象间的距离上述方法就可运行。距离是一个比对象间差异更为一般的量化对象差异的形式,这实际上是距离的一个特殊形式。

k-均值聚类方法在一些情况下效果很好(图10.8)。但在一些比较困难的情况下会出现错误(图10.9),在二维图中对象和点的变化是"非线性"的。显然在图10.9中有两个类。k-均值聚类方法对算法的第(1)步初始化非常敏感。一个错误的初始化会导致明显错误的聚类。其解决方案是使二维图中点的分布更"线性",或者至少在某个特定的方向上可"排成一列"。第9章中介绍核变换是实现这一目标的方法之一。因此,使用核变换先来变换这些点通常是有用的(图10.9),然后执行k-均值聚类方法,然后将这些变换到原始空间。需要注意的是在第9章中介绍的核转变,只需要规范的距离(图10.9),倾向于"拆散"这些点更加有组织的分布。下面的算法,称为核k-均值聚类方法,总结如下:

(1)计算或指定的n个对象之间的距离。
(2)将对象转变到核或特征空间。
(3)使用上面介绍的k-均值聚类方法。
(4)将结果反变换到原来的笛卡儿坐标系。

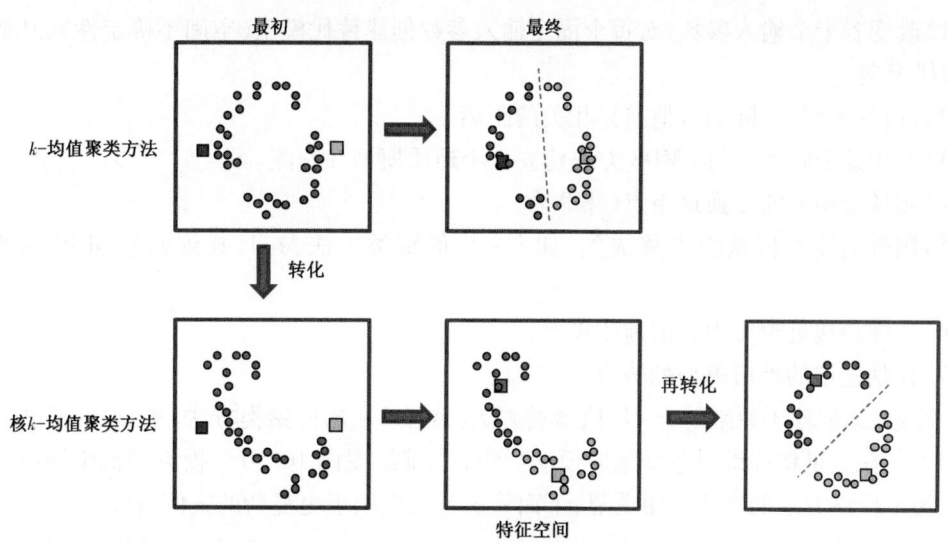

图 10.9 k-均值聚类方法和核k-均值聚类方法的比较

10.4.1.2 用于响应不确定性评估的地质模型聚类

图 10.10 展示了聚类方法的迭代过程,该方法可用于假想例子的模型选择,概括如下:

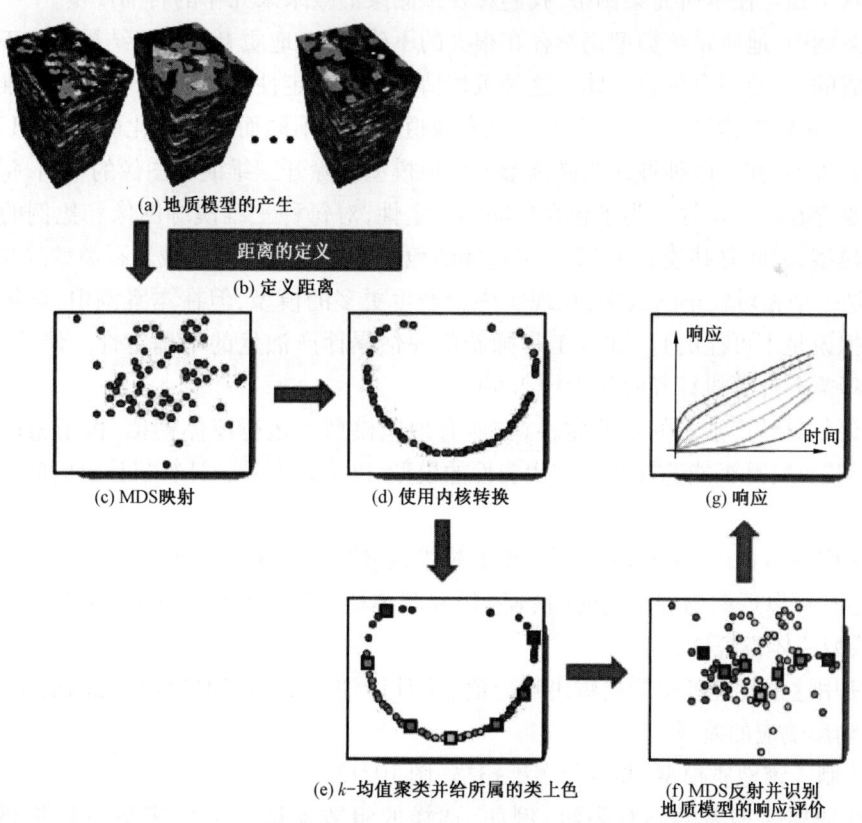

图 10.10 地质模型的聚类方法示例

(1)改变若干个输入参数,对每个固定输入参数创建替代模型(空间不确定性),从而建立多个替代模型。

(2)选择一个与实际响应值差异相关的距离。

(3)使用这个距离,采样 MDS 方法建立一个地质模型并预测。

(4)用核变换方法变换这组点(第9章)。

(5)用聚类技术将这组点聚成类,如 k-均值聚类方法,并且找到原始 MDS 图的聚类中心。

(6)选择最接近聚类中心的地质模型。

(7)评估选定的地质模型的响应。

请注意,这依赖于原来的 k-均值聚类方法(或核 k-均值聚类方法)的属性,需要对距离进行聚类。在这里将高维对象即地质模型(例如二维绘图图 10.10),投影到低维图中后进行聚类。为了使该方法的实用性更明显,下面将该方法应用于更复杂的案例研究。

10.4.2 油藏实例研究

油藏地质系统中的不确定性是一个常见的问题,它会影响石油产量的预测。如果油藏位于深水区,只能钻少数几口井,且成本高,风险大。各种岩石类型存在很大的不确定,并且它们的几何形状未知。在本研究案例中,我们想要预测某油藏未来几年的石油产量。

在本案例中,地质系统类型仍然存在很大的不确定性,地质专家解释结果是由于未知厚度的砂道组成的,可能还有页岩砂体。这种沉积情况的不确定性通过 12 个不同的三维训练图像(TIS)表示。训练图像随通道宽度、宽厚比和通道弯度的不同而发生变化(图 10.11)。存在 4 种沉积岩石类型,其中两种被建为椭圆形或通道模型。除开三维演练图像的不同,每种岩石类型的比例也存在不确定性。为了包含空间不确定性,对每种三维演练图像和比例的组合创建两个地质模型,因此总共建立了 72 个可选择的地质模型来描述该油藏岩石类型的几何结构变化。(72 是一个相对较小的数字,在现实中会产生更多的模型,但在本案例中,对每个模型执行流体模拟说是不可能的)。油藏工程师希望评估累计产油量的不确定性。请注意,执行一个流体模拟需要计算机计算时间大约 2.5h。

为了评估累计产油量的不确定性,在所有地质模型上运行流体模拟,将用超过 9 天的时间。因此问题是:是否能选择几个有代表性的模型,以节省大量的计算机计算时间?可以通过以下步骤实现:

(1)使用在第6章(图 10.12)所介绍的技术,创建 72 个地质模型。

(2)运行可以近似物理流动的(快速)代理流体模拟器(在本案例中,忽略流体的可压缩性,使用线型流体模拟器,)。

(3)使用这个代理模拟器的输出响应值(累计产油量)计算地质模型之间的距离,作为代理模拟器输出响应的差异。

(4)绘制二维地质模型,并进行多维扫描(图 10.13)。

(5)将地质模型聚类到有限组,例如,选择的组数保证有时间来运行模拟器(这里选择 7)。

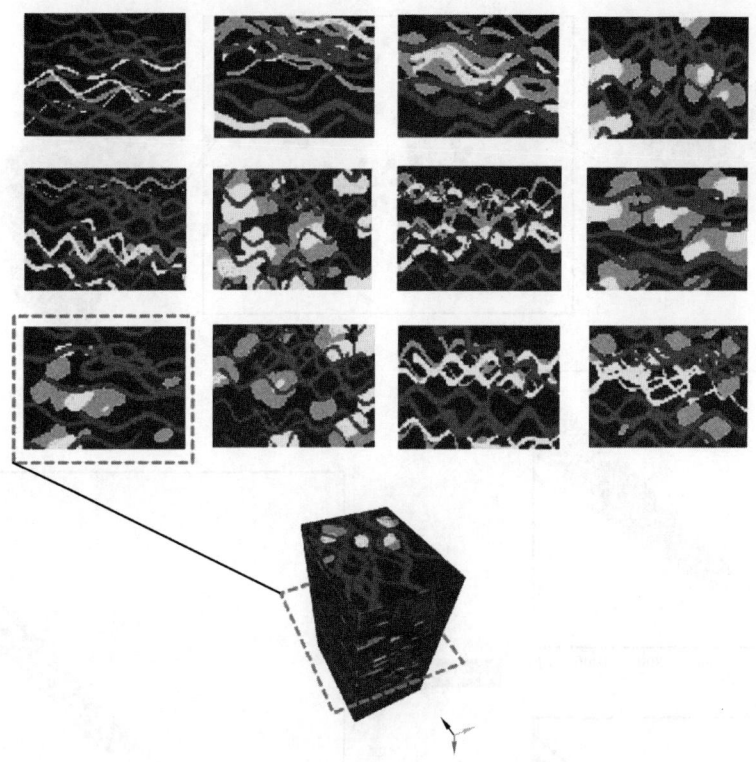

图 10.11 12 个替代三维训练图像的二维模型截面

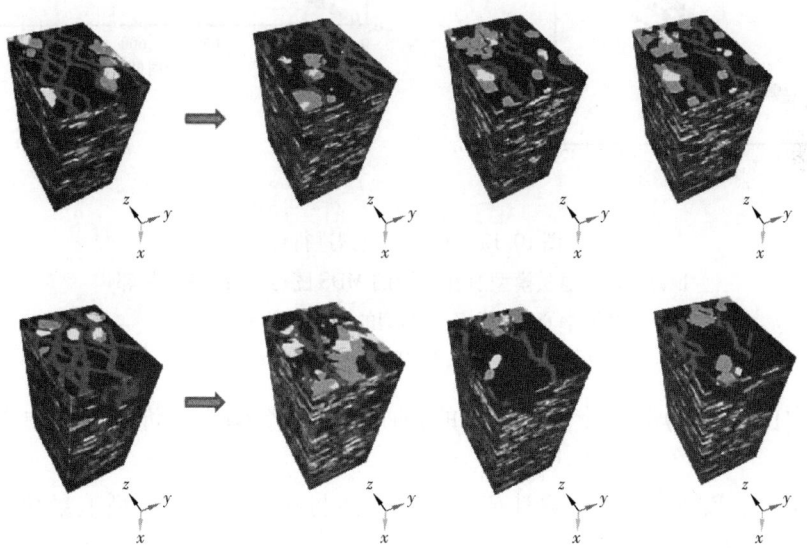

图 10.12 2 个三维训练图像和每个三维训练图像的 3 个地质模型

(6) 找到最接近的类中心的模型(图 10.13)。

(7) 在这些模型上运行完整的仿真模型,通过对 7 个评估响应插值(第 2 章)计算最低十

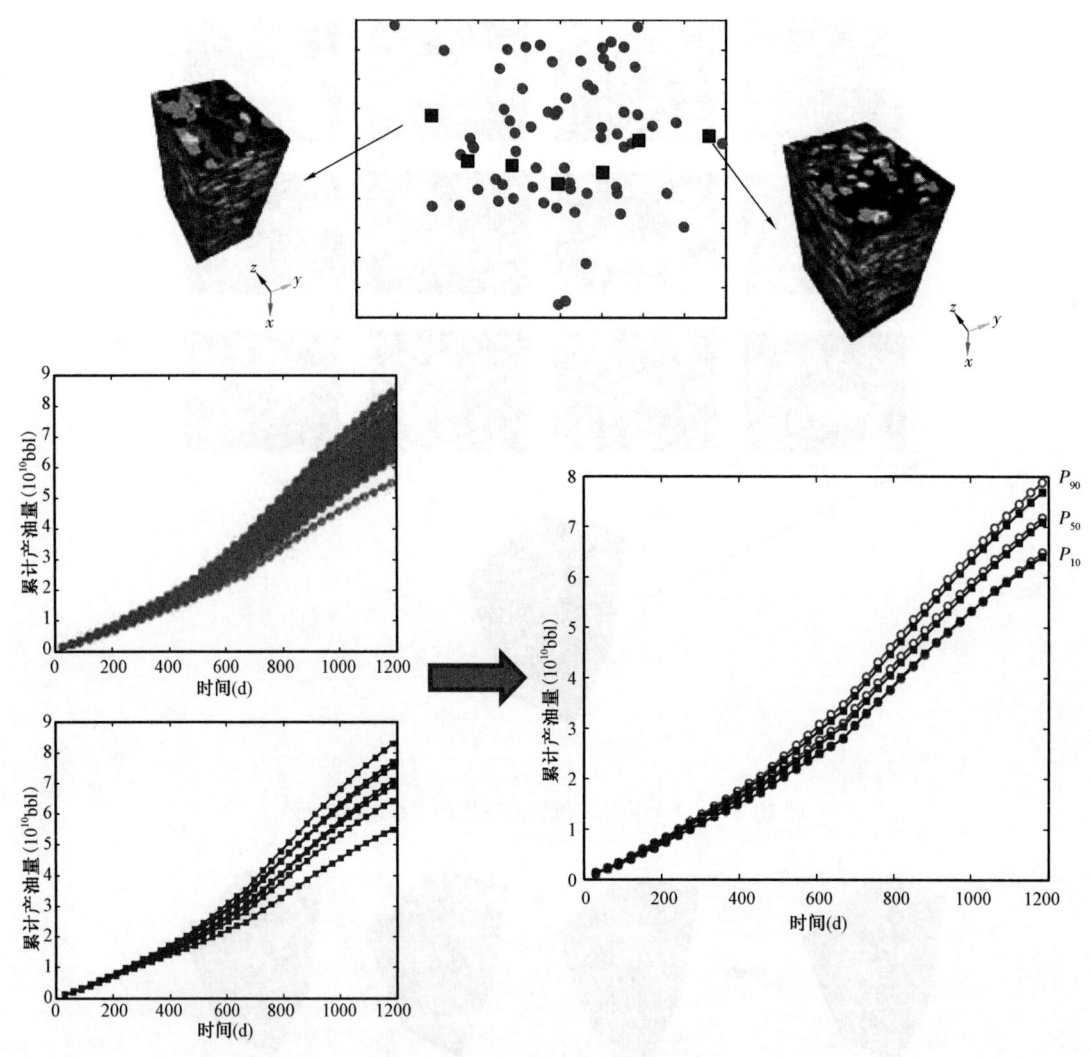

图 10.13 对选定模型进行评估
顶部:72 个地质模型所在位置的 MDS 图,选中的模型紧邻
聚类中心;底部:7 个模型的响应评价和 72 个
详尽的响应评估,与 P_{10}、P_{50} 和 P_{90} 两组计算

分位(P_{10})、中位数(P_{50})和高十分位(P_{90}的)插值,从 7 个响应评价的反应中进行预测(图 10.14)。

为了确定 P_{10}、P_{50} 和 P_{90} 量化累计产油量的性能与在全部地质模型上量化的差异,在图 10.13 中做一个比较。

图 10.13 显示了对 7 个选定模型进行评估得到的累计产油量。根据这些模拟,可计算产油量的 P_{10}、P_{50} 和 P_{90} 的时间函数。可发现,从通过聚类选择的 7 个模型中估计的分位数与由 72 个全部模型得到的分位数非常相似,后者需要 10 倍以上的计算时间。

10.4.3 灵敏度分析

采用基于距离聚类的模型选择,也可以用于分析哪些地质数据或物理参数对响应影响最大。此信息往往有助于确定哪些因素较为重要以及应该收集哪种类型的数据以减少重要参数的不确定性。确定哪些参数对响应的不确定性"影响"较大的一个简单的方法是采用与实验设计相同的方法,但现在没有一个标准的设计(在平均意义上对许多应用效果较好),只是使用通过聚类选择的模型,即响应的不确定性评价更有针对性。

回到研究的实例中,上述敏感性研究可以用于预测累计产油量的4个参数:通道的厚度、宽度与厚度比、通道弯度和含砂率。图10.14显示了每个参数对累计产油量的灵敏度。红线对应一个用户选择的阈值,这意味着与线相交的参数值被认为对参数是有影响的。显然,最有影响力的参数是通道厚度,其次是通道弯度和宽度与厚度比。距离方法可以用于其他敏感性分析方法,不是必须使用响应面或实验设计技术。聚类模型提供了大量的信息,因为每个被聚类的地质模型的生成参数可被识别(图10.15)。研究类内参数变化和类间参数变化有助于分析组合参数,这对响应是非常重要的。如何做到这一点需要更先进的统计建模技术,在本书的范围之外。

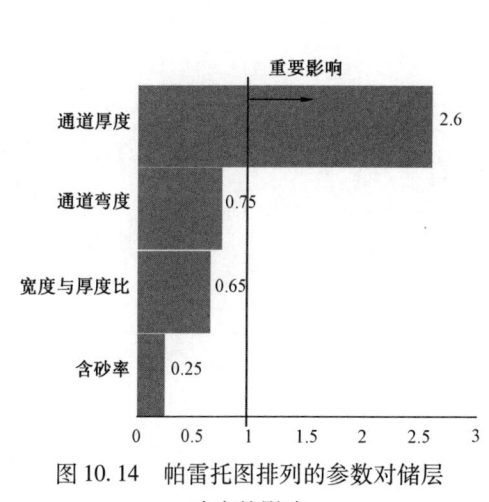

图10.14 帕雷托图排列的参数对储层
响应的影响

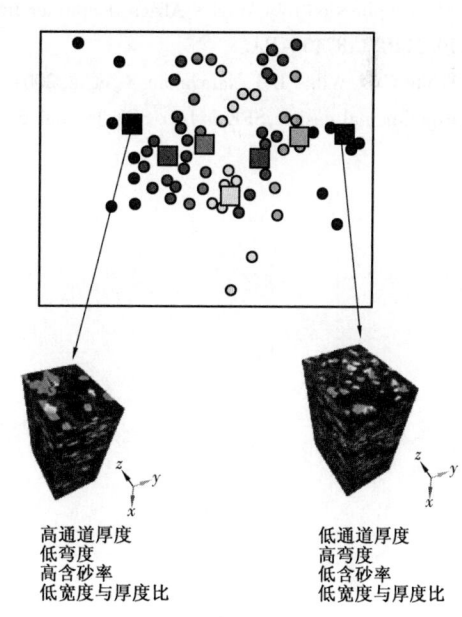

图10.15 识别后产生的聚类参数
这里显示聚类中心的生成参数(所选模型)

10.4.4 局限性

不同于实验设计,聚类方法侧重于参数(因素),而距离的方法侧重于地质模型,这使得用几个参数总结复杂的地质模型很困难,而且涉及大的空间模型时优化设计方法是难以选择的。通过距离选择模型有助于任何实际参数的影响,包括无法排序或给定值的参数。研究参数是"模型的复杂性",即为了手头的目的应该建立一个复杂的模型:一个简单的物理或空间模型足够吗？需要更多细节吗？必须意识到，没有实际构建一些复杂的模型，理解与其他模型参数结合的模型复杂程度的相互性，这个问题是无法解决的。这意味着，并非所有的地质模型都必须是复杂的，相反，可以设想建立一个简单模型和复杂模型的混合，以研究反应灵敏度。

总之，选择距离是有难度的但也是一个机会。它允许将建模的目的与问题的不确定性相结合，但需要选择距离且需要与手头的问题相关。这可以是一种主观的选择，无法事前知道是否存在一个合适的距离。例如，选择的距离是完全错误的，也就是说，它与决定的问题或响应函数没有关系。模型选择将导致随机选择，这不是最有效的但不一定有偏差。较差的距离选择，将需要选择更多的模型，以保留在建模系统中需要评估的不确定性。统计技术，如 bootstrap 采样，可以用来判断其正确性，但本书不作讨论。

【参考文献】

[1] Bishop C M. 2006. Pattern Recognition and Machine Learning, Springer Verlag.
[2] Fisher R A. 1935. The Design of Experiments, 8th edn, Hafner Press, New York, 1966.
[3] Ryan T P. 2007. Modern Experimental Design, John Wiley & Sons, Inc.
[4] Scheidt C and Caers J. 2009. Uncertainty quantification in reservoir performance using distances and kernel methods – application to a West – Africa deepwater turbidite reservoir. SPE Journal, 118740 – PA, Online First, doi: 10.2118/118740 – PA.
[5] White C D, Willis B J, Narayanan K, et al. 2001. Identifying and estimating significant geologic parameters with experimental design, SPE 74140. SPE Journal, 6(3), 311 – 324.

11 信息的价值

收集数据并没有实际意义,除非它能影响某个特定的决策目标。收集更多数据的目的是为了减少对决策过程有影响的参数的不确定性。因此,在使用任何额外数据前,信息价值取决于所面临的决策的问题。因此,确定信息价值涉及三个关键部分:先验不确定性、数据的信息内容和决策问题。

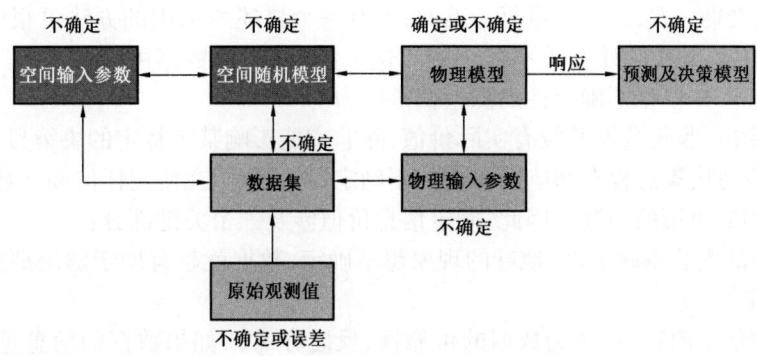

11.1 概述

在许多实际情况中都面临着以下问题:假定地质的不确定性,是继续作出决策(第4章),还是收集更多的信息以降低影响决策的不确定性结果? 为了降低不确定性,在油藏储层中,收集信息包括开展地震研究,作更多的露头研究、取岩心、运行试井分析、请教专家、查阅运行日志、油藏建模研究等。收集信息的直观原因非常简单:如果更多的信息可以减少未来结果的不确定性,所作的决策就更可能获得良好的结果。然而,这样的信息收集成本往往是昂贵的。出现的问题包括:(1)期望的不确定性降低是否值得付出这个成本;(2)如果有多个潜在的信息源,哪一个是最有价值的;(3)哪种信息源的顺序是最佳的。这种类型问题的框架是"信息价值"问题。这个问题不是那么容易回答,因为采取任何测量前必须评估这些信息的价值。

决策分析和信息价值(VOI)已经广泛应用于工程设计和测试决策,如评估建筑物在地震中的风险、航天飞机的组件和海上石油平台等失败的风险。在这些领域,收集信息方式是做更多的实验,如果这些实验是有用的,也就是说可以发现设计上的缺陷(或缺少),那么这些信息对决策目标可能是有价值的。直观看来,就是必须有一些有用的实验措施。事实上,如果进行的实验根本没有发现可影响决策变化,那么就是毫无意义的。在传统信息价值相关文献中的"有用程度"称为实验的"可靠性"。在工程科学中,预测这些设计或元件性能的信息来源和实验准确性的统计数据是可用的,因为它们通常是在可控环境中反复操作得到的(如实验室或实验设备)。完成 VOI 的计算需要这些统计数据,因为它们提供了信息(数据)和决策的状态变量(工程设计或组件的详述)之间的概率关系。

将此框架应用于一个未知地球的空间决策存在许多挑战。不是预测某个工程师的设计在不同条件下的性能，所需预测的是未知的地球响应，地球非常复杂，并且对此知之甚少，当然无法在实验室中实现，这是由于外部作用和空间的不确定性。地球物理数据和遥感测量数据是地球科学中最常用的信息来源。例如，VOI可以用来评估用于开发未开采的油藏的三维地震覆盖区域外的测量费用是否值得。

11.2 信息价值问题

在地球科学中进行VOI测量出现了一个进退两难的情况。VOI是在收集信息前计算的。注意，数据只能收集一次，基本不重复。然而，没有一个描述所采用的方法可很好解决所试图预测的问题的测量，VOI的计算是不完全的。这一测量称为"数据可靠性措施"，是用来解决地球的关键特征——模型不确定性的测量偏差能力。

前文已经指出，收集数据并没有实际价值，除非它能影响某个特定的决策目标。收集更多数据是为了减少对决策过程有影响的参数的不确定性。因此，在使用任何额外数据前，信息价值取决于所面临的决策的问题。因此，确定信息价值涉及三个关键部分：

（1）建模前的先验不确定性：地球的现象越不确定，数据就越有助于解决那些针对特定决策目标的不确定性。

（2）数据的信息内容（可译为数据的可靠性，反之亦然）：如果数据的信息量不大，那它就没有价值。但即使是完美的数据（可解决所有不确定性的数据），如果对决策问题没有影响，也没有帮助。

（3）特定决策问题：这驱使价值评估，VOI计算是基于价值的评估。

11.2.1 信息内容的可靠性

VOI问题的关键是确定数据的"可靠性"。假设有一个数据源B（例如探地雷达、GPR）以及一些要解决的未知参数A（例如厚度）。总体而言，可靠性是一个下述形式的条件概率：

$$P(数据描述现象 | 实际情况)$$

换句话说："给定真实世界情况，数据描述内容的概率"（图11.1）。假定现实世界或实际地下水位可能有两种高度：h_1和h_2。然后，如果数据源是不完善的，有时可能是正确的（测量h_i时实际值也是h_i）有时可能是错误的（测量h_j而实际值是h_i）。表11.1记录下这些概率分布，其中B代表数据的随机变量，A代表真实世界的随机变量。注意：数据都是随机变量，因为VOI问题中不明确数据。

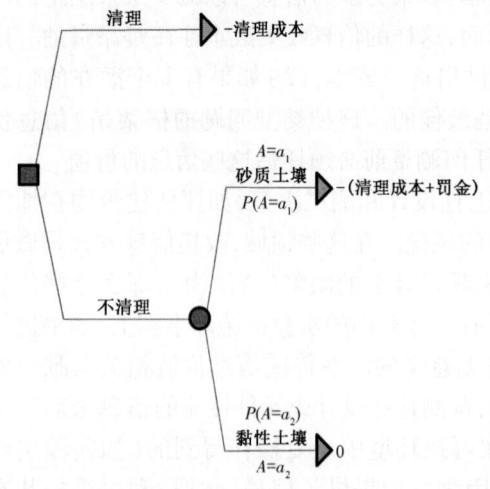

图11.1 初始决策树

表 11.1 可靠性频率和信息内容频率

可靠性 $P(B=b\|A=a)$		实际间隔	
		h_1	h_2
GPR 数据显示	h_1 测量值	$P(B=b_1\|A=a_1)$	$P(B=b_1\|A=a_2)$
	h_2 测量值	$P(B=b_2\|A=a_1)$	$P(B=b_2\|A=a_2)$
共计		1	1
信息内容 $P(A=a\|B=b)$		GPR 数据显示	
		h_1 测量值	h_2 测量值
实际间隔	h_1	$P(A=a_1\|B=b_1)$	$P(A=a_1\|B=b_2)$
	h_2	$P(A=a_2\|B=b_1)$	$P(A=a_2\|B=b_2)$
共计		1	1

在第 7 章中,讨论了另一个概率——"信息内容",形式如下:

$$P(\text{实际情况} | \text{数据描述现象})$$

通常数据的可靠性是可用的,但是,在下一节中,为了解决信息价值问题,必须知道信息内容。使用贝叶斯规则(第 2 章),可以按如下方式从一个概率推知另一个概率:

$$P(A=a_1|B=b_1) = \frac{P(B=b_1|A=a_1)P(A=a_1)}{P(B=b_1)} \tag{11.1}$$

其中:

$$P(B=b_1) = P(B=b_1|A=a_1)P(A=a_1) + P(B=b_1|A=a_2)P(A=a_2) \tag{11.2}$$

11.2.2 VOI 的方法论总结

执行信息的价值研究的主要程序步骤概述如下。这些步骤将应用于一个简单的决策问题来进行说明和解释:

(1) 计算信息缺乏时作出决策的期望值。这通常用决策树进行描述(第 4 章),即 $V_{\text{信息缺乏}}$。

(2) 制订决策情况的结构,引入新信息。可通过向决策树中添加一个新的分支来进行执行和描述。

(3) 计算新分支的期望值——$V_{\text{完善信息}}$,即完善信息的预期值。这可以通过下面的步骤(5)中的可靠性概率输入"1"和"0"来实现。那么完善的信息值是:

$$\text{VOI}_{\text{完善信息}} = V_{\text{完善信息}} - V_{\text{信息缺乏}}$$

(4) 如果 $\text{VOI}_{\text{完善信息}}$ 是可以忽略不计的,或者小于获取信息的成本,可采用第(1)步中作出的决策。

(5) 如果 $\text{VOI}_{\text{完善信息}}$ 有显著意义,数据被认为是不完善的信息时,按如下子步骤计算值:

① 确定可靠性概率——$P(\text{数据}|\text{实际情况})$。

② 计算信息内容(IC)概率。

③ 输入决策树中 IC 的概率并求解新的分支以获取 $V_{\text{完善信息}}$。

④ 计算 VOI 为:

$$\text{VOI}_{\text{不完善信息}} = V_{\text{完善信息}} - V_{\text{信息缺乏}}$$

VOI 可以与收集的信息或数据的情况下相比。

11.2.2.1　步骤 1 和 2：VOI 决策树

假设一个简单的决策，做还是不做（如清理还是不清理）。表示这种二元决策有两个选择："清理"或"不清理"。现在假设不确定事件 A 有两种可能的结果：a_1 和 a_2，即 a_1 = "土壤是砂质土壤"和 a_2 = "土壤是黏性土壤"；a_1 情况下污染物扩散发生的可能性小。

如果采取"清理"措施，那么成本是固定的，即清理成本（负价值或负收益"$-C$"）。如果采取"不清理"措施，如果土壤中含有较多的黏土，并且污染物不扩散，那就无须支付任何费用。但如果土壤中含有更多砂土，污染会扩散，就会支付额外罚款。在这种情况下，成本是：清理成本 + 罚款或 $-(C+P)$。这定义了最初的决策问题（图 11.1）。决策树可以揭示哪些行为可使成本最低。最佳行为的价值（或成本）表示为 $V_{\text{信息缺乏}}$。

下一步应考虑收集更多的数据。根据决策分析，这只是与行为"清理"还是"不清理"之外的另一种选择。在新的决策树中有第三种选择（图 11.2）。考虑现在的数据源 B，有两种可能的结果：b_1 = "数据表示砂质土壤"和 b_2 = "数据表示黏性土壤。"一旦收集数据完成就采取最初的决策问题，并将此附加到分支上 $B = b_1$ 和 $B = b_2$。在这些分支中改变的是不确定事件 A，概率现在是条件，即依赖于数据的结果。如果数据是完善的，那么数据可完全解决不确定性问题，也就是说，它们将揭示是否存在砂质土壤。然而，如果数据不完善意味着，即使数据显示是"砂质土壤"，实际土壤也可能是黏土质，那就必须确定信息内容的概率 $P(A = a_i | B = b_j), i,j = 1 \sim 2$。回想这些概率可由可靠性推出（式 11.1），可靠性由决策者提供。剩下的就是边际概率 $P(B = b_1)$ 和 $P(B = b_2)$ 的指定（式 11.2）。一旦所有的概率都已知，可以求解决策树并计算第三个分支的值（或成本），记为 $V_{\text{已知数据}}$。信息值定义为：

$$\text{VOI} = V_{\text{已知数据}} - V_{\text{数据缺乏}}$$

需要注意的是决策树中不包含调查成本。在决策分析中，类似成本叫作"沉入成本"，也就是说，如果决定要收集数据，那么将承担这笔费用。

11.2.2.2　步骤 3 和 4：完善信息的价值

为了便于说明，考虑图 11.1 和图 11.2 所示的决策问题的一些实际值。通过输入先验概率完成决策树，假定已知：

$$P(A = a_1) = 0.4$$

$$P(A = a_2) = 0.6$$

成本是已知的，也假定是确定的：

清理成本 = 10；罚款 = 7.5；（假如以 10000 美元为单位）

根据第 4 章中的技术求解决策树，结果如图 11.3 所示，这意味着最好的决定就是不清理，或：

$$V_{\text{信息缺乏}} = -7$$

返回到涉及收集更多数据的分支。现有完善的信息（表 11.1）：

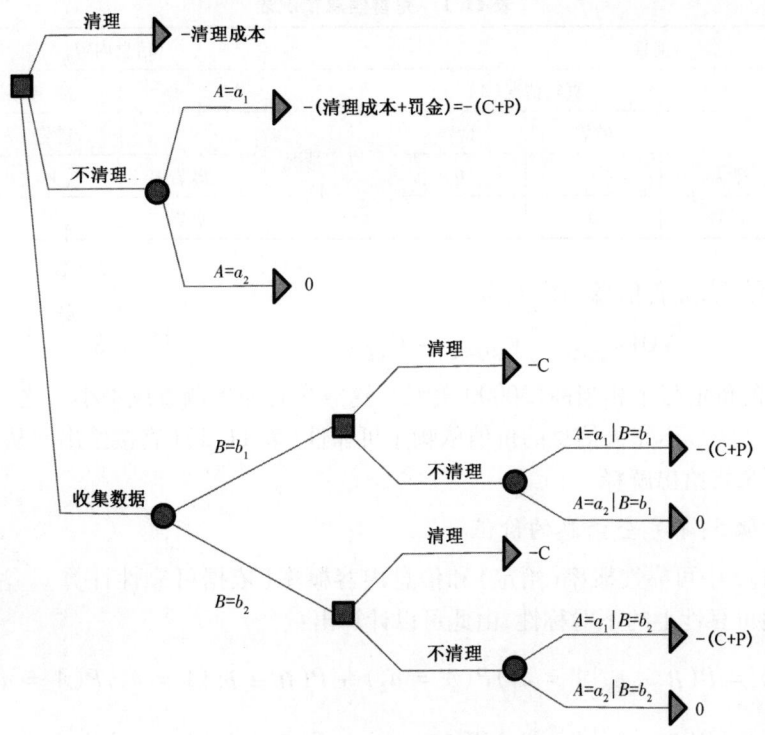

图 11.2 决策树(包括收集数据的选项)

$$P(B = b_1 | A = a_1) = P(A = a_1 | B = b_1) = 1 且 P(B = b_2 | A = a_1)$$
$$= P(A = a_1 | B = b_2) = 0$$
$$P(B = b_1) = P(A = a_1) 且 P(B = b_2) = P(A = a_2)$$

将这些值插入到图 11.2 的决策树中,结果如图 11.4 所示。

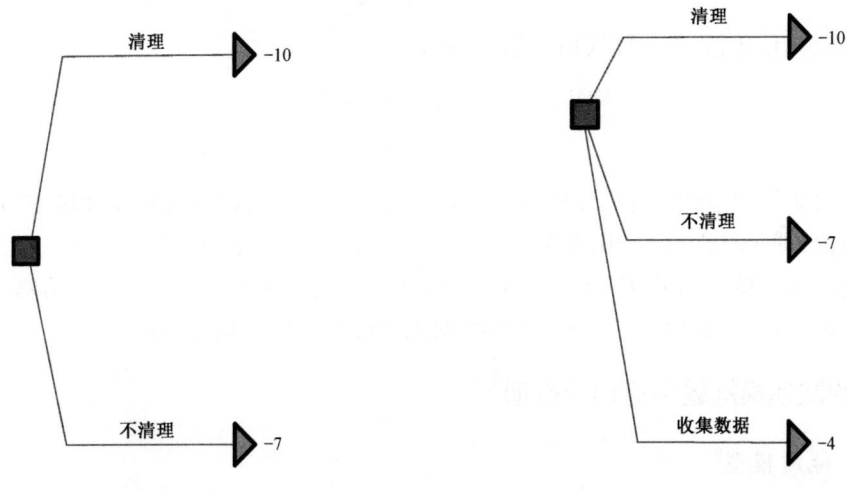

图 11.3 图 11.2 中决策树的决策结果　　　　图 11.4 具有完善信息的决策树

表 11.1　完善信息情况表

可能性				信息内容			
数据显示 (B)	真实情况 (A)			真实情况 (A)	数据显示 (B)		
		砂岩	页岩			砂岩	页岩
	砂岩	1	0		砂岩	1	0
	页岩	0	1		页岩	0	1

根据这一结果,完善信息的价值为:

$$VOI_{完善信息} = V_{信息缺乏} - V_{完善信息} = -4 - (-7) = 3$$

完善信息的价值似乎相当高(30000 美元),这意味着如果调查成本小于这个数字,获取完善信息是有意义的。不完善信息的价值依赖于可靠性(表 11.2)(直接给出或从信息内容概率中计算),接下来将给出解释。

11.2.2.3　步骤 5:不完全信息的价值

考虑表 11.2 中可靠性概率(给定)和信息内容概率(依据可靠性计算)。注意"页岩"和"砂岩"在数据可靠性上的不对称性,由此可以计算出:

$$P(B = b_1) = P(B = b_1 | A = a_1)P(A = a_1) + P(B = b_1 | A = a_2)P(A = a_2) = 0.37$$

$$P(B = b_2) = P(B = b_2 | A = a_1)P(A = a_1) + P(B = b_2 | A = a_2)P(A = a_2) = 0.63$$

表 11.2　不完善数据情况表

可靠性				信息内容			
数据显示 (B)	真实情况 (A)			真实情况 (A)	数据显示 (B)		
		砂岩	页岩			砂岩	页岩
	砂岩	0.70	0.15		砂岩	0.75	0.19
	页岩	0.30	0.85		页岩	0.25	0.81

在图 11.5 中用圆圈代表插入所有概率,得:

$$VOI_{不完善信息} = V_{完善信息} - V_{数据缺乏}$$
$$= -5.8 - (-7) = 1.2$$

意味着收集数据应该只花费 12000 美元才是有价值的。可以考虑可靠性概率为多少时信息不再有价值,即 $VOI_{不完善信息} = 0$;如果只考虑改变砂岩的可靠性(目前为 0.7/0.3),就会发现信息有价值的最小概率为 $P(B = b_1 | A = a_1) = 0.30$。建模者可以用它来决定收集哪些信息、部署哪种测量设备以及测量精度,当然,这些数据源的可靠性概率是可用的。

11.2.3　地质建模问题中的信息价值

11.2.3.1　地质模型

上文在一个相对简单的环境中进行了 VOI 的计算:未知概率事件 A 有几种实现,以及数

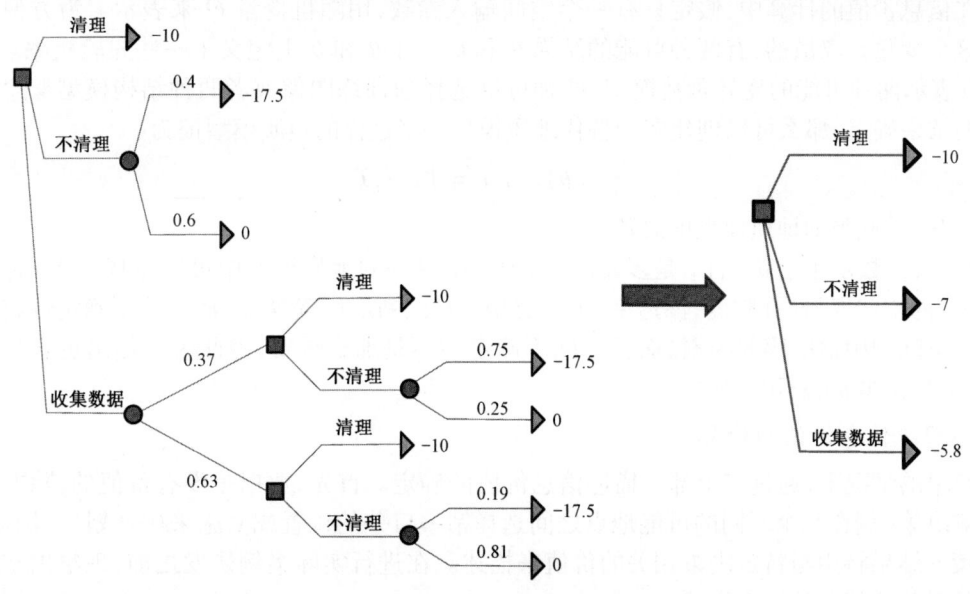

图 11.5　计算不完全信息的价值的最终决策树

据源 B 有几种实现,可以从中推导出条件概率。如果未知信息是使用第 5 章至第 8 章中的技术进行建模的地质部分呢?

　　表示不确定性最普遍的方法是产生一套包括所有不确定来源的地质模型,并在收集数据之前考虑信息评估问题。创建这样一套地质模型可能会使用各种各样的技术,包括地下结构的变化,即断层和成层,控制包含在这些结构中的重要属性的沉积体系中的不确定性(渗透率、孔隙度、饱和度、矿石品位等)以及用地质统计学技术模拟的属性值空间变化。

　　考虑到空间建模,这里讨论地质建模中的两种不确定性建模(图 11.6)。首先,需要确定输入参数的先验不确定性。这些输入参数可能像变异函数模型的范围或方位角一样简单,这些参数是不确定的,通过一个概率密度函数来描述,或者它可能是一套训练图像,每一个参数都具有出现的先验概率。接下来,特定的空间输入参数(S)的结果可给定这些参数值,采用随机模拟算法生成了一个或几个地质模型。这两种不确定性是:输入参数的不确定性和由于给定的输入参数的空间变化引起的不确定性。

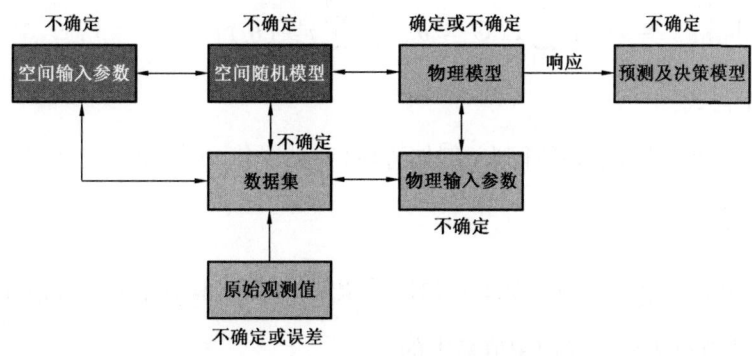

图 11.6　输入不确定性和空间不确定性

在信息价值的计算中,假定只有一个空间输入参数,用随机变量 Θ 来表示。为方便起见假定这个变量是离散的,有两种可能的结果 θ_1 和 θ_2。在 θ_1 和 θ_2 上定义了一些先验概率。θ_1 和 θ_2 可以表示两种可能的变异函数模型、两种可供选择的训练图像或者两种结构模型概念。一旦 θ 的结果确定,那么可以创建多个替代地质模型。将这样的地质模型记为

$$z^{(t)}(\theta) \quad t = 1, \cdots, T$$

式中 T——此类的地质模型的总数。

显然,参数依赖于 θ。且 z 是多元的,因为一个单一的地质模型中可以生成许多相关(或不相关)的空间变量(孔隙度、渗透率、土壤类型、浓度、断层位置等)。输入的不确定性将被视为在决策问题中最敏感的因素,而且空间不确定性不是那么重要,因此为了作出更合理的决策,目标是减少 θ 的不确定性。

11.2.3.2 信息价值的计算

简单的情况下,通过三个部分描述信息价值的确定。首先,数据是没有价值的,除非它可以影响决策(例在几个不同的可能地点之间选择钻一口井的位置或实施采矿计划)。因此,空间决策的结果将用与特定决策相关的价值来描述。在进行实际案例研发之前,现给出空间模型的信息价值问题的一般描述。

地球科学中存在许多类型的空间决策。采油工程中,不同的开采计划(如在什么地方钻井,钻什么样的井),代表可能采取的不同行动或开采特定油田的决策选择 a。在采矿行业,几个开采计划表示了行动或清理污染的策略。因此,以值的形式表示的结果将是所采取的行为(选择的开采计划)和这些行为的地质响应(产油量/矿石回收量)的一个组合。可能的选择方案用 a 表示,其中 $a = 1, \ldots A$,A 是方案总数,以及在地质上采取的行为表示为函数 g_a。由于真正的地质属性是未知的,行为 g_a 在生成模型 $z^{(t)}(\theta)$ 上模拟,即:

$$v_a^{(t)}(\theta) = g_a[z_a^{(t)}(\theta)] \quad a = 1, \cdots, A \quad t = 1, \cdots, T$$

请注意,值 $v_a^{(t)}$ 是一个标量。正如第 4 章中所讨论的,它是可以用各种形式表示的值;然而货币单位在概念上(通常表示为现在净价值 NPV)是最直接的。

对任何情况,应该选择最可能出现的决策。然而,由于地质情况对所采取的措施具有不确定性,事先决定最可能出现的决策是非常困难的。由于这种不确定性,上述公式中的值可能有很大的变化。基于这一变化,确定不含数据的值 $V_{信息缺乏}$,其中,Θ 有如下两类 θ_1 和 θ_2 值:

$$V_{信息缺乏} = \max_a \left(\sum_{i=1}^{2} P(\Theta = \theta_i) \frac{1}{T_{\theta_i}} \sum_{t=1}^{T_{\theta_i}} v_a^{(t)}(\theta_i) \right) \quad a = 1, \cdots, A$$

进一步分析这个公式:

$\frac{1}{T_{\theta_i}} \sum_{t=1}^{T_{\theta_i}} v_a^{(t)}(\theta_i)$ 是对于某种行为(例如清理)和某个值 θ(例如河流沉积体系的存在)的平均值(单位美元)。

$\sum_{i=1}^{2} P(\Theta = \theta_i) \frac{1}{T_{\theta_i}} \sum_{t=1}^{T_{\theta_i}} v_a^{(t)}(\theta_i)$ 是平均值的期望值,因为先验概率 Θ 可能不相等。

$\max_a$:指在所有行为中选择期望值最大的。

$P(\Theta = \theta_i)$ 表示地质输入参数 θ_i 的先验不确定性,T_θ 是当 $\Theta = \theta_i$ 时生成的地质模型的数目。

对 N_θ 类计算 $V_{优先}$:

$$V_{信息缺乏} = \max_a \left[\sum_{i=1}^{N_\theta} P(\Theta = \theta_i) \frac{1}{T_{\theta_i}} \sum_{t=1}^{T_{\theta_i}} v_a^{(t)}(\theta_i) \right] \quad a = 1,\cdots,A$$

现在考虑包含数据的值($V_{信息}$),这就必须引入可靠性概率这一概念。第一个问题是数据与 Θ 没有直接关系。例如物探测量可提供地震数据或电磁数据;并不直接提供 θ 读数(如什么是沉积体系)?通常,这种原始测量值需要进行进一步处理和解释(图11.10)。第二个问题是,没有获取任何数据,也没有什么处理或解释,为得到可靠性概率而考虑图11.7中的流程。

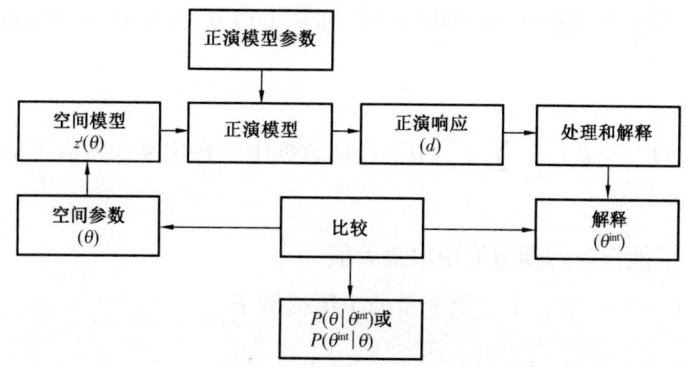

图11.7 获取信息空间价值的可靠性概率流程

总之,对于有两种可能实现 θ_1 和 θ_2 的值案例,可按如下步骤获得用概率描述的可靠性:
(1)对 $P(\theta = \theta_i)$, $i = 1,2$ 抽样的参数 θ_j,用参数 θ_j 创建一个地质模型。
(2)应用前向模型建模数据和地质模型之间的物理关系。
(3)术语响应由模拟数据 d 的前向模型得到。
(4)从 d 中获得一个解释 Θ,这个解释记为 θ_j^{int}。
(5)比较第(1)步中的 θ_j 和 θ_j^{int} 的解释。
(6)如果它们匹配,称为"θ_j 成功"。
(7)重复步骤(1)~(6)N 次。
(8)计算可靠性概率:

$$P(\Theta^{int} = \theta_1 | \Theta = \theta_1) = \frac{\#of\ course\ for\ \theta_1}{N} \Rightarrow P(\Theta^{int} = \theta_2 | \Theta = \theta_1)$$

$$= 1 - \frac{\#of\ course\ for\ \theta_1}{N}$$

$$P(\Theta^{int} = \theta_2 | \Theta = \theta_2) = \frac{\#of\ course\ for\ \theta_2}{N} \Rightarrow P(\Theta^{int} = \theta_1 | \Theta = \theta_2)$$

$$= 1 - \frac{\#of\ course\ for\ \theta_2}{N}$$

此方案的大部分流程与解决反演问题的方案类似,除前行模型对数据的采集工具和它的应用响应(以地质模型为蓝本)进行建模;它本身不是一个反演问题,因为没有数据可以用于反演建模。上述步骤需要重复多次,即对于每个新的地质模型生成一个全新的解释,然后根据正确和不正确的频率计算可靠性概率或信息内容概率。信息内容概率表示为：

$$P(真实值\ \Theta = \theta_i | \theta\ 数据解释(\Theta^{int} = \theta_j))\ 或\ P(\Theta = \theta_i | \Theta^{int} = \theta_j)$$

从而可以计算出完善信息 $V_{不完善信息}$ 的价值为：

$$V_{完善信息} = \sum_{j=1}^{N_\theta} \left\{ P(\Theta^{int} = \theta_j) \max_a \left[\sum_{i=1}^{N_\theta} P(\Theta = \theta_i | \Theta^{int} = \theta_j) \frac{1}{T_{\theta_i}} \sum_{t=1}^{T_{\theta_i}} v_a^{(t)}(\theta_i) \right] \right\}$$

进一步分析该方程：

$\frac{1}{T_{\theta_i}} \sum_{t=1}^{T_{\theta_i}} v_a^{(t)}(\theta_i)$ 是关于某种行为（例如清理）和某个值 θ（例如存在河流沉积体系）的平均值（单位美元）。

$\sum_{i=1}^{N_\theta} P(\Theta = \theta_i | \Theta^{int} = \theta_j) \frac{1}{T_{\theta_i}} \sum_{t=1}^{T_{\theta_i}} v_a^{(t)}(\theta_i)$ 是从数据中解释出来的所有可能的 θ 值的平均值的期望值。

$\max_a$ 指在所有可能行为的期望值中取最大值。

图 11.8 提供了一个 θ 是一个二值变量的决策树例子。

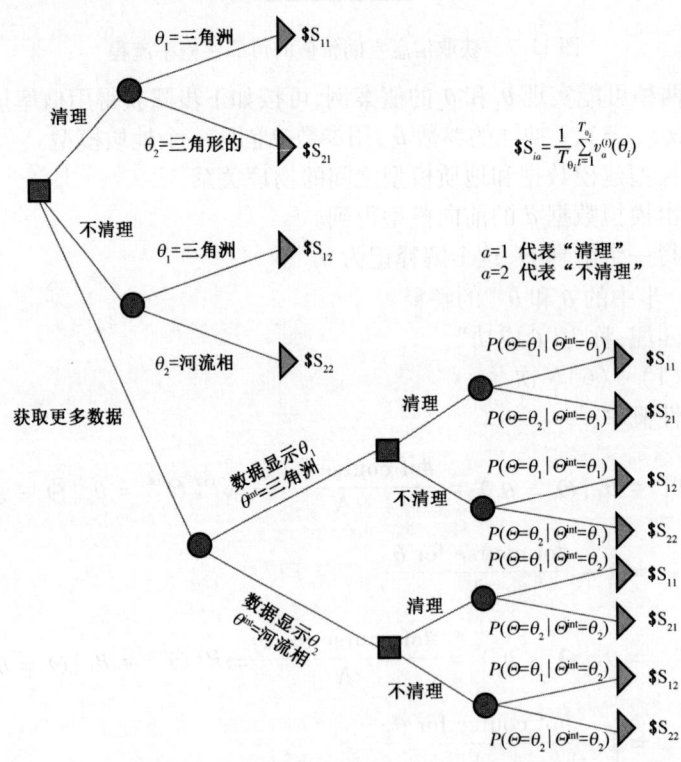

图 11.8 对应二元决策和二值变量的信息空间价值决策树示例

在信息完整的情况下，如可以提前知道数据是否总是显示真实值 θ，就没有必要应用图 11.8 的工作流程，此时，完善信息的价值为：

$$V_{\text{完善信息}} = \sum_{i=1}^{2} P(\Theta = \theta_i) \max_a \left(\frac{1}{T_{\theta_i}} \sum_{t=1}^{T_{\theta_i}} v_a^{(t)}(\theta_i) \right) \qquad a = 1, \cdots, A$$

11.3 实例研究

为了说明上述建立可靠性模型的方法对实际环境中地质问题的应用,给出一个含水层示例,该示例来源于加州海岸的一个真实案例(图 11.9)。在本示例中,人工补给地下水(抽水或强迫注入地下淡水详见第 1 章),可以减轻海水入侵。海水入侵会导致盐度增加,从而导致在沿海冲击含水层附近的水可用性降低,这对农业是至关重要的。空间决策优先考虑执行该补给的位置,如果给出所有地下通道方向的不确定性,它们如何影响补给行为以及补给操作的成本。图 11.10 所示流程为各个步骤的概括。

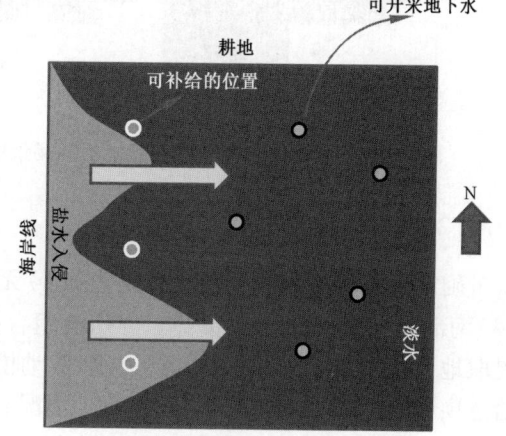

图 11.9 海水侵入问题总览图

11.3.1 地质建模

在这种情况下,只需要考虑一个不确定参数(即通道方向)。考虑三个场景($N_\theta = 3$):东北居多、东南居多和二者的组合(图 11.14)。这 3 个场景被认为是等概率的事件:

$$P(\Theta = \theta_i) = \frac{1}{N_\theta} = 0.3$$

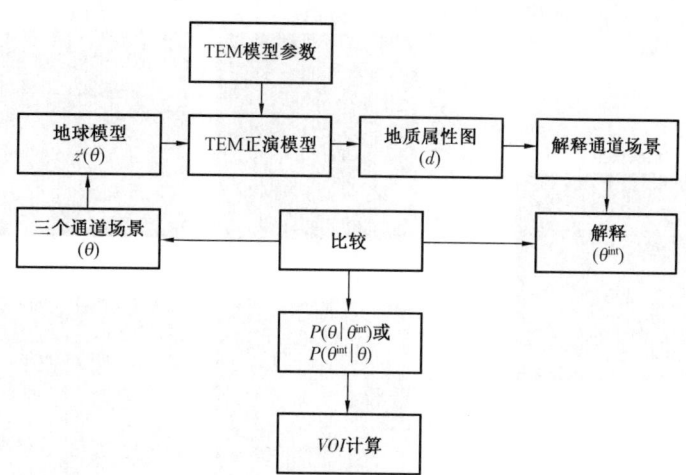

图 11.10 图 11.9 的案例研究解决 VOI 问题流程图

在这里,Θ 代表"通道方向",是由三个方向组成的集合。对于这三种情况将采用基于训练图像技术(第 6 章),使用通道训练图像,建立 $T_0 = 50$ 地质模型。角度映射描述了三个通道场景,对每个方向生成的二维地质模型的示例如图 11.11 所示。

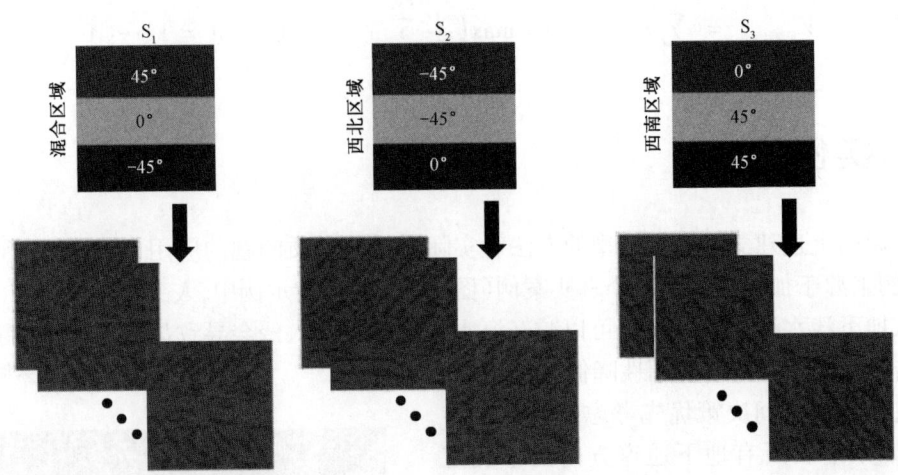

图 11.11 显示如何通过改变三个不同场景中本地通道的方向来创建不同地质模型的原理图

11.3.2 决策问题

确定补给决策的四个替代方案为:(1)无补给;(2)中央补给位置;(3)北部的补给位置;(4)南部的补给位置(图 11.9)。对所有组合执行流体模拟,评估每个行为的反应。由于多次提取地下水用于农业和人工补给注水,流动模拟输出盐水入侵随时间的演变。鉴于有四个补给选项和三个通道方向的情况下(每种情况有 50 个岩石学地质模型),总共需要 $50 \times 3 \times 4 = 600$ 个流体模拟模型。图 11.12 展示应用于其中一个地质模型的流体模拟模型的例子,证明了第 2 口井中激活泵操作的效果。井在一定程度上会阻止盐水入侵到含水层,但这种入侵还是明显依赖于地下异构性,它是不确定的。

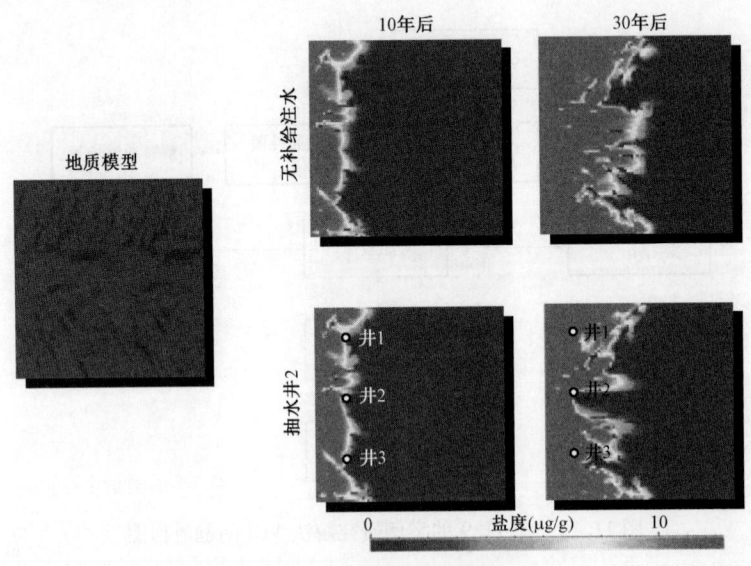

图 11.12 流体模拟结果图

没有补给发生的地方,在井 2 处执行回灌,根据 10 年和 30 年后的盐度绘制在本示例中,考虑地下水用于农业的情况。因此,30年后,无论是有人工补给注水还是无人工补给注水,含水层中淡水的体积都相当于以美元为单位的农作物收入。为了确定10年后每个单元的淡水体积,对每一个地质模型都进行了流体模拟。本质上,如果任何单元网格中水的盐度低于某一阈值,150μg/g 氯化物=10年,那么这个单元水的体积(m^3)就转换为农作物的产量"X"(给出的形式为生产一吨农作物"X"所需水的体积:t/m^3)。计算同等农作物"X"(美元/t)的价格。每个补给通道方向的情况下场景组合的平均值(图11.13)。当选择的决策行为是不补给(需要)时,这些可能的先验值支配的先验不确定性成本是1247万美元。

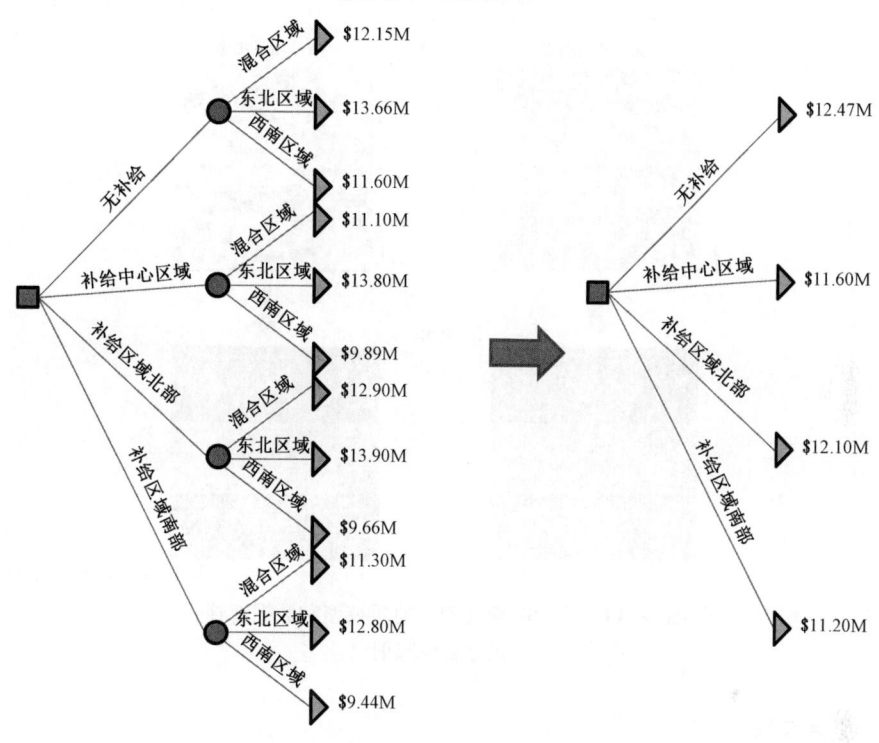

图11.13　决策树和解决方案

11.3.3　可用数据源

瞬时电磁数据或时域电磁(TEM)数据可帮助确定含水层异构性,特别是通道的方位。TEM与一个循环发射机协同工作,通过打开或关闭直流电以向地下发射电流磁场;同时一个更大的循环接收机测量地下感应电流的磁场变化响应。采用两种类型的TEM测量:一个是陆基测量,设备部署在地上;一个是航空测量,需要一架飞机飞过研究区域。

将数据(实时磁场响应)转换到一个电阻系数和厚度值的地层模型中,这是通过地质物理反演实现的(这里没有显示)。恢复电阻可以是岩性类型的指示值,因为黏土(非砂)的电阻率通常小于$30\Omega \cdot m$,而砂体通常是大于$80\Omega \cdot m$。因此,从TEM测量中可以获得指示岩性的映射,但由于TEM只是一个对岩性的间接测量,这样的映射不能提供正确的地下岩性映射,这意味着需要考虑其可靠性。由于没有数据可利用,地质物理前向建模和处理需要被应用到150个地质模型中以获得150组岩性指示映射来增加数据。图11.14中显示了某地质模型的机载测量和陆基测量 TEM 得到岩性映射。显然空中测量可比陆基测量提供更多的细节。

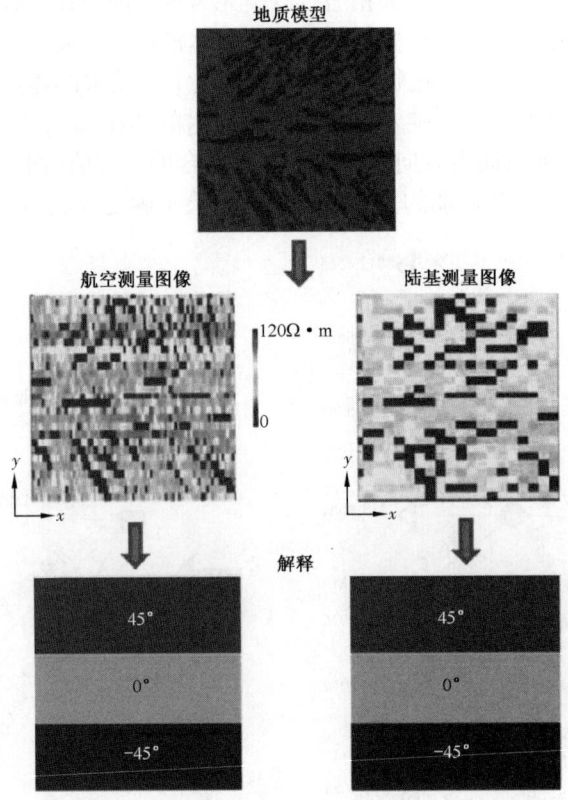

图 11.14 应用图像处理从地质模型和数据解释，获得岩性映射

11.3.4 数据理解

现在比较每个地质模型(θ)的通道方位和岩性映射的通道方位,岩性映射由应用于地质模型的地球物理测量值得到。一个简单的图像处理工具(这里不讨论)可将地理物理图像转换为解释通道场景的图像。这个解释可让 Θ^{int} 与实际 θ 进行比较。表 11.13 中列出对 150 个地质模型进行比较的数据。

表 11.3 地面和机载 TEM 通道场景可靠性识别

		机载 TEM 测量的可靠性					陆基 TEM 测量的可靠性		
		真实情况(A)					真实情况(A)		
		混合区域	东北区域	西南区域			混合区域	东北区域	西南区域
数据显示(B)	混合区域	0.96	0	0	数据显示(B)	混合区域	0.64	0.24	0.37
	东北区域	0	0.98	0		东北区域	0.04	0.49	0.26
	西南区域	0.04	0.02	1		西南区域	0.32	0.27	0.37

机载测量和陆基测量这两种方式的可靠性不同,这是由于两种测量技术的分辨率不同导致。陆基 TEM 因为测量位置较少,所以降低了通道方位的分辨率。利用表 11.4 中的可靠性测量,机载和陆基 TEM 测量花费 $VOI_{不完善信息}$ 分别是 ~ \$300000 和 \$0。与 $VOI_{完善信息}$(35 万美元)相比较,可靠性测量的影响是明显的。如果购买机载 TEM 测量数据的价格低于 30 万美元,那么就认为购买此信息是合理选择。

【参 考 文 献】

[1] Bratvold R B, Bickel J E, Lohne H P. 2009. Value of information in the oil and gas industry: past, present, and future. SPE Reservoir Evaluation & Engineering,12(4),630 – 638.

[2] Howard R A. 1966. Information value theory. IEEE Transactions on Systems Science and Cybernetics (SSC – 2), 22 – 26.

12 案例研究

12.1 概述

12.1.1 案例描述

本章将重新讨论第4章中介绍过的案例。现在为了解决问题,所涉及的与不确定性建模和决策分析相关的所有因素现在都会讨论到。构建案例研究可以在 http://uncertaintyes.stanford.edu 这个网站中找到为解决此问题需要的数据和程序,可为您提供数据和代码以便于您可以自己运行和测试。在这里讨论的案例是实际案例的简化形式,但仍可以通过给定的软件扩展到更复杂的情况。所使用的软件平台是 S-GEMS(斯坦福大学的免费地质地学建模软件)。

考虑一个含油区域,在地下地层中发现由于化学药品的泄漏导致的一个污染点源,且该污染源与供应饮用水的井距离很近。虽然这口井并没有被污染,但根据对地质特征的推测,污染物可能会渗透到饮用水井中。研究区域地质特征为多孔疏松砂岩的黏土。该区域处在一个不透水的火成岩上。一些基本的地质研究表明,此为一个冲积矿床。一些地质学家认为,这些矿床的主要特征是通道带(图4.1)。关于这种类型的通道现只知道一些非常基本的信息,它是基于模拟信息和附近区域显露地面的岩层,但最重要的是通道方位 $\Theta_{通道带}$,它可能会影响污染物的流动方向,事实上要评估两种可能性:

$$P(\Theta_{通道带} = 150°) = 0.4$$

$$P(\Theta_{通道带} = 50°) = 0.6$$

然而,地质学家一致认为这个区域并不包含砂道而是包含椭圆形沙洲,沙洲比蜿蜒狭长的砂道小。同样,这些椭圆状的沙洲的方向也非常重要,并且有两种可能性可用来评估:

$$P(\Theta_{沙洲} = 150°) = 0.4$$

$$P(\Theta_{沙洲} = 50°) = 0.6$$

有些人认为地层中有足够的障碍来阻止这种污染,并且认为这种污染源会被隔离,无需清理。另一些人认为,即使污染物到达饮水井中,也会因为含水层中水的混合和稀释降低污染物浓度,不会影响健康问题,因此并不需要在清理上投资。

当地政府必须在清理(对纳税人来说哪个成本较大)和不清理之间作出重要的决策,如果避免了清理成本但有可能会产生饮用水被污染的后果,而随后有可能由于疏忽被法院(当地居民)起诉。当地政府将作什么样的决策?清理或置之不理?他们将如何做出这个决策?

此外,地质对象的相关信息将很有用处(表12.1)。

表12.1 该地质区域相关参数的规格说明

参数	通道情况	条带状沙坝
宽度	6	6
厚度	4	6
长度	40	40
比例	30%	30%
位置	任意	任意
波段	25	N/A
振幅	3	N/A

构造了4个三维训练图像,每一个都可反映相应的地质情况(两种可能性)和未知的通道方向(两种可能性)(图12.1)。

图12.1 通道和沙坝在50°和150°的三维演练图像

为解决这个决策问题,还要考虑信息价值的问题。考虑两种类型的信息价值——地球物理数据和地质数据,以下是已知的:

(1)地球物理测量值将揭示可靠性与沉积的方向(θ)。基于此类型的地球物理测量的经验,条状或带状沙洲方向的可靠性概率是已知的(表12.2)。

表12.2 地球物理数据的可靠性概率和信息量

	可靠性概率				信息内容		
	实际定位				地球物理学角度		
地球物理学角度		150°	50°	实际定位		150°	50°
	150°	0.80	0.20		150°	0.73	0.14
	50°	0.20	0.80		50°	0.27	0.86

(2)一个详细的地质研究将会揭示确定性的沉积模型 S(可靠且完善的信息),S = 通道场景或 S = 条带状沙洲。

总之,需要回答以下问题:

(1)清理还是不清理?

(2)影响污染物移动的最重要的因素是什么?

(3)是否应投入资金以获得额外的地球物理数据?

(4)是否应投入资金以获得额外的地质数据?

在解决这些问题之前,需要在成本和如何模拟污染物移动方面了解更多的信息(表12.2)。

12.1.2 污染物扩散

在详细的研究中,使用一个污染物移动模型来预测给定的地质模型,并判断污染物是否已达到饮用水井中。在这项研究中,假定污染物会移动到饮用水井,当前污染源和饮用水井之间存在一条地质连接通道。假定黏土是不可渗透的;从而,如果饮用水井和污染源位于同一砂体,那么饮用水井就会受到污染,否则就不可能被污染。为了确定是否有连接通道,对于一个给定的地质模型,可计算该模型的地质体数据。图 12.2 给出了一个示例,当地质模型由一个二元系统(只有两类,如岩层和页岩)组成,那么由所有单元组成的地质体具有相同的体积。在图 12.2 中,A 和 B 位于同一个"砂岩"地质体。因此,如果污染物是从 A 点开始移动,那么假定在本研究案例中,它最终将移动到 B 点。

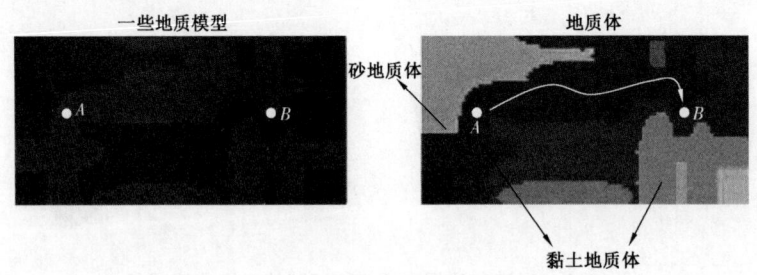

图 12.2 地质体的定义

12.1.3 费用

表 12.3 中列出了与该问题相关的成本,假定这些成本具有确定性。

表 12.3 相关成本费用表

费用名称	金额(美元)
清理污染费用成本	1500000
在污染的情况下的诉讼成本	5000000
地质学研究成本	50000
地球物理学研究成本	100000

12.2 解决方案

12.2.1 求解决策问题

为了解决决策问题,可参阅第 4 章中的决策树(图 4.11)。决策树需要在这两个通道或沙坝场景在各个角度(50°和 150°)中"连接"的频率,通道"连接"则导致污染。为计算这些频率,可采取下面的步骤:

(1)考虑一个给定的地质场景 s 和一个给定的方向 θ。
(2)使用第 6 章中讨论的基于三维训练图像的建模技术,建立 n 个地质模型,三维训练图像属于给定的地质场景 s 和方向 θ。
(3)计算每一个地质模型的砂岩地质体数据。
(4)计算饮用水井和污染源存在于同一砂岩地质体的次数,用 n 来表示数量。
(5)污染概率(连接可能)则是 n/N。
(6)在所有的地质场景和方向中重复上述步骤。

使用这些模拟地质模型,可以得到表 12.4 中的概率。然后将这些概率输入图 4.11 的决策树中,结果见图 4.12。决策结果是清理,因为不清理的期望值相当大。

表 12.4 模拟地质模型中的污染概率表

模拟情景	污染的概率
通道 = 50°	55%
通道 = 150°	89%
条带状沙坝 = 50°	2%
条带状沙坝 = 150°	41%

12.2.2 获取更多数据

12.2.2.1 获取地质信息

现在考虑信息价值问题。首先,建立一个新的决策树,用来反映可选择行为"获取更多的数据"。单独考虑每一个数据源,也就是两种可供选择的行为:"获取地球物理数据"和"获取地质数据。"

首先考虑只涉及获取更多地质资料的决策树。图 12.3 中的新的分支反映了这一行为。如果获取了新的地质数据,就可揭示通道场景或条带状沙坝场景,众所周知也会揭示确定性(即如果获取信息)。在决策树中,这反映的条件事件"通道的相关数据"和"沙坝的相关数据"的概率值为 1 或 0。从而可以决定清理或不清理,这两个备选方案的期望值取决于方向角和污染物移动到饮用水井的概率。定向角是不确定的,而污染物移动到饮用水井的概率将取决于地质场景和方向。一旦建立了决策树,就有必须给每个不确定节点或分支分配一个概率。每个情景出现的机会是均等的,也知道地质数据可以揭示这些确定性,因此,"从数据中解释场景"与"真实的情况出现"概率是一样的,其发生的概率是相等的。两个可能的方向出现的

概率也可知道,这与地质场景无关。现在决策树已建立,可以求解决策树。图 12.4 中给出了解决方案。其信息价值是:

$$VOI_{geo} = -11.90 - (-15) = 3.10$$

它比地质研究成本大 0.5 倍。

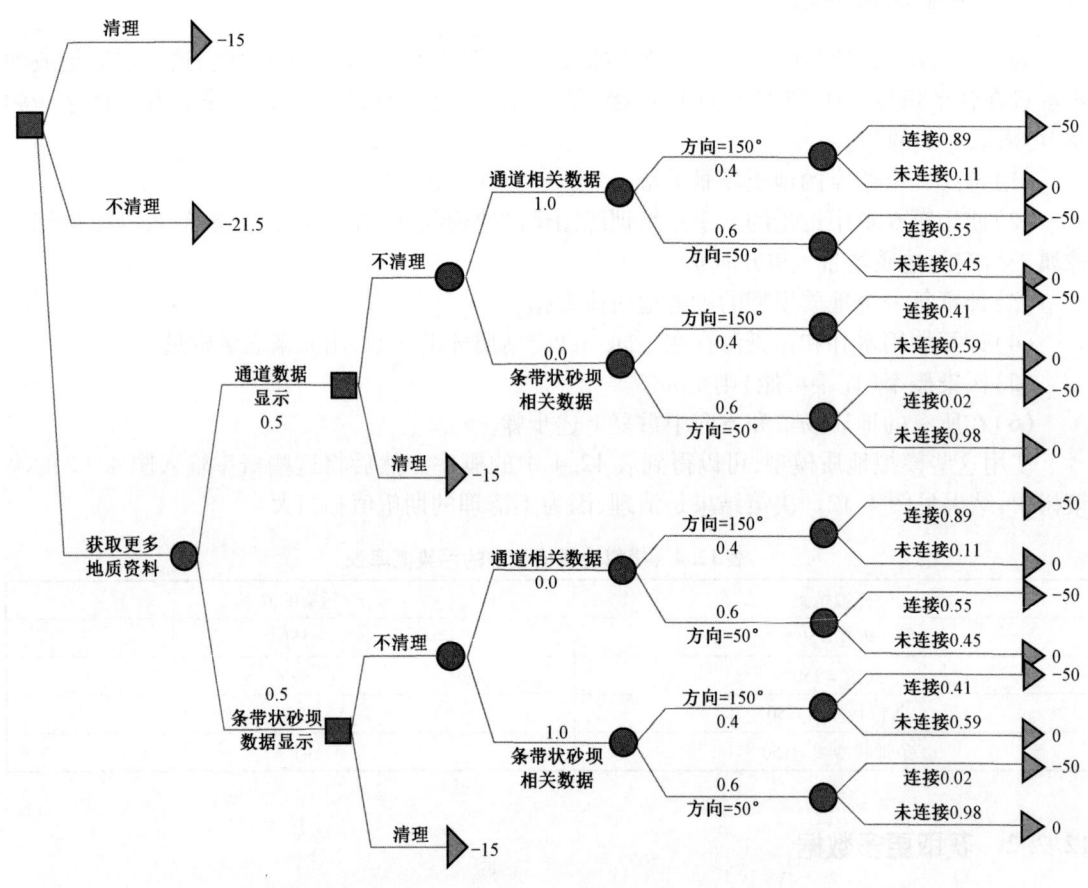

图 12.3　信息价值问题"获取更多地质资料"的决策树

图 12.4　信息价值问题（地质）的解决方案

12.2.2.2　获取地球物理信息

由图 12.1 中知,地球物理信息是不完善的。首先考虑的是假想情况认为地球物理数据是完善的,因此所有的可靠性概率是 1 或 0,参阅图 12.5 的决策树。如果完善的地球物理数据没有价值,那么显然不完善的地球物理信息更没有价值,而在给定状况下不应该考虑获取更多这样的数据。从图 12.6 的决策树推断:

$$VOPI_{地质} = -12.96 - (-15) = 2.04$$

这比购买地球物理数据的代价高 1.0 倍。然而,不完善信息的价值是:

$$\text{VOI}_{\text{geoph}} = -14.58 - (-15) = 0.42$$

小于该数据的成本。综上在给定的情况下,最好投资以获取更多的地质数据,而不是地球物理数据。

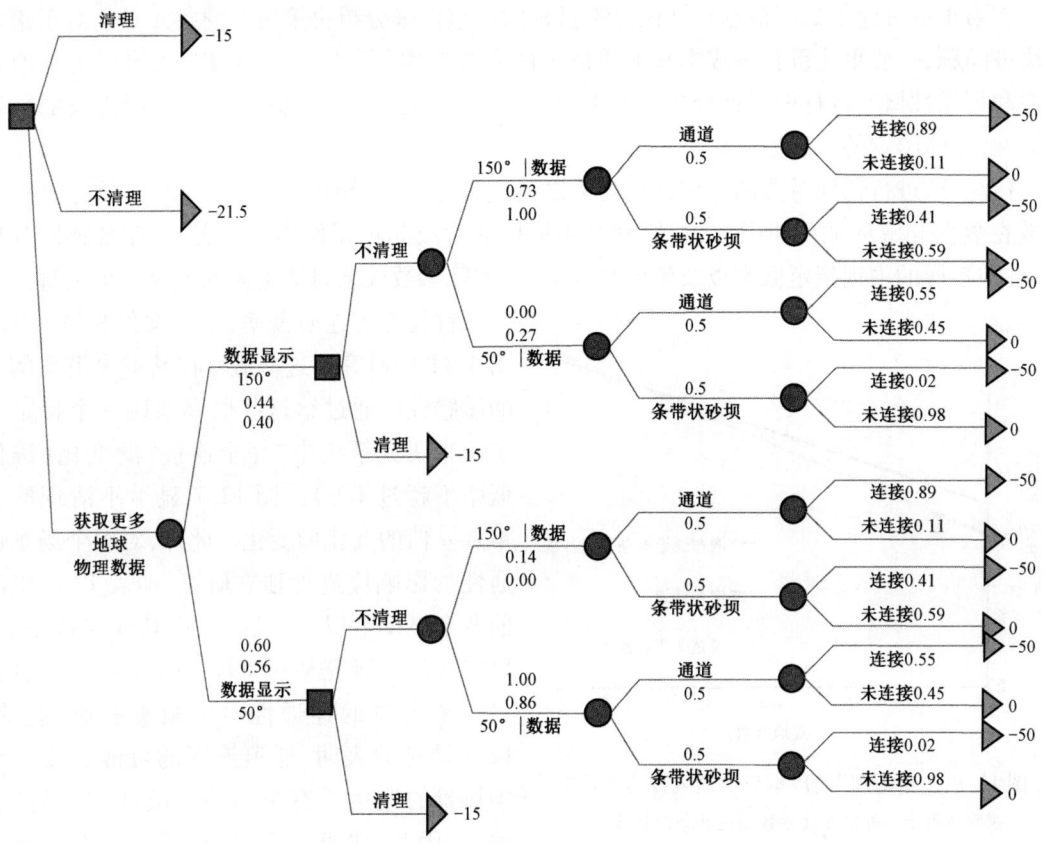

图 12.5　有关获取更多地球物理数据信息价值问题的决策树
概率 1 和 0 是理想情况下的地球物理数据

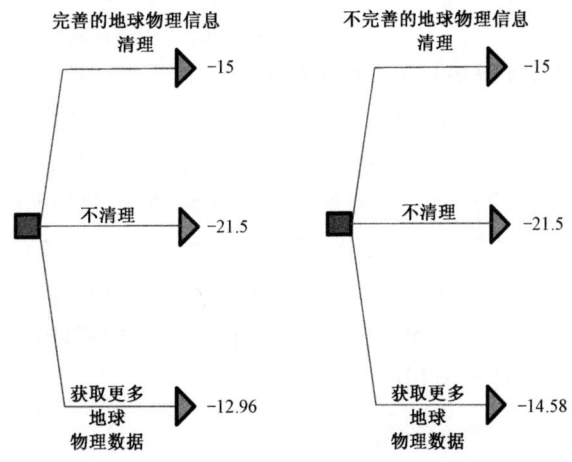

图 12.6　(地球物理)信息的价值问题的解决方案

12.3 敏感性分析

在第 4 章讨论了如何根据对终极决策目标的敏感性来分析决策树中的各元素。对于给定的决策问题,一般更注重各种成本和地质情况的先验概率(图 4.13)。同样,也可以对连通性概率和可靠性概率进行敏感性分析。对于后者,也可以用另一种方式改变决策所需要的数据可靠性,忽略给定的可靠性。

请注意,进行任何重要的三维地质建模之前应该进行敏感性分析。这样的分析应该把重点放在数据和解释地质建模上,它们都对决策树的生成起重要作用。事实上,在敏感性分析中,各种各样的主观指定概率以及价值和成本,比实际参数或来自决策树的绝对值更关键。

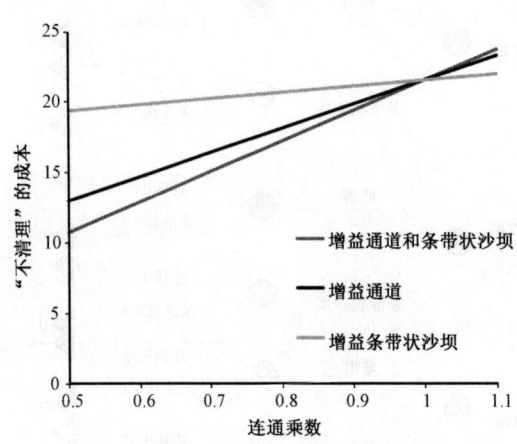

图 12.7 "不清理"的成本与连通乘数的关系图
乘数适用于三种情形:(乘数通道和条带状沙坝)
意味乘数适用于条带状沙坝和通道的连通概率,
而(乘数通道)意味着它仅适用于
通道连接概率

首先考虑连通概率,基本案例见图 4.12。图 4.11 中研究了这些概率在基本决策案例中的敏感性。通过给这些概率乘以一个特定因子 a 来研究系统中"完全连接"的变化(确保概率不超过 1.0)。图 12.7 显示不清理的成本随 a 值的变化而变化。此外,对每个场景连通性的影响应进行独立研究,即表 12.4 中的前两个概率乘以一个因子,而其他保持不变,反之亦然。研究某一个场景的连通性是否比另一个场景的连通性对决策更有影响。图 12.7 清楚地表明,通道连接的可能性比在沙坝场景的连接具有更高的灵敏度(陡峭的斜坡)。因此,建模工作(也可能是数据收集工作)应集中在通道系统上。

接着,研究改变可靠性概率的影响。对于本案例,可靠性是对称的(表 12.2),也就是说,地球物理数据能够很好地解决每个方向上的问题。首先考虑改变表 12.2 中的对角值 0.8 以保持对称性(适当地调整非对角的值)。图 12.8 显示了"不清理"成本的变化。可考虑,在可靠性概率中引入不对称性,即地球物理数据测量在每个方向上具有不同精度。事实上,测量设备在测量范围内具有不同的精度是极其常见的。首先,保持测量 50°方向的可靠性概率为常数,改变 150°方向的可靠概率。可得到图 12.8 所示的可靠性矩阵(其中 p 是变化的)。同样地,保持 150°方向可靠性概率不变,而改变 50°方向的可靠性概率。图 12.8 中显示每个角度测量可靠性的影响是不同的,即 150°方向的测量值有更大的影响。因此,该信息对选择哪种测量工具来求解决策树是非常有用的。

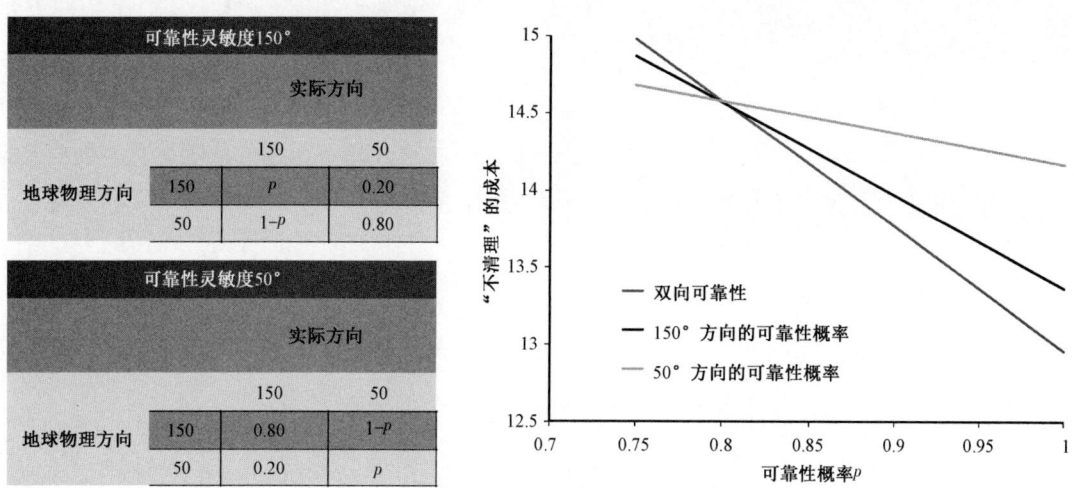

图 12.8 "不清理"的成本变化与可靠性概率关系